洞見機會、精準決策、果斷行動……翻轉人生關鍵點，成功不再是偶然

李元秀，陳志遠 主編

乘勢而起
搶占先機

成功只屬於敢行動的人

勇敢決策，方能掌握人生轉機
搶占先機，才能真正與眾不同

機會無所不在，成功源於行動 | 人生的關鍵一步，決定未來的高度！

目錄

前言 ……………………………………………005

機遇眷顧有準備的人 ……………………………007

緊握機會，絕不錯過 ……………………………063

培養洞察力，發現機遇 …………………………145

抓住時機，創造可能 ……………………………201

善用機遇，開創未來 ……………………………265

目錄

前言

　　我之所以編撰本書，是為了感謝我人生道路上的一個知己吳佐襯先生。

　　在一個深秋的晚上，他冒著淅淅瀝瀝的小雨來到我辦公室，對我當時的事業給予明確且實質性的建議，以他的親身經歷和成功的創業經驗為例，長達幾個小時的指導與長談，讓我第一次感覺到「聽君一席話，勝讀十年書」的滋味，讓我對以前與未來有了更深的理解，更重要的是想以吳先生的論點為中心編寫本書以饗讀者，也能從中受到一點啟發，對自己的創業具有參考性的發揮和提升。

　　人生不管做哪個行業都會有機遇，但願你能抓住讓你的事業振翅高飛，跨過海洋，越過高山，飛向傳奇的一生。如何發現機遇、抓住機遇、利用機遇的力量來幫助你個人的事業一步步走向成功，最後結下纍纍成果，讓自己有所收穫，讓朋友助而有功。這就是吳佐襯先生十多年的艱苦創業終有所成的機遇原理。在吳先生看來「風險」總是與「機遇」相伴而行，只有以高瞻的眼光和果斷而勇敢的魅力，抓住一次次機遇，化解一個個風險，才能走向嶄新的成功，才能不斷超越，實現你人生一次又一次的夢想。

　　在當今的市場經濟環境下，在貌似弱肉強食的殘酷競爭中，居安思危只是成功者的必備特質，未雨綢繆才是走向強大的必要條件。在順境中為逆境做準備，在逆境中為順境的發展創造機遇，只有掌握生活中的每個細節，洞察周邊事物發展的方向與脈動，隨時抓住新的機遇，在逆境中求生存，才能立於不敗之地。

前言

　　我聽過這樣一個故事，很久以前，有位茶商到南方買茶，當他跋山涉水來到目的地時，才發現茶早已被先他而到的茶商搶購一空。他急中生智，將當地盛茶葉的籮筐全部買下。當那位早到的茶商欲將搶購的茶葉運回時，才發覺籮筐無處可買。這時這位茶商拋售籮筐，他也絕處逢生，獲得了一筆不菲的收益。這位後來的茶商，在絕望之時，尋找機遇，抓住機遇，也創造出他人生中的一點小成就。這個故事雖簡潔，卻也充滿著機遇與尋找機遇並抓住機遇的智慧。生活中只要你處處留心、時時洞察並掌握細節，就能化危機為轉機，化腐朽為神奇。

　　我視吳先生為我知己，事業上的點撥與啟發給了我動力與奮鬥的欲望，謹以此文致謝，並為本書之前言。

機遇眷顧有準備的人

　　當人們不理解時，他明白自己在做什麼；當人們明白時，他已經上路了；當人們理解時，他已經成功了。

機遇眷顧有準備的人

機遇就是關鍵的一兩步

　　一位著名作家曾經說過：「一個人的一生是漫長的，但是關鍵的就那麼一兩步。」這話很有道理。漫漫一生，曾經有很多人因為關鍵的一步，而改寫了一生的傳奇！

　　走好一步，造福一生。機會，往往是賜予那些勇於邁出一步、勇敢挑戰命運的人。有人說，「路是走出來的，歷史是人寫出來的。人的每一步都在書寫著自己的歷史。」是的，勇於邁出關鍵性的一步，並且為之努力不懈，成功指日可待，坎坷的前路也將峰迴路轉！

　　回溯歷史，有很多關鍵「一步」決定著重要的歷史演進：廉頗負荊請罪，這關鍵的一步，使「將相和」的美談千古流傳；劉備不嫌閉門之拒，三顧茅廬，以誠意請出奇才諸葛亮，這關鍵的一步，才使蜀國後來能取得三足鼎立的一席之位；這些「一步」表現的不僅是個人的思想行為，更決定了政治局勢。可見「一步」看似短暫，實則重要；看似偶然，實則是經歷了慎重權衡和大無畏精神方能成就的！

　　正確的一步當然造福自己一生甚至造福人間，那麼錯誤的一步呢？錯誤的一步也決定著人生的走向。一次失足，將導致一生走不出悔恨的陰影；一次抉擇的錯誤，將形成永遠無法彌補的過失。項羽因為自大，小看劉邦，使這位曾橫掃千軍的西楚霸王最終自刎烏江，壯志未酬，功敗垂成；吳王夫差因為輕視階下囚越王勾踐，最終兵敗，功虧一簣……所以，錯誤的一步，也決定了一生的失敗！一步走錯，追悔一生。當今那些因為貪汙受賄而鋃鐺入獄的人，曾經也為社會和人民做出過貢獻。可是在貪欲的誘惑下，錯誤的一步卻使他們前功盡棄，在歷史上留下臭名，遺憾一生！可見，看似簡單的「一步」，其實隱藏著很大的玄機，直接決定著人

生命運的走向。正如棋壇上所云「一步走錯，全盤皆輸」。在邁出人生中關鍵的一步時，一定要深思熟慮，方能坦然邁出！

人生的階梯一步步向命運的深處延伸，生命就是靠自己用心地一步步走成的。關鍵之處的一步，直接決定了最終的成敗！但是，誰也無法預知哪一步是關鍵一步。因此，人生的每一步都是重要的！謹慎地走好生命中的每一步，盡力將人生之路走得精彩而無悔！

主動出擊才能抓住機會

機會往往是突然地、或不知不覺地出現，有時甚至永遠不為人所知，或只是在回首往事時，才意識到過去的那件事是個機會，慶幸抓住了它或者後悔錯失了它。

機會總是暗藏在生活的每一個角落，如果你有一雙慧眼，你就會發現機會無處不在，但如果你是生活中的粗心人，那麼你只能看到平靜如水的生活表面。遺憾的是，我們中的大多數人只是在無聊、枯燥地過著日復一日的生活，卻很難去發現蘊藏在生活之中的機會，偏偏機會又是轉瞬即逝的，如果你沒有一雙辨識機會的慧眼或看到機會而沒有把握好，機會就可能與你擦肩而過。

你必須勇於嘗試，一次次地去敲響機會的大門，總有一扇會為你打開。

一個年輕人走在街上，他還在為剛才沒有做成交易懊惱著。他走進了一家旅館，剛一進門便被吵昏了頭，原來是客滿了，人們都相互抱怨著。

這時一位紳士出現了，他逐一把這些沒有預訂房間的人趕走，說：「請明天上午 8 點再來吧，也許那時運氣會好些！」年輕人非常生氣，自己有

機遇眷顧有準備的人

錢，卻連一個睡覺的地方都沒有！但他仍禮貌地對這位紳士說：「先生的意思是你讓他們睡 8 小時便做第二輪生意？」

「當然，一天到頭可做三輪生意，人多得像臭蟲一樣！」

「你是這裡的老闆嗎？」

「當然，整天被旅館綁住，想出去開油田多賺點錢都沒辦法。」

年輕人有些興奮：「先生，如果有人買，你會出售這家旅館嗎？」

「當然，有誰出 5 萬美元，這裡的東西全部賣給他！」

年輕人幾乎叫了起來：「先生，你可以去開油田了，你已經找到了買主。」年輕人只用一下子的時間翻看了帳簿，就發現這個想發石油財的人是個傻瓜。這裡生意興隆，財源滾滾，年輕人毫不猶豫地將它買了下來。

後來這個年輕人成了全美最大的旅館老闆，他就是希爾頓（Conrad Nicholson Hilton）。

人與命運之神，是一種合作和諧的關係，重要的是能及時地意識到什麼是機遇。

有一位老人對他的兩個兒子說：「你們的年紀也不小了，也該到外面去見見世面，等你們磨練夠了之後，再回來見我吧！」於是，兩個兒子遵從父親的囑咐，離開家鄉到城市裡接受磨練去了。沒想到才過了幾天，大兒子就回來了。

老人看到大兒子回來，有些驚訝地問道：「怎麼回事？你怎麼這麼快就回來了呢？」大兒子很沮喪地回答：「爸爸，你不知道，城市的物價實在高得可怕，連喝水都必須花錢買，在那裡怎麼生活得下去呢？很多人賺的錢都還沒有花的多呢！」過了幾天，小兒子打了一個電話回來，興奮地對父親說：「爸爸，城市裡到處都是賺錢的好機會！連我們平常喝的水都可

以賣錢！我決定留在這裡好好地開創一番事業。」

幾年過去了，因為小兒子看準了城市中的飲用水市場，並且掌握了大部分礦泉水的行銷管道和市場，所以很快就占有飲用水的市場，成為數一數二的富豪。任何地方都會有市場存在，只是看你能不能找到這個市場的潛在需求。有句俗話說：「樂觀的人，可以在每個憂患中看到機會；悲觀的人，卻只能在每個機會中看到憂患。」商機是無所不在的，只要換個角度、換個心態，你就能看到別人所看不見的商機，掌握需求，你就可以異軍突起。

成功者由於具有超強的成功欲望，便時時保持著備戰狀態，一抓住機會就絕不放過，加上他們長期練就的一身挑戰的勇氣，面對機遇，他們勇於一搏。

一代天驕成吉思汗──鐵木真就是這樣一位能夠抓住機會、勇於挑戰的人。

鐵木真的童年是在動亂的歲月中度過的。當時，居住在蒙古草原上的部落約有100個左右，由金朝統治著這些部落。由於經濟文化不發達，這些部落之間經常發生爭鬥，相互仇殺。

鐵木真的父親也速該，是尼倫部孛兒只斤氏族的首領。鐵木真九歲那年，父親被塔塔兒部的仇人毒死了，原本依附他們家的族人紛紛離去，連鐵木真家的牲畜也一起被趕走了。家裡只剩下母親、鐵木真與兩個弟弟。孤兒寡母，又無家產，日子非常艱難。母親只好帶著孩子摘野梨、挖野蔥、捉地鼠、捕河魚，吃這些東西來填飽肚子。

在艱難中成長的鐵木真，一表人才，氣宇軒昂。他身體很健壯，箭法非常好，長大以後，成了一名智勇雙全的戰士。他開始準備恢復父親也速

機遇眷顧有準備的人

該時的勢力，他知道單憑自己的力量是不能打敗仇人的，於是他決定利用蒙古各部之間的矛盾，取得一些部落的支持，以壯大自己的力量。

鐵木真的近鄰有一個較大的部落。這個部落的首領叫札木合，手下部屬很多，權勢很大。鐵木真決定去投靠札木合，並利用札木合的勢力，重新召集以前離散的親屬和部眾。

鐵木真天天跟著札木合，白天一起放牧和打獵，晚上則同睡在一個蒙古包裡。對札木合的部屬，鐵木真也熱情相待。漸漸地，札木合的部屬都對他十分有好感。過了一年多的時間，鐵木真越來越得人心。

一天晚上，札木合和往常一樣，停下馬來宿營。鐵木真卻牽著牛車繼續往前走，也不說話。札木合的許多部屬以為是札木合，就一路跟著。天亮之後，鐵木真停了下來，這些人才發現，他們一路跟著的是鐵木真。這時候，另一個部族的首領豁兒赤站了出來，一臉神祕，拉高嗓門說：

「大家聽著！我和札木合是一母所生的異父兄弟，照理不該離開他。但是神託夢告訴我說，讓鐵木真當可汗，把領土送給他，把人送給他。」豁兒赤說完後，轉過身來問鐵木真：「啊，鐵木真，你要是當了大汗，怎麼報答我傳達神的旨意的功勞呢？」

鐵木真痛快地說：「封你當萬戶侯！」

豁兒赤假借神的旨意所說的話迅速傳開了，幾個地位比較高的首領共同商議，準備推舉鐵木真當可汗。

他們一起來到鐵木真面前，說：「你是神看中的人，我們大家擁立你當可汗吧！打仗的時候，我們當先鋒衝殺在前，為你貢獻強壯的快馬！打獵的時候，我們替你圍趕野獸，拾取獵物！如果我們違背你的號令，你可以離散我們的家小，把我們的頭砍下來。」

於是，他們飲酒盟誓，擁立鐵木真當可汗。這一年，鐵木真33歲。鐵木真及時抓住自己聲譽越來越旺這一有利機遇，勇敢地從札木合手中脫離出來，自己的勢力終於慢慢強大起來。

　　鐵木真當上可汗以後，就開始集中權力、加強防禦，重新整頓了軍隊，建立了訓練戰馬、管理戰車的專門機構，勢力迅速壯大。

　　鐵木真在蒙古草原上崛起，蠶食了其他蒙古部落。於是，他又起了吞併天下的野心，經過多年的奮戰，他終於建立了一個橫跨歐亞大陸的超級帝國。

　　所有的成功者都一樣，具有非常的膽識和氣魄，同時能夠把握機會。

要有過人的判斷力

　　機會的出現既出人預料，又在情理之中，在與機會不期而遇時，如何抓住機會，並沒有固定的模式和準則可循，但無疑需要過人的洞察力和判斷力。

　　具有敏銳的洞察力，才能保證你在機會來臨時不至於錯過。因為客觀事物錯綜複雜，機會經常被一些假象所掩蓋。牛頓（Isaac Newton）留意到蘋果落地、伽利略（Galileo Galilei）看見了吊燈擺動……過人的洞察力使得他們看到了常人看不到的東西，從而有所發現和發明。

　　有些人不是沒有實現理想的機會，只因為他們的判斷力太差，終至無法把握機會。他們做事欠缺自主性，凡事自己無法做決定，遇到任何一點小事，都得和親人、朋友商量，結果弄得自己更加混亂也拿不定主意，最後是毫無結果，不知所終。

機遇眷顧有準備的人

阿曼德‧哈默（Armand Hammer），西元 1898 年 5 月出生於美國的紐約市。他的祖父是俄羅斯人，經營造船業。後來，一場天災毀掉了他的家產。西元 1875 年，哈默的祖父帶著全家來到了美國。

1917 年，哈默在修完兩年的醫學預科之後考上了哥倫比亞醫學院，此時，他父親的藥廠陷入了困境，父親要他接管藥廠，但不允許他退學，哈默接受了，當時，哈默剛剛 19 歲。

從小藥廠到大藥廠，再到西方石油公司，年營業額 200 億美元，擁有數十億美元的資產，哈默成功了。哈默成功的要訣何在？這與他能夠審時度勢地判斷形勢，並提出正確的決策有著很大的關係。

第二次世界大戰爆發以後，因為戰爭造成了食物的短缺，美國政府下令禁止用穀物釀酒。哈默知道了這個消息之後，預測到威士忌馬上就要大缺貨。當時美國釀酒廠的股票為每股 90 元，而且以一桶威士忌烈酒作為股息，哈默立即買下了 5,500 股，並因此得到了作為股息的 5,500 桶威士忌烈酒。

果然，市場上很快地威士忌酒便宣告短缺，哈默此時把桶裝威士忌酒改為瓶裝，並以「制桶」的商標賣酒。於是，哈默的「制桶」牌威士忌酒大受歡迎，買酒的人大排長龍。當哈默的 5,500 桶賣掉 2,500 桶時，一位叫艾森柏格的化學工程師前來拜訪哈默，這位工程師說，如果在威士忌酒中加上 80% 的廉價馬鈴薯酒精，數量可增加 5 倍，而且這種混合酒的味道也不錯。

哈默接受這位工程師的建議做了試驗和科學的分析，證實他所言不虛。於是，哈默將所剩的 3,000 桶威士忌酒變成了 1.5 倍，並把這種酒稱為「金幣」酒。在當時缺酒的年代，「金幣」酒仍然十分暢銷。哈默用這

3,000桶威士忌摻入價錢極便宜的馬鈴薯酒精，賺了更多的錢。不久後，他乾脆買下了一家馬鈴薯酒精廠，開始大量生產馬鈴薯酒精，也大量生產「金幣」混合酒，獲得了很高的利潤。

不久，美國政府公布從1944年8月1日起決定開放穀物釀酒，這對哈默來說應該會是一場災難。但是，哈默立即分析了形勢，他認為第二次世界大戰不會馬上結束，即使馬上結束，美國的經濟也不會很快復甦，因此，穀物的開放時間應該不會很長。哈默為了驗證預測是否正確，請了一批經濟學家及有關人士針對這個問題進行預測分析，大家的看法與他完全一致。於是他決定繼續廉價收購無人問津的爛馬鈴薯來生產酒精，供應混配的「金幣」酒。果然不出哈默所料，「穀物開放」只持續了一個月就宣告結束，哈默的「金幣」酒比以前更為暢銷了。

從哈默成功的例子不難看出，要想在複雜的市場環境中獲得成功，必須有準確無誤的決策。要做到決策無誤，必須研究、分析影響市場變化的各種因素，並善於掌握資訊，歸根到底一句話：要善於審時度勢。時者，指各種時機；勢者，指事物發展變化的趨勢；審和度就是分析和研究。古人曾說「識時務者為俊傑」，就是強調要認清形勢，掌握事情發展變化的趨勢，不做違背現實情況、逆向操作的事。哈默生產威士忌酒自始至終都注意到了社會發展的動態，從抓緊時機購買股票以獲得威士忌酒到廉價收購馬鈴薯，都說明哈默自始至終都是在審時度勢地把握時機。正因為他能審時度勢地判斷形勢，才做到了準確無誤的一系列決策。

《孫子兵法》說：「善戰者，求之於勢，不責於人。」也就是說善於指揮作戰的將帥，在戰爭中總是依靠有利形勢，去造就最佳的情勢，贏得戰爭的勝利。

機遇眷顧有準備的人

在社會競爭異常激烈的今天，人才輩出，社會形勢日新月異，我們要想在這種形勢中脫穎而出，獲得勝利，必須學會審時度勢地判斷形勢，並做出正確的決策。

要善於洞察事物細微變化

當今社會，資訊就是金錢，就是財富。

有一個新聞系畢業生在一家雜誌社擔任編輯，後來雜誌停刊，他也失業了。他失業後沒有再去找其他工作，而是向朋友借了一萬多塊購買了電腦，每天在家坐在電腦前工作十幾個小時，收集來自世界各地的資訊，編譯、改寫有價值的資訊，寄給各地報刊，在一個月內就發表了80多篇文章，兩個月就回收了電腦的成本。

商場上機會均等，在相同的條件下，誰能搶占先機，誰就能穩操勝券，而搶得先機最有效的途徑就是獲取並解析有關資訊。

這是一個資訊的時代，很多東西可以用資訊來代替和表示，資訊是這個時代的最大財富，有了資訊就等於擁有了財富。

能夠主動發現機會、抓住機會、創造機會的人，往往都具有敏銳的洞察力和預測能力。在一開始的時候，我們不一定具備這種能力，但是我們至少要有這種意識。

要善於觀察事物的細微變化，敏感性強，對各種資訊、徵兆敏感；隨時準備接收各種資訊，並能立即予以歸類分析。

還要加強對掌握資訊內涵的了解。這種了解有兩個方面：一是每個人都具有掌握資訊的能力；二是資訊的時效性。

先來看第一個方面,就是善於掌握資訊。

兵家常說:「將三軍無奇兵,未可與人爭利」,更有「凡戰者,以正合,以奇勝」。所謂奇,真知灼見出奇效也。真知灼見靠的同樣是對資訊的掌握。司馬遷《史記・貨殖列傳》中說:「治生之正道也,而富者必用奇勝。」這篇列傳列舉了賣油脂的雍伯、賣肉製品的濁氏、奇貨可居的呂不韋等,他們都是獨具慧眼、發揮一己之技,靠經營一般人不常有的「奇貨」而致富!

誠如香港一位富商所說:「每個商業時代,都造就一批富翁。而每批富翁的造就,都是當人們不明白時,他明白自己在做什麼;當人們不了解時,他知道自己在做什麼。所以,當人們明白時,他已經成功了;當人們了解時,他已經富有了。」而這種現象,靠的就是他比別人多了一個掌握資訊的能力!

第二個方面,就是利用資訊的時效性。

大家都知道,在近代史上晉商有一定的地位,晉中民間的商人,經商的頭腦與一般人不同。單說清朝一個曹姓商人,有一年看到高粱長得莖高穗大,十分茂盛,但他覺得有些奇怪,隨手折斷幾根一看,發現莖內皆是害蟲。他靈光一閃,便獨闢蹊徑,連夜行動,找人買入大量高粱。當時一般人認為豐收在望,便將庫存的高粱大量賣出。結果高粱成熟之際多被害蟲吃掉導致歉收,而曹姓商人一家卻以奇計獲利。

再舉一例,日本有一個「尿布大王」多博川,他本來只是個名不見經傳的小商人,他的商機靈感就是來自他發現了人口普查資料所顯示的 250 萬嬰兒出生數。

有些例子,讓人乍聽起來感覺很可笑,但事實是,真正最有價值並轉變成有效的資訊,恰恰是被絕大多數人嗤之以鼻而丟棄、卻被極少數人發

機遇眷顧有準備的人

現並見微知著的資訊。企業經營如此，社會常理也是如此。

美國大科學家、電話的發明者貝爾（Alexander Graham Bell）說過這樣一句話：「不要總走人人都走過的大路，有時需要另闢蹊徑前往山林深處，你會在那裡發現從來沒有出現過的東西和景物。」掌握資訊亦是如此，關鍵是有沒有用心發現。

只要留心就有機會

你在經營中錯過很多機會嗎？你遺憾、悔恨嗎？你覺得「還有機會」嗎？

許多初入商界的人認為自己沒趕上好機會，現在經商比以前難多了。他們覺得上帝根本沒給自己機會──想想那時候，一次又一次的熱潮，一輪又一輪的商機，沒有「地雷」，只有黃金；賺的可能是99%，虧的機會不到1%。看看今天的市場，利潤越來越薄，生意越來越難做……

其實，發現商機永不言晚，處處留心皆市場，賺錢商機就在你身邊。

環境的變化，包括自然的更迭、社會的改變和人事變遷，都是以人的感受力來判斷的；沒有敏銳的洞察力，對外界的變化一概無感的人，絕對沒有成功的機會，即使機會來臨仍懵懂不知。正確掌握環境變化，才有適應它的能力，若「誤認變化」或「錯看變化」，猶如盲人騎瞎馬，半夜臨深淵般危險。

密切關注資訊，可窺見社會的變化，按照正確資訊的方向前進，可以預見明日的變化。

對於企業經營來說，除非政局突如其來的動盪，市場的變化必定有一個規律。各項產品的進步與退步，暗示另一項產品的價值提高或下降。

社會風氣如何？人們的消費能力如何？年輕人流行什麼？什麼產品的銷量有減無增？

一切包括政治、社會風氣、出生率高低、貧富比例等資料，都可稱之為資訊。

經濟資訊有兩種，一種是特殊資訊，另一種是普通資訊。所謂特殊資訊，指那些尚未公開，極少人知道，也就是平時所說的「內部消息」。這種資訊，為少數人掌握，如能捷足先登，其價值應是無可估量，但是，這種資訊不易獲得。另外一種是普通資訊，是「眾人皆知」的資訊。這種現成的資訊，雖容易得到，但需要加以分析，才能得到對自己有用的情報。

要做大生意，就必須從國際與國內的重要政策趨勢中尋找機會，無論是政治、經濟、科技發展，甚至社會文化的變遷，都可能蘊藏著新的市場潛力。例如，近年來對於環境保護的重視日益提升，政府推動減碳政策與淨零排放計畫，並積極推動相關法規與補助措施，這使得綠能產業、環保科技及循環經濟等領域成為市場的發展重點。

有這麼一句話：「當你有心把握一個好機會時，整個世界都會為你讓路。」

2000年11月7日，美國舉行的第43屆總統選舉，候選人布希與高爾得票數十分接近，由於佛羅里達州計票流程引起爭議，結果新總統遲遲無法產生。對此，原擬發行新總統紀念幣的美國諾博──裴洛特公司，面對總統難產的政治危機，靈機一動，化危機為轉機，利用早已準備好的高爾（Al Gore）和布希（George W. Bush）的雕版像，搶先推出「總統難產紀念銀幣」，全球限量發行4,000枚。銀幣為純銀鑄造，直徑3寸半，不分正反面，一面是小布希肖像，一面是高爾肖像，每枚訂購價79美元。結果，短短幾天時間，紀念銀幣很快被訂購一空，該公司利用總統難產危機

大賺了一筆。

這家鑄造公司原本是想鑄新總統紀念幣（其實，這也不失為一筆好生意），但選舉結果風雲突變，美國新總統難產一時成為世界關注的焦點，這也是美國 200 多年歷史上罕見的情況。該公司嗅出了這危機中的瞬間商機，果斷推出總統「難產」紀念幣而大獲成功。請仔細想一想，正常的總統紀念幣哪裡有這百年不遇的總統難產紀念幣來得珍貴？效益更大？從中不難看出瞬間商機裡蘊含著獨特的社會效益和經濟效益。

一些人的商業敏感來自耳朵，一些人的商業敏感來自眼睛，還有一些人的商業敏感來自於親身體驗與行動。

Airbnb 的創辦人布萊恩．切斯基（Brian Chesky）和喬．吉比亞（Joe Gebbia）在 2007 年面臨房租壓力，決定將公寓的閒置空間出租給參加設計會議的旅客，提供他們住宿和早餐服務。這一舉措不僅解決了他們的經濟困境，也讓他們看到了共享經濟的潛力。隨後，他們創立了 Airbnb，讓全球用戶可以分享閒置空間，滿足旅客多元化的住宿需求。如今，Airbnb 已成為全球知名的住宿分享平臺，改變了傳統旅遊住宿業的局勢。

這個案例顯示，商業機會往往存在於日常生活的需求中。創業者若能敏銳地察覺並滿足這些需求，便能創造出具有影響力的商業模式。

很多人對商機可謂是敬畏有加：「這可是了不得的東西，我們普通人可發現不了！」如果你這樣想，那你可能永遠也不能把握商機。

也許你誤解了「商機」二字，其實所謂商機只不過是那些能為你帶來利益和財富的機會。獲得一個好專案是商機，找到一個不錯的市場需求是商機，得到競爭對手的資訊是商機，了解到自己的一些缺點也是商機！

商機並不只偏愛別人，你自己也能把握商機，關鍵是你要用心去看，

用心去聽,用心去調查。總有一天,你會發現,原來商機就在你心中,就在你身邊。

看待事物本質且有穿透力

　　管理學家希克曼(Craig Hickman)在《創造卓越》(*Creating Excellence*)一書中提出,要成為一個改變現狀、創造未來,長久享有競爭優勢的管理者,必須具備創造性的洞察力、敏感力、想像力、應變力、集中能力、意志力等 6 種技能,而位居第一位的技能就是洞察力。

　　洞察力是指心靈對事物本質的穿透力、感受力、洞察事物的能力。洞察力就是以批判的眼光,準確地觀察並認知複雜多變的事物間相互關係的能力,它的主要表現為能夠「提出正確的問題」,要知道提出正確的問題是打開成功大門的鑰匙。當我們能對環境的變化與機會提出正確的問題時,就能夠形成正確的競爭策略。一位策略家的第一項特質,就是這種發現問題的洞察力。

　　具有洞察力的人,必然具有對環境的適應能力。缺乏洞察力的人則錯失大量的機會,因為他無法抓住問題的根本,並且也不可能找出成功的解決方案,其結果只有一個,那就是喪失許多的發展機會。

　　希克曼還指出,具有洞察力的管理者應該把問題、情況與資訊等各方面加以綜合考慮,因為你考量得越多,成功的機會就越大。具有洞察力的管理者能夠發現別人忽略的甚至從沒有看到過的機會、優勢和實力。缺乏洞察力的管理者造成組織的停滯、蕭條而非提升,而瞬間的疏忽就可能導致失敗,而持久的洞察力將鞭策著組織維持它的優勢地位。

機遇眷顧有準備的人

洞察力的培養不是一朝一夕的，它是一個長期的過程。在這一過程中，必須積極主動地發現、探索未知的事物，從中發現問題和機會。如果只是循規蹈矩，或是盲目地等待事物自行發展，或等待別人採取行動，那麼就會喪失主動性，喪失發現機會的可能。

我們唯有第一個發現問題，第一個主動接受挑戰，第一個對抗困難，這樣才能發現機會。

所羅門（Soloman）說過：「智者的眼睛長在頭上，而愚者的眼睛是長在背脊上。」有人說：「同樣在歐洲旅行，但不同的人所得到的收穫是絕對不同的。」心靈比眼睛看到的東西更多。一般人只能看到事物的表象，只有那些富有洞察力的眼光才能穿透事物的表象，深入到內在本質之中，看到差別，進行比較，抓住潛藏在表象後面更深刻、更根本的東西。

在日常生活中，常常會發生各式各樣的事，有些事令人大吃一驚，有些事則平淡無奇。一般而言，令人大吃一驚的事會讓人倍加關注，而平淡無奇的事往往會被忽視，但它卻可能包含著重要的意義。一個有敏銳觀察力的人，能夠看到不奇之奇。當然，我們說培養敏銳的洞察力，留心周圍小事的重要意義，並不是讓人們把目光完全放在「小事」上，而是要人們「小中見大」、「見微知著」。只有這樣，才能有所創造，有所成就，並得到收益。

19世紀的英國物理學家瑞利（Rayleigh）在日常生活中觀察到在端茶時，茶杯會在托盤裡滑動和傾斜，有時茶水還會濺出來，但當茶水濺出後弄溼了托盤，茶杯此時變得不易滑動了。瑞利對此做了進一步探究，做了許多類似的實驗，結果得到一種求算摩擦力的方法——傾斜法。

心越細，洞察力越強；眼光越敏銳，洞察力越深邃。

洞察可分為外在洞察和內在洞察兩種：外在洞察是用肉眼觀察客觀的人事物；內在洞察則是用心去想，去發現人和事物之間的內在連繫。我們所需要的洞察力既要用肉眼，又要用心眼去體察、去感受，真正做到肉眼與心眼並用。

洞察他人也好，洞察事物也罷，沒有什麼深奧的祕訣，首先要做一個生活中的有心人。對事對人要獨具慧眼。

平常多點分析，增強辨別力，就不容易被某種假象所矇蔽。有人曾說過：一切事物，它的表象與它的本質之間並非是完全一致的。人們必須透過對表象的分析和研究，才能了解到事物的本質。如果用直覺一看就看出本質來，就不需要科學與研究。因為表象與本質之間不一致，因此需要研究，而假象跟一般現象也有所區別，我們盡可能也要認清表象與假象。

時刻搶占制高點

眼光精準，可以讓你超越一般人。別人認為是危機，你卻能視為轉機；別人視之如敝屣的東西，你卻認為是珠寶。與眾不同，自然脫穎而出。

眼光遠大，又讓你超越了一般的菁英。

如果你是一名經營者，開闊的眼界意味著，在創業伊始你可以有一個比別人更好的起步，有時候它甚至可以挽救你和企業的命運。人們常說：「一個人的心胸有多廣，他的世界就有多大。」我們也可以說：「一個經營者的眼界有多寬，他的事業也就會有多大。」

比如，某間非常有名的某廚具公司，剛開始並不是做廚具的，其專業是抽油煙機。後來創辦人發現，不少顧客在買了抽油煙機以後，還會向他

機遇眷顧有準備的人

們訂做吊櫃、櫥櫃，以便放置一些廚房用品及電器。這時候公司才開始轉型為整體廚具。「那時我們認為整體櫥櫃就是做幾個櫃子，把瓦斯爐和其他廚房用具結合在一起而已。這種想法一直到1999年5月。在德國科隆參加每兩年舉行一次的家具配件展，算是打開了眼界。看了展，我發現自己以前做的東西，根本不能叫整體廚具，簡直就是大雜燴。」展會後，創辦人從德國直接去了義大利，從北邊的威尼斯出發一直南下。「一路上，只要門上寫著Cucina（義大利語廚房之意），我就進去看。看了幾十個廠商，每個廠商都有幾十個甚至是上百個款式。古典的、現代的、大眾的、前衛的，各種流派都看個仔細。」這一路看了20多天，創辦人回來後，下令將歐洲的各種流派、款式，融進自己的理念。這家公司及創辦人，在做整體廚具若干年後，一直到1999年的歐洲之行，才明白什麼叫真正的整體廚具。這就是開闊眼界的作用。眼界開闊後的老闆，將原本平庸的企業帶入了一個全新的境界。與此同時，老闆自己也進入了一個新境界，發現了一個新天地。

小時候，常聽老人們講爬山的祕訣：看得遠才能走得遠。他們說，把目光放遠一些，一是能看清方向，走得順利，不會遇到障礙就走回頭路；二是走起來不會覺得太累，能走得快，走得遠。

李嘉誠之所以能夠把一個生產塑膠花的小工廠發展成為享譽全球的集團，其生財祕訣自然不少，但「目光長遠」卻是其中十分重要的一點。

1967年，香港社會很不穩定，投資者普遍失去信心，香港房價因此暴跌。但李嘉誠卻憑藉過人的眼光和開拓魄力，大肆低價收購其他地產商放棄的地區。到了1970年代，香港樓房需求大幅回升，他一下子賺進了不少錢。在李嘉誠幾十年的商人生涯中，類似的事例很多。他高人一等的長遠眼光是他事業成功的最佳保證。

走路爬山、經商賺錢需要眼光，做事做人同樣需要眼光。因為一個人能夠走得更遠，所以，首先必須把眼光放長遠一點。而不是目光如豆、斤斤計較、急功近利。

　　因為眼光短淺而失去機會的人確實不少。也許很多人不認為西楚霸王項羽是個「鼠目寸光」之輩，但他實際上就是眼光短淺的一個人。他縱橫沙場，百戰百勝，但他在攻入咸陽後即大封諸侯，錯失天下一統的良機，因而退守自己的故鄉江東。他只會打仗，卻意識不到成就霸業不僅需要軍事力量，也需要政治、經濟上的各種措施。

　　項羽的目光短淺還表現在讓劉邦留守易守難攻的漢中，還有就是鴻門宴沒有殺掉劉邦。這一切都是因為項羽的眼光只在戰術的層面，而不能達到通觀全面的策略高度。當項羽垓下一敗，高唱：「時不利兮……」時，他完全沒有意識到曾有無數個機會從眼前、從手心溜過，只可惜他看不見。

　　在這個世界上，人最容易被金錢的威力、地位的榮耀、名譽的光環等等所誘惑，如果不將眼光放長遠一點，就容易被這些東西遮蔽，迷失自我。

　　有一次，英國安妮女王（Anne）參觀著名的格林威治天文臺，當她知道天文臺長、天文學家詹姆士的薪水很低以後，表示要調升他的薪水。

　　詹姆士眼光看得遠，心裡很清楚，一旦這個職位的收入變高，那麼，以後接任這個職位的人必定不會認真研究天文學，所以，他拒絕了女王的好意。而蘇聯作家法捷耶夫，雖然在29歲就登上蘇聯文壇，並憑藉《青年近衛軍》一書而當上了蘇聯作家協會主席。但是，自此以後，因為他忙著出訪、開會，就再也沒有寫出一篇小說。

　　將眼光放長遠一點，其實就是給自己一個長遠的奮鬥目標，在這一目標的方向下奮鬥，才不至於失去方向或半途而廢。目標是一個人前進的動

機遇眷顧有準備的人

力，能使人不斷開拓進取、永不滿足。

關於時代潮流和商機，一位知名企業家的看法是：「在激烈的商場上，想要獲勝，必須抓住機會，就像海上的大波浪和小波浪，隨時都以不同的形態在企業界波動。可是，了解這種波浪流向的人，卻少之又少。如果能看出這個流向，把握機會，就能獲勝。」

具有先見之明，能預知潮流，正確抓住機會的人，就是成功的人。

第二次世界大戰之後，同盟國成員決定在美國紐約成立聯合國。可是，要蓋在哪裡呢？在寸土寸金的紐約，要買一塊土地談何容易，特別是聯合國機構剛剛成立，缺乏資金，要各成員分攤費用不合理，徵求募捐也很難──戰爭之後，誰也沒有多餘的錢。

正當各國政要一籌莫展時，美國洛克斐勒財團（Rockefeller Financial Group）決定投入一筆巨資，在紐約買下土地，無償贈送給聯合國，同時還將周邊的土地都買下來。

消息一傳開，各財團一片譁然，紛紛嘲笑洛克斐勒家族：如此經營，不用幾年，必然敗落！

洛克斐勒財團則不管他人如何議論，決心不變，堅持無償贈送該筆土地。

幾年之後，聯合國大廈落成，聯合國事務也順利開展，這塊土地不僅迅速增值，它四周的地價也不斷升值，幾乎是翻倍地飆升。於是，洛克斐勒財團所購置的土地價值直線上升，所獲得的利潤相當於所贈土地價款的數十倍、上百倍。

那些當初嘲笑洛克斐勒財團的大亨們，此時只能自嘲自己目光如豆了。

拓展事業時最重要的原則是迎合時代的潮流，如果選擇會被時代淘汰、或逐漸衰微、或沒有潛力的行業，則不管你多努力，也無法獲得成功。

善於辨別，去偽存真

美國肯德基在決定進入中國市場之前，曾先後派過兩位董事到中國考察市場。

第一位考察者下了飛機，來到中國街頭，他看到川流不息的人流，就回去報告說中國市場大有潛力，但被總公司以不稱職為由降職並調動了工作。

接著公司又派出了第二位考察者。這位先生用幾天的時間，在中國幾個不同的街道上向不同年齡、不同職業的人詢問他們對炸雞味道、價格以及對炸雞店面設計等方面的意見。不僅如此，他還同時調查了中國的雞源、油、麵粉、鹽等，並將樣品、資料帶回美國，逐一分析，經過彙整，做出詳細的分析報告，得出肯德基打入中國市場具有強大競爭力的結論。

果然，中國肯德基開業不到 300 天，營利高達 1,250 萬元，原計劃 5 年收回的成本，不到兩年就收回了。

在做出一個決策之前，當然要進行調查研究。這種調查越詳細、越周密越好，這可以為決策提供第一手資料，才能瞄準目標做事。

全球知名企業「亞馬遜」的創始人貝佐斯（Jeffrey Preston Bezos）30 歲時已是某金融公司的副總裁。然而當貝佐斯偶然看到「網路使用者一年激增 23 倍」這樣一則消息後，毅然決然地告別了華爾街轉向創立電子商務。

在創辦了電子商務後，貝佐斯開始考慮在網路上先賣什麼東西好呢？

機遇眷顧有準備的人

貝佐斯列出了20多種商品,然後逐項淘汰,最後剩下書和音樂產品,他選定先賣書。為什麼是書呢?

因為貝佐斯在分析過程中發現傳統出版業有一個關鍵矛盾:出版商和零售商的業務目標相互衝突。

出版商需要預估某本書的印刷數量,但圖書上市之前,誰也無法準確預知該書的市場需求量。為了鼓勵零售商多訂貨,出版商一般同意零售商沒賣完的書就可以回收,零售商既然毫無風險,而往往超量訂購。

貝佐斯一針見血地指出:「出版商承擔了所有的風險,卻由零售商來預測市場需求量!」貝佐斯所看到的,其實就是經濟活動中無法徹底根除的一種弊病——市場需求與生產之間的脫節。他有自信,運用網路,省掉商品流通的中間環節,顧客直接向生產者下訂單,就可以真正做到以銷定產(以市場的需求來安排生產的數量)。

4年之後,貝佐斯創辦的「亞馬遜」其市值已經超過400億美元,擁有450萬長期客戶,每月的營業額數億美元,貝佐斯也成為全球的超級大富豪。

定位自己的競爭空間

對於商業的發展來講,周邊的環境非常重要。如一個雞蛋孵出小雞,最為適合的溫度是37.5°C到39°C。那麼,在40°C或41°C的時候,雞蛋是不是能孵出小雞來呢?我想生命力頑強的小雞也能突破不適的環境,但是到了100°C的溫度一定不行。對商業來講,研究周邊的環境,一方面促使環境更適合,一方面應加強自己的生命力以便能頑強地生存下來。

老張偶然在一個偏遠的山裡發現一種極具開發潛力的產品——富含

定位自己的競爭空間

礦物質的優質礦泉水,他在經過初步的調查、分析後,便積極地投入資金進行開發。經過一番努力後,礦泉水工廠終於建成。就在這時,老張發現了一個新問題:面對綿延曲折的羊腸小道,他要如何將產品運送出去?修這段山路至少需要投資10倍礦泉水工廠的資金,這已遠非其能力所及。老張只好忍痛割愛,空手而歸,白浪費了一筆投資。

因此,在分析投資的客觀環境時,相關的地理環境和基礎設施建設是創業者絕對不可忽視的因素,如果你忽略了它們的重要性,必然會埋下失敗的隱患。

經營地點是否得宜,對於商品銷售的影響很大。如在偏遠地區賣名牌商品就是不切實際的想法。不同的地區應銷售不同級別的商品,如在高級住宅區的附近開設高級餐廳;在一般住宅區開設服裝零售店,以平價模式薄利多銷。

例如,剛引進便利商店之時,因它的商品比其他零售店貴,故一時間難以吸引一般消費者。然而投資者的眼光獨到,以長線投資方式經營,將店開設在夜生活熱鬧的地區,提供上夜班的顧客方便性。便利商店24小時營業,為消費者打開方便之門,業績與日俱增。

許多企業誤判競爭環境中所發生的變化,儘管他們之中有不少曾位居行業領先地位,呼風喚雨,但他們忽視或誤解了競爭環境中的變化,最後導致自身的競爭優勢遭到嚴重打擊。正如英特爾公司的葛洛夫(Andrew Stephen Grove)所言,在分析競爭環境時,必須正確定位自己的競爭空間,不能局限於現有的競爭者,必須將潛在和新增的競爭者納入分析範圍。另外,必須建構一個有效的競爭資訊系統,保證組織內部能暢通相關資訊,並使其能得到妥善的處置和應用,並提供可靠有效的資訊平臺制定正確的經營策略。

機遇眷顧有準備的人

學會用速度取勝

機會稍縱即逝，我們一定要以更快的速度抓住它，成功的祕訣就是適時把握機遇，並利用機遇。

印尼華裔商人彭先生於 1977 年開始自己創業，幾乎是白手起家，僅用了 10 多年時間，他創辦的巴里多太平洋集團便成為印尼屈指可數的幾家大集團之一。據《富比士》雜誌公布的資料，他的財富現已超過 45 億美元。

彭先生的成功實在令人矚目，商界人士認為其發展祕訣就是貴在神速。

彭先生之所以於 1977 年創立膠合板廠，是看準了當時世界市場膠合板需求大增。而印尼峇厘島盛產木材，自己又有膠合板生產技術和銷售通路，因此迅速把工廠擴大到 68 條生產線，使膠合板產量不僅成為印尼第一，也是世界首位。為了確保膠合板生產所需的木材來源無虞，彭先生在印尼申請到 500 萬公頃的森林特許砍伐權，另外在巴布亞紐幾內亞擁有 10 萬公頃的特許伐木區。

為了配合龐大的伐木業及夾板製造業的需求，彭先生陸續設立了 180 多家相關子公司，包括運輸公司、貿易公司、金融公司、飯店及房地產公司。為了充分發揮開採木材的作用，他又成立了造紙廠，這一造紙廠是與印尼前總統蘇哈托的兒子合作的，共投資 1.6 億美元。由於這種特殊的人脈關係，該專案很快開始實施。

彭先生早就懂得「激水之疾，至於漂石者，勢也」的哲理，他趁著自己業務迅速擴大之勢，及時地向外拓展。他透過在香港、新加坡、英屬維京群島等地設立公司，拓展膠合板、紙張的銷售並進行各種投資、籌措資金等活動。甚至與其他企業家聯手買進阿斯特拉國際公司的部分股權，占股

達20%、投資新加坡的聖陶沙遊樂場1億美元等等。

1993年和1994年，彭先生將旗下的巴里多太平洋木業集團上市，加上其所屬的阿斯特拉集團的3家上市公司在內，彭先生在印尼本土的上市公司總值超過60億美元。

彭先生的成功就在於兵貴神速。而索尼彩色電視機在美國打開市場，也是靠步步緊逼、迅速出手而獲勝的。

1970年代，在美國人眼裡，日本索尼彩色電視機是不受歡迎的雜牌貨。索尼公司國外部部長卯木肇終日苦思，絞盡腦汁想將彩色電視機打入美國市場。

一日，卯木肇偶然經過一處牧場。當時夕陽西下，倦鳥歸林，一個年輕的牧童牽著一頭雄壯的公牛走進牛欄，一大群牛便緊隨其後，溫馴地魚貫而入。眼前這種景象，使卯木肇茅塞頓開。他暗自思忖：何不在美國找一家「帶頭牛」商店率先銷售索尼彩色電視機呢？

次日，卯木肇選擇了當地一家最大的電器公司——馬希利爾公司作為主要對象。剛開始的洽談極不順利，連續三次都碰壁。但卯木肇毫不氣餒，第四次上門時，馬希利爾公司又以「索尼的售後服務太差」為由拒絕。卯木肇沒有爭辯，而是馬上設立特約服務部，並在報上公布特約服務部的地址和電話號碼，保證隨叫隨到。

第五次會面，馬希利爾公司經理挑剔地說：「索尼在當地形象不佳，知名度不夠，不受消費者歡迎。」卯木肇仍然不動聲色，吩咐30多名工作人員，每人每天撥5通電話，向馬希利爾公司購買索尼彩色電視機。接連不斷的訂購電話，把該公司的職員搞得暈頭轉向，以至於在忙亂之中，誤將索尼彩色電視機列入「待交貨」名單，這令經理非常生氣。當卯木肇第

> 機遇眷顧有準備的人

六次鎮靜自若地走進馬希利爾公司時，經理終於被打動了，不得不同意代銷索尼彩色電視機。

至此，日本索尼彩色電視機終於擠進了芝加哥市的「帶頭牛」商場。由於有「帶頭牛」開路，「群牛」便緊跟在後，芝加哥地區的100多家商店紛紛要求經銷索尼彩色電視機。不到3年，索尼彩色電視機在美國其他城市的銷路也隨之打開。

把握最佳時機

機會來的時候，抓住它固然重要，但還有個把握最佳時機的問題。

1970年4月11日，美國阿波羅13號飛向太空，這場備受矚目的太空任務雖然遭遇技術故障，最終仍成功讓太空人安全返回地球。此事震撼全球，而某重型機械廠趁機在報紙上刊登了一則極具創意的廣告：「感謝你——NASA的信任，本廠吊車為能替太空探索提供裝載服務而感到自豪！」這家企業巧妙地利用太空新聞效應，提高了產品知名度，成功達到宣傳目的。

同一種方法，在不同的時間或時機，發揮的效果是不同的，有時甚至會截然相反。聰明的人就善於把不幸的事件轉化為提高產品知名度的契機。

幾年前，一架美國賽斯納公司生產的「獎狀」系列飛機在下降時，遇到一隻老鷹叼著兔子。老鷹見到飛機這個龐然大物很害怕，丟下兔子就跑。糟了！兔子恰巧被吸入飛機引擎。引擎一旦受損，這架飛機就完了！飛行員嚇出一身冷汗。然而，很幸運，兔子雖使螺旋槳受損，但引擎安然無恙，飛機也安全降落。由於「獎狀」號飛機使用的是加拿大普拉特・惠

特尼（Pratt&Whitney Canada）公司生產的PT6引擎，PT6引擎因此成了世界上唯一經歷過「免撞試驗」的引擎，由此意外驗證了該引擎的可靠性。這家公司藉此機會，大加宣傳，於是名聲大振，贏得了很高的商譽。

選擇就是結局

有一個小測試──

在一個暴風雨的夜晚，風強雨驟，你開著車路過一個公車站，看見三個人，他們都在等車，分別是：

一個老人，年紀很大了，而且病得很重，需要馬上就醫，否則他可能就會死去。

一個醫生，他曾經救過你的命，你一直都想要報答他。

一個你深愛著的人，你的夢想就是想和她永遠在一起，但沒有機會向她表白。

他們三個人都需要幫助，而你的車只能坐一個人，而且如果錯過這次機會，以後將沒有機會了。

請問，遇到這種情況，你會怎麼做？選擇還是放棄？並解釋一下你的理由。

如果你救老人，雖然老人可以得救，但你卻失去了報答醫生的機會，也失去了和你愛的人相守一生的機會。這是你想要的嗎？

如果你載了醫生，那麼，老人可能會死去，你也失去向你愛的人表白的機會。這是你想要的嗎？

機遇眷顧有準備的人

　　如果你讓你愛的人上了車，老人會死，而你想報答醫生的願望也無法實現。這又是你想要的嗎？

　　做出決定之前，先了解自己的心態，先想想你手中的優勢，你有車，這就是你的優勢。而這時你想的是要載哪一個人上車，沒錯吧？那麼，你是否能夠變通一下你的想法呢？試想：如果這時你能放棄自己手中的優勢，回頭再看問題，你會發現什麼？

　　好，你下車，把你的車交給醫生（醫生會開車），由醫生帶著老人去看病，而你就留下來陪著你愛的人一起等公車。

　　這樣，你不但救了老人，報答了醫生，更重要的是你終於可以和你愛的人相守一生了。

　　有很多人面對問題時，總是猶豫不決，什麼都不想放棄，更不願意放棄自己已經擁有的東西（比如車），以致機會來臨時，卻不知如何是好，其實這些都是思考問題的角度不同所產生的不同結果。有捨才有得，不入虎穴焉得虎子，暫時放棄一些東西，你將會發現，你會得到更多。

　　所以，不要抱怨你沒有機會，其實，機會人人都有，只是人人把握機會的狀況不同。有的人能夠把握住機會，所以他得到很多，而有的人卻無法把握機會，失去之後才知道悔恨。

　　再來看一個故事──

　　有三個人將要入監服刑三年，監獄長同意滿足他們三個一人一個要求。

　　美國人愛抽雪茄，要了兩、三箱雪茄；法國人最浪漫，要一個美麗的女子相伴；而猶太人說，他要一部與外界溝通的電話。

　　三年過後，第一個衝出來的是美國人，嘴裡塞滿了雪茄，大喊：「給我火，給我火！」原來他忘記要打火機了。

接著出來的是法國人。只見他手裡抱著一個小孩子，美麗女子手裡牽著一個小孩子，肚子裡還懷著第三個。

最後出來的是猶太人，他緊緊握住監獄長的手說：「這三年來我每天與外界保持聯絡，我的生意不但沒有停頓，反而成長了200%！」

我們的選擇往往決定我們會有什麼樣的生活。若干年前我們的選擇決定了今天的生活，而今天我們的選擇將決定若干年後我們的生活。

人的最大優勢，就是具有選擇權。在一定的意義上說，選擇權在自己手裡。可惜，真正會選擇的人並不多。雖然每個人都在選擇，但多數卻是迫不得已，他們沒有自己的想法。

與人異的是選擇自己，與人同的是選擇別人。異者必受煎熬，在光熱中燃燒；同者可能怡樂安定，卻一事無成。

機會到底屬不屬於自己，就看你有沒有選擇能力。

常言道：事至兩可莫粗心，人到萬難須放膽。

其實，人生最難的事情是選擇。比起左右權衡的選擇，事至拚死一搏反倒容易多了。現實告訴我們，即便是錯誤的選擇也好過不敢選擇。錯誤的選擇還有修正的可能，對於不敢選擇的人來說，他永遠沒有機會，因為機會屬於那些敢作敢為的人。

此外，選擇是需要付出成本的，當你選擇了甲，自然也就失去了其他。選擇不同，經常是差之毫釐，謬之千里，一念之差，可能成為千古遺恨。當你有時間坐下來回顧自己的人生之路，總有許多令人後悔的選擇。人生的悲劇可說就是選擇的悲劇，機會的不可逆性就構成了機遇的成本。

姜子牙也想獲得機會，他的表現方法很奇特：他隱居在渭水邊，常用無餌的直鉤釣魚，魚鉤又離水三尺，並說：「願者上鉤！」能釣到魚嗎？

機遇眷顧有準備的人

但他最後「釣」到了周文王的器重，他輔助周文王治理國家，打敗西戎，消滅了附近幾個敵國，把勢力擴展到長江漢水流域，教化南蠻，取得了當時天下的三分之二，準備討伐商紂王。周文王病逝後，其子周武王繼承王位，拜姜子牙為國師。武王十一年，武王命姜太公為元帥，統兵五萬伐紂，大功告成。姜太公釣魚的訣竅，就在於確實掌握了機會。

《三國演義》中，「三顧茅廬」十分精彩，也說明了機會選擇能力之重要。劉備欲成大業，缺乏扶助江山的謀臣。剛開始他得到了徐庶，但徐庶在曹操的威壓之下，不得不離開。不過徐庶為劉備推薦了諸葛亮，這才有了三請諸葛亮的佳話。其實，諸葛亮想投奔明主的心情，跟劉備求賢的心情一樣急迫，諸葛亮為了掌握自己的優勢，不惜冒著失去機會的危險來「考驗」劉備。諸葛亮也很清楚，如果自己在劉備心中的地位是真正重要的，劉備是不會輕易放棄這個機會的；如果自己在劉備心中的地位不夠重要，那麼，失去了這個機會也不可惜。諸葛亮的高明之處在於堅持對機會的最佳選擇。

很多機會的降臨未必都是好事，關鍵是對機會的判斷，主要在於對機會「真實度」的把握。

比爾蓋茲（Bill Gates）是一位商業奇蹟的締造者，也是一個懂得選擇的人。

比爾蓋茲在中學時代，凡事已比同齡的孩子成熟。老師要求寫一篇一千字左右的作文，比爾蓋茲卻一口氣寫了十幾篇。

他所做的最重要的決定莫過於退學。哈佛大學是學子們夢寐以求的學府，而考上哈佛大學的比爾蓋茲卻在大三時，毅然決然地選擇了退學。這不是一般人能夠下的決心，也只有下這樣的決心、具有這樣的勇氣，才可

能成為非凡的人物!

剛滿 20 歲的比爾蓋茲對電腦十分感興趣,他深信,總有一天電腦會像電視一樣走入每個人家裡。他堅定的信念,不但打動了自己,還打動了夥伴,打動了父母。

試想一下,假如比爾蓋茲依然在哈佛大學深造,學習課本上千篇一律的內容,他還有可能改變世界嗎?也許他會是一名優秀的上班族,但不可能成為一個改變世界的人物。

他曾經說過這樣一句激動人心的話:「人生是一場大火,我們每個人唯一可以做的,就是從這場大火中多搶救一點東西出來。」

本著這種人生短暫如火的信念,他及時地做出了選擇。這讓我想起張愛玲說的一句話:「出名要趁早。」

這都告訴我們:做選擇時,一定要果斷堅決。

凡事要拿得起放得下

美國總統柯林頓(Bill Clinton)跟陸文斯基(Monica Samille Lewinsky)的那場誹聞風波也許仍記憶猶新。想一想,當柯林頓與陸文斯基的事情東窗事發時,柯林頓若堅決否認,也是一種選擇。全世界的人都在看,堂堂的美國總統承認自己的醜事,這是多讓人難為情的事情啊!但柯林頓的聰明之處就在於,他採取了一種以退為進的策略,承認了自己的錯誤。

無獨有偶,同樣是美國總統,當年甘迺迪(John F. Kennedy)在競選美國參議員的時候,他的競爭對手在關鍵的時刻爆料:甘迺迪在學生時

機遇眷顧有準備的人

代,曾因作弊而遭到哈佛大學退學。這類事件在政治上的威力是巨大的,競爭對手只要猛打這一點,就可以讓甘迺迪誠實、正直的形象蒙上一層陰影,他的政治前途也就完了。一般人面對這類事件的反應不外乎是極力否認,澄清自己,但甘迺迪卻很爽快地承認自己的確犯過很嚴重的錯,他說:「我對於自己曾經做過的事情感到抱歉。我錯了。我沒有什麼理由可以辯駁。」甘迺迪這麼做,等於是「我已經放棄了所有的抵抗」,而對於一個已經放棄抵抗的人,你還要跟他沒完沒了嗎?如果對手還要繼續進攻,就顯得對手沒有風度了。

有時候,如果我們可以放棄一些固執、原則,甚至是利益,反而可以得到更多。

面對機會的來臨,人們常有許多不同的選擇方式。有的人會單純地接受;有的人持懷疑、觀望的態度;有的人則很固執地不肯接受任何新的改變。而不同的選擇,當然導致截然不同的結果。許多成功的契機,起初未必能讓每個人都看得到深藏的潛力,而起初抉擇的正確與否,往往更決定了成功與失敗的結局。

生活中,有時困境會不期而至,讓我們猝不及防,這時我們更要學會放棄。放棄焦躁性急的心理,安然地等候生活的轉機。

人生就像是我們在列車上的一次長途旅行,到站了,你就必須下車。沉迷於過往的人將永遠生活在痛苦和遺憾之中。

古人云,魚和熊掌不可兼得。如果不是我們該擁有的,我們就要學會放棄。幾十年的人生旅途,有風有雨,有得有失,只有學會了放棄,我們的心態才能安然祥和,才會活得更加充實、坦然和輕鬆。

在滑鐵盧大戰中,道路因大雨而泥濘不堪,導致砲兵移動困難。拿破

崙（Napoléon Bonaparte）不甘心放棄砲兵。在躊躇之間，數小時過去了，對方援軍趕到，隨即扭轉戰場形勢，拿破崙因而慘敗。拿破崙的失敗足以證明：在人生的重要時刻，在決定前途和命運的關鍵時刻，不能猶豫不決，徘徊傍徨，而必須明於決斷，勇於放棄。卓越的軍事家總是在最重要的主戰場上集中優勢兵力，全力以赴爭取勝利，而在非主戰場上做些讓步和犧牲，並坦然接受損失和恥辱。

一隻倒楣的狐狸被獵人的捕獸夾夾住了一隻腳，牠毫不遲疑地咬斷了那隻腳後逃命。放棄一隻腳而保全性命，這是狐狸的哲學。人生亦應如此，當生活強迫我們必須付出慘痛的代價以前，最明智的選擇是主動放棄部分利益而保全整體利益。智者云：「兩害相權取其輕，兩利相權取其重。」趨吉避凶，這也正是放棄的原則。

在歐洲，有一則流傳很廣的諺語：為了得到一根鐵釘，我們失去了一塊馬蹄鐵；為了得到一塊馬蹄鐵，我們失去了一匹駿馬；為了得到一匹駿馬，我們失去了一名騎士；為了得到一名騎士，我們失去了一場戰爭的勝利。

我們不僅應該學會放棄，並且應勇於放棄，不要為一點利益斤斤計較，不要怕選擇錯誤，知道錯誤才會有正確，錯誤教會我們逐漸放棄。其實，在生活中我們必須學會放棄，學會為了一棵樹而放棄整個森林，未來是不可知的，面對眼前的這一切，我們還來得及把握，我們還可以在無限中珍惜這些有限的事物！

要達到某一種目的，必須付出相對的代價。只要你相信人的能力是從不斷的經驗中鍛鍊出來的，多一些經歷，無論如何總是好事，至少能提高個人的水準，那麼你就會覺得，你正在向目標靠近，而不是原地踏步。

「鍥而不捨，金石可鏤。」這是古人留下的一句著名的治學格言，也是

機遇眷顧有準備的人

世人所推崇的成才之道。

其實,持之以恆,只是一個人成才的條件之一。至於其他條件,譬如機遇、天賦、喜好、悟性、體質等項也是缺一不可的。如果你研究某一學問、鑽研某一技術或從事某一事業的條件確實太差,經過相當的努力未見效果,那就不妨學會「放棄」,另闢蹊徑。

以學鋼琴為例,許多家庭視此為孩子成長中的重要才藝,甚至期望能培養成未來的鋼琴家。有些家長傾盡資源,購買高價的進口鋼琴,聘請名師指導,希望能培育出臺灣的「蕭邦」或「李斯特」。然而,學琴的人多,能真正登上國際舞臺的卻寥寥無幾。這讓人不得不思考,當夢想與現實存在巨大落差時,是否該適時調整方向,讓孩子在音樂之外,探索更多可能性?

大學入學考試同樣是一場激烈的競爭,每年考生奮力一搏,希望能取得理想的成績。然而,受限於教育資源及招生名額,錄取率並非人人如願。如果分數與錄取門檻相差不遠,或許值得再接再厲,為夢想奮戰一年;但若差距過大,無論再努力多少次,結果可能依舊不如預期。在這種情況下,適時選擇其他出路,例如技職體系、海外留學或就業學習,可能會是更實際的選擇。

有道是「條條大路通羅馬」。世界鉅富比爾蓋茲大學輟學,大發明家愛迪生(Thomas Alva Edison)不過才小學畢業,照樣成就一番事業,你又何必執著呢?或許,你退後一步,便會海闊天空。

人生苦短,時光易逝。選定目標,就要鍥而不捨,以求「金石可鏤」。但若目標不適合,或主客觀條件不允許,與其蹉跎歲月,徒勞無功,還不如學會放棄。如此,才有可能柳暗花明,再展宏圖。班超投筆從戎,魯迅棄醫從文,都是改變想法後而大放異彩的例子。可見,如果能審時度勢、

認清自己的優點、把握時機，放棄，是一種理性的表現，也是一種豁達之舉。

生活在五彩繽紛、充滿誘惑的世界，每一個心智正常的人，都會有理想、憧憬和追求，而不是胸無大志，自甘平庸，無所建樹。然而，過分的急功近利則是一種不健康的心態，歷史和現實生活都告訴我們：必須學會放棄！

人生，也就在這種放棄與珍惜之中得到提升！

機會是等待的結果

「在人生成功的過程中，需要具備三種因素：第一是天才，第二是努力，第三是命。」這裡所講的「命」，是一個人所遭遇的社會大環境，社會大環境的變化及限制是一個人所無法改變的。

就科學而言，一個學科領域中大的機遇是幾百年一次，中等機遇可能十幾年、幾十年一次，對於這點要有清楚的了解。大的機遇是歷史和社會造成的，科學史上的重大突破，都與這類大機遇有關。如果牛頓早生200年，他不可能得出萬有引力定律，因為伽利略和第谷（Tycho Brahe）等人的觀察資料還沒有出現；而如果他晚生100年，別人可能比牛頓更早發現。愛因斯坦（Albert Einstein）能夠發現相對論也是如此。時間和空間的問題已困擾人們很多年，他生逢其時，非歐幾何已經建立，發現光速不變的邁克生（Albert Abraham Michelson）──莫雷（Edward Williams Morley）實驗也已完成，這些促成了愛因斯坦發現了相對論。他執著地研究這個問題，有超乎常人的天才，成功地抓住了這個重大機遇。現在研究

機遇眷顧有準備的人

理論物理，可能只有「銅礦」，也許在應用科學和跨科學領域可能出現「金礦」。要想在科學研究上有大作為，一定要善於審時度勢，明瞭科技發展的大趨勢，有良好的洞察力去感知「金礦」在哪裡。

人生有多少的無奈，就有多少無奈的等待。

事態在等待中會發生變化，一是對方的心理，二是客觀的環境。

等待，是一種耐心的堅持，是一種永不失敗的策略，是戰勝人生危難和險惡的有力武器。

等待，是醫治磨難的良方。忍一時之疑，一時之辱，不只是為了解除被動的局面，同時也磨練了意志及毅力，獲得在正常情況下無法獲得的經驗。

等待，還是一種眼光和度量，能克己忍讓的人，是深刻而有力量的，是雄才大略的表現。

「等待」二字，自古至今一直散發著神奇的光芒。古今中外幾乎所有的成功人士，都大大地利用「等待」二字。

收穫之前必須學會合理的和不合理的等待。生活不是有理就能走遍天下，正因為它的複雜和無理，等待才顯得重要。等待不是要你放棄希望，就像踩煞車的目的是為了下一秒再次前進一樣。

美國實業家，也是歷史上著名的鋼鐵大王——安德魯・卡內基（Andrew Carnegie）之所以能夠取得巨大的成就，從他小時候所展露的個性，就能看得出來。

卡內基小時候，有一天陪著母親上市場，到了一處水果攤前，卡內基停了下來，眼睛直盯著一籃櫻桃。

水果攤老闆看見這個小男孩長得十分可愛，便說道：「來，小弟弟，

拿一些櫻桃去吃，不用錢，老闆請客。」卡內基猶豫了一下，並沒有伸出手去拿櫻桃。

「小弟弟，你不喜歡櫻桃嗎？」老闆很詫異地問道。

「不！我很喜歡櫻桃！」卡內基回答。

「那就拿一些去吃啊，我不收你的錢！」老闆說。

「老闆對你這麼好，你就拿一些櫻桃吧！」卡內基的母親也這麼說，但卡內基仍然沒有伸出手來。

這時老闆反而覺得不好意思，連忙拿了一大把櫻桃，塞在卡內基的口袋裡，笑著說道：「拿去吧！小弟弟！不用客氣。」口袋裡塞滿櫻桃的卡內基，很高興地跟著母親走了。

在回家的路上，母親疑惑地問卡內基：「剛才老闆對你那麼好，你怎麼不敢伸出手去拿櫻桃呢？」

卡內基很簡單地回答說：「我當然想拿，可是……老闆的手比較大，他一把抓起來的櫻桃，比較多啊！」

等待是為了更長遠的發展，如果目光太過短淺，往往就會錯失很多機會，站得高遠一些，具有全面的預見力與觀念，就能不被暫時的得失所左右，就能為長遠的發展放棄暫時的小利，就能掌握更大的機會，贏得更大的成功。人生本來就是一場戰爭，一個不懂得等待的人，很難掌握好的戰機，一個不懂得運籌的人也是一樣，一個不懂得運用手中的有利條件去創造新條件，並且獲得利益與發展的人，是不會有前途的。

西元 617 年 5 月，韜光養晦中的李淵，見時機成熟，毅然起兵反隋。當時東、西突厥再度強盛，太原又地處突厥兵經常出沒襲擾之地，為免除心頭之患，李淵用十分卑恭的口氣親自寫信向突厥求和，又以厚禮相贈，

機遇眷顧有準備的人

希望得到援助。突厥始畢可汗卻回答說，李淵必須自立為天子，突厥才會派兵援助。

看到強大的突厥希望李淵成為天子，李淵屬下將士包括文臣謀士，無不歡呼雀躍，紛紛勸諫李淵趕快自立為帝。但此時，他卻異常冷靜，深思熟慮。根據當時的局勢來看，全國人民起義風起雲湧，他們大多打著推翻隋朝的政治旗幟，飽受隋煬帝橫征暴斂的窮困百姓也趨之若鶩，農民軍聲勢迅速壯大。李淵當然也想取代隋煬帝，但他自己並不屬於農民，他所要依靠的對象主要是新興的貴族、官僚和豪強勢力。這股勢力與農民不一樣，他們具有濃厚的「忠君」意識，絕不容許有人推翻整個政治制度。當今隋朝中央集權名存實亡，而地方貴族、官吏則擁兵自重，實力不容小覷，他們為確保自己割據一方的地位而控制著軍隊，無論在武器裝備還是在戰鬥力方面，都不輸於朝廷的正規部隊，那些手持鋤頭、竹竿而又分散各地的農民力量，是根本無法與之相比的。

深思熟慮之後，李淵否決了部下的建議，不僅沒有自立，反而打出了「尊隋」的旗號，尊隋煬帝為太上皇，立留守關中的楊廣之孫代王楊侑為新皇帝，並移檄郡縣，改變旗幟。這樣，在突厥看來，李淵聲勢浩大，馬上便要自立，自己的建議已被採納，也就不再隨意侵擾，並有條件地給予支持。而在隋朝當權者看來，當然懷疑李淵身藏野心，但他竟打著「尊隋」的旗號。現在要推翻隋朝政權的農民軍比比皆是，這些都無力對付，哪還能專心去攻打李淵？因此，除了做一些基本的防禦工事外，從未對李淵發動攻擊，李淵便趁機有計畫、有步驟地發展壯大起來。更重要的是，李淵「尊隋」的旗幟迎合了「忠君」思想濃厚的貴族士大夫階層。而且李淵新立代王楊侑為帝，在這些人看來，朝廷官僚便有一次大換血的過程，對他們來說，則是一次難得的升官機會。誰先加入李淵部隊，誰便能搶到更

好、更多的先機。於是，眾多手握精兵的貴族士大夫們紛紛投入李淵部下。於是，李淵的實力急遽強大起來。當然，李淵「尊隋」畢竟是個權宜之計，只不過是把隋朝當成一棵正在快速腐朽中的大樹。當自己剛剛破土、尚處幼苗之時，聰明地把根一下扎在這棵大樹之上，不僅吸取樹中水分養料，又藉大樹遮風擋雨，甚至讓大樹誤認為這棵小苗乃是自己身體的一部分而加以悉心保護，李淵進而獲得迅速壯大的有利條件。

再來看一個人的求職經驗——

今年暑假，一家報社到我們學校招募兼職校對，雖然上夜班，但待遇還不錯，我決定試一下。

面試那天，報社走廊裡站滿了應徵者。上班時，報社的工作人員發給每人一份資料表，大家紛紛趴在椅子上填寫。交卷時，我發現很多人同時還附上一份自己的履歷，只有我兩手空空。表格交出後，工作人員把所有應徵者帶進了一間寬大的辦公室等候面試。有人來回踱步，有人想抽菸，但看到牆上「禁止吸菸」的標語，手又縮了回去。

時間一分一秒地過去。終於，剛才那位工作人員又進來了，幫大家倒水，然後說「主管正在開會」，要大家再等一會。喝水聲、咳嗽聲、抱怨聲、牆上時鐘的滴答聲……又過了一個小時，人們開始騷動，我也有些煩躁不安。一些應徵者走了，我聽到了好幾次關門聲，弄得人心惶惶的。說實話，我也想走，但想既然來了還是見見主考官吧。過了中午，只剩下我和另一個坐在沙發上的人。他坐的姿勢比較舒適，整個身體窩在沙發裡，面無表情地盯著牆上的時鐘。「你也是來應徵的嗎？」我忍不住問道。他轉頭看了我一眼，「不是。」

「不是來應徵的？那你在這裡等什麼呢？」我驚訝地看著他。「你覺得做一個校對人員需要具備什麼條件？」他反問道。「嗯，細心，當然還要

有耐心。」他的臉上露出了笑容,「恭喜你,你被錄取了。」

「什麼?」我的腦子瞬間空白。「噢,忘了告訴你,我是報社的編輯部主任,這次面試的主考官。」他笑了笑說。

我一下子從沙發上跳了起來,就這樣,我開始了大學生涯中的一段打工時光。

最後,有一個道理務必搞清楚:沒有任何事是需要你等待一生的。

生活處處有機遇

不管在何時、何地,做什麼事情,從事何種工作,都是需要機會的。

愛情是需要機會的。愛情成功與否,關鍵是有無機會。愛情上的「機會」,許多人常常認為「可遇不可求」。有一位小姐失戀了,痛不欲生,準備割腕自殺,臨死之前寄給前男友一則簡訊,說「我就要離開人世了,沒有你,我不想再活下去」。結果陰錯陽差,由於按錯最後一個數字,這則簡訊傳到了另一位男士的手機裡。該男士馬上傳回一則簡訊給她,誠摯地規勸她;又打電話給她,不斷安慰她,打消了她輕生的念頭。兩人越談越投機,相約第二天再聊,最後聊著聊著就走進了結婚禮堂,如今夫妻倆非常幸福。

經商也是需要機會的。老李十幾年前就開始開計程車,目前已存了不少錢,主要是因為那時計程車少、需求多,油價低,支出少,競爭不算激烈。小李一年前也想開計程車,半年過去了,卻覺得入不敷出、捉襟見肘,不得不轉行。主要是因為現在從事此類工作的人多了,競爭異常激烈,機會就有限。

從政入仕也是需要機會的。從某種角度上說，如果沒有劉備，就沒有諸葛亮；沒有周文王，就沒有姜太公；南郭先生之所以狼狽地逃走，就是因為已經不存在對他有利的境況了。

　　俄國戲劇家史坦尼斯拉夫斯基在排練一場話劇時，女主角突然因故不能演出。他實在找不到人，只好叫他的大姐來擔任這個角色。他的大姐以前只是幫忙做些服裝準備之類的事，現在突然要演主角，由於自卑、羞怯，排練時狀況很差，這引起了史坦尼斯拉夫斯基的不滿和鄙視。

　　一次，他突然停止排練，說：如果女主角演得還是這麼差勁，就不要再繼續排練了！這時，全場寂然，受屈辱的大姐久久沒說話。突然，她抬起頭來，一掃過去的自卑、羞怯、拘謹，演得非常自信、真實。

　　史坦尼斯拉夫斯基用「一個偶然發現的天才」為題記敘了這件事，他說：從今以後，我們有了一個新的大藝術家……

　　如果不是原本的女主角因故不能演出，如果史坦尼斯拉夫斯基沒有請他大姐試一試，如果不是他大發雷霆，使他大姐受到刺激，沒有這一切偶然因素促成做雜務的大姐參加排練，一位戲劇表演家一定就會被埋沒了！

　　有機會不一定能成功，但沒有機會是注定無法成功的。但是，機會又往往稍縱即逝，毫無規律又無法捉摸。其實不是沒有規律可循，唯有你達到一定程度的準備，它就是留給有所準備的你。比如愛情，若是兩人無法配合，機會來了也會離開；比如經商、從政、表演，若是沒有一定的基本功，你的東西還不夠好，那是很難成功的。因此，不管機會大還是小，多還是少，來不來，何時來，你都得努力、堅持，別無他法。相反，若老是守株待兔，機會永遠不會降臨在你身上。

機遇眷顧有準備的人

給生命一次機會

生活中處處都有機遇，只要你能留心它、發現它，並善於抓住它。人間萬事都有起伏，如果把握住時機，就會帶你走向好運。運氣好的人樂觀自信，相信自己什麼都行。幸運使人產生勇氣，勇氣又幫你獲得好運，這是一個良性循環。

她是某大學高分子科學與工程學院的高材生。和所有同齡女孩一樣，大學三年級的她本來應該在教室聆聽諄諄教誨，應該在校園裡自在徜徉，應該在自習教室伏案疾書……而這樣一位風華正茂的陽光少女，卻籠罩在白血病的陰影下。

她在例行體檢中獲知罹患慢性骨髓性白血病（即血癌）。這個消息對她的家庭來說無異是晴天霹靂。她的爸爸是醫生，媽媽是中學老師，雖然生活沒有很富裕，但是這個家庭裡卻充滿了書香氣息。因為擔心為孩子即將到來的大學考試帶來壓力。父母決定隱瞞病情，僅僅告訴她是一般的貧血，需要服藥治療。但初期的病情，就已經使孩子常常覺得疲勞，有時候甚至連筆都拿不起來。父母看在眼裡，痛在心裡，他們勸孩子明年再參加大學考試。但是孩子怎麼也不肯放棄。最後，在帶病上考場的情況下，她仍然以優異的成績，考上了頂尖大學的熱門科系──高分子科學與工程。

父母一直隱瞞著病情，但是她需要大量的藥物控制病情，父母只有不停杜撰貧血的種類，好讓孩子不懷疑。但是觀察力敏銳的她卻早已察覺了這一切。她發現爸爸床頭堆滿了有關白血病的書籍，媽媽常常在背地裡擦眼淚，她知道自己很有可能是罹患了白血病。她非常絕望，她不知道為什麼上天如此不公平，如此對待一個剛滿 20 歲的少女，她還有好多夢想和

希望等待實現。但是她接受了這個事實，並且決定不讓家人和朋友們擔心。她也隱瞞了自己已經知道病情的事實。

這一瞞就是3年。3年來，她除了需要吃藥之外，像一個普通少女一樣讀書、生活著。在這3年裡，她過得充實而燦爛，取得了傲人的成績。這個樂觀堅強的女孩，沒有讓任何人看出她的生命瀕臨消逝。在自己身患重症的情況下，她依然把全部的精力投入到讀書、工作中去。她對待同學熱情耐心，在學習上也勤奮刻苦，曾獲得過學校多項獎學金。她那優秀的工作能力不僅贏得了同學們的讚譽，而且還為她贏得了學校「優秀幹部」的榮譽。

3年過去，她的白血病已經急遽惡化，家裡已花費了高額的醫藥費用，現在已經負債累累，一貧如洗了。

但是上天並沒有放棄她，正當全家都陷入絕望的時候，骨髓資料庫找到了與她完全匹配的骨髓！她微弱的生命之火又燃起了希望。

當父母告訴孩子實情的時候，孩子表現得十分平靜。骨髓移植手術已經計劃進行，但移植骨髓的手術費和後續治療費又需要一大筆錢，對這樣一個普通家庭來說，簡直就是天文數字。

老師和同學得知這一情況也都十分震驚，3年來，和她朝夕相處的寢室室友，除了知道她身體不好以外，對她患白血病的情況也一無所知。

希望的力量是無窮的，這些積少成多的愛心，定能換回她陽光的笑容，換回她健康的身體，讓她能夠再次接受未來生命中的挑戰和收穫。畢竟，她是那樣的樂觀和堅強！就如她自己所說：「我相信，手術一定可以成功，我一定可以活下來，我還有很多夢想要實現。」

機遇眷顧有準備的人

好心態擁有好機遇

　　機遇來臨時，你要保持心胸開闊與樂觀。不久你就會聽到機遇在敲門。不是敲你的前門，而是敲你的心扉。

　　機遇來臨時，許多人關起大門。他們不知道機遇稍縱即逝。

　　由於不同的心態或者著眼點，同樣的情況，可能會得出截然不同的結論。有一個善於抓住機遇的故事是這麼說的：兩個業務員一起到非洲去推銷皮鞋。因為非洲天氣炎熱，那裡的人大都喜歡打赤腳。一個業務員看到非洲人都打赤腳，很快就失望了，他馬上發電報給公司：「這裡的人都打赤腳，皮鞋在這裡沒有市場。」另一個推銷員面對同樣的情況，卻驚喜萬分，他也發出了電報給公司：「這裡的人都不穿鞋，市場潛力非常大。」最後，他的公司讓非洲人穿上皮鞋，發了大財。

　　兩位青年到同一家公司求職，經理把第一個求職者叫進辦公室裡，問道：「你覺得你原本的那個公司怎麼樣？」這個求職者面色陰鬱地回答道：「唉，那裡糟透了。同事們爾虞我詐、勾心鬥角，部門經理粗野蠻橫、仗勢欺人，整個公司死氣沉沉，在那裡工作十分壓抑，所以我想要換個理想的地方。」

　　「我們這裡恐怕不是你理想的樂土。」經理說。於是那個年輕人愁容滿面地走了出去。

　　第二個進來的求職者也被問到相同的問題，他回答說：「我們那裡很不錯，同事們待人熱情、互相幫助，經理們平易近人、關心下屬，整個公司氣氛融洽，在那裡工作我感到非常愉快。如果不是想發揮特長，我真不想離開那裡。」

「很好，你被錄取了。」經理笑著說。

從某種角度上說，這位經理做出了非常聰明的選擇。

就像有些人說的那樣，樂觀者發明了遊艇，悲觀者發明了救生圈；樂觀者建造了高樓，悲觀者製造了消防栓；樂觀者都去做了玩命的賽車手，悲觀者卻穿起了白袍當上醫生；最後樂觀者發射了太空船，悲觀者則創辦了保險公司。

自信才能擁有機遇

自信之心，是我們追求卓越人生旅途中永不屈服的支柱，唯有自信，才能點燃我們生命中的潛力；唯有自信，才能戰勝我們生命旅程中的苦難和挫折；唯有自信，才能不斷超越自我，永保生命的青春；唯有自信，才能抓住我們生命當中不期而至的機遇。

「自信」能抓住成功的良機。在此，我們參考一下名人的事例，看看他們是怎樣成功的。

日本的小澤征爾是世界有名的音樂指揮家。義大利歌劇院和美國大都會歌劇院等許多著名歌劇院都曾多次邀他擔任指揮。

有一次，他去歐洲參加音樂指揮家大賽，在決賽時，他被安排在最後一位。小澤征爾拿到樂譜後，稍做準備，便全神貫注地指揮起來。突然，他發現樂曲中出現了一點不和諧。開始他以為是演奏錯了，就請樂隊停下來重新演奏，但仍覺得不和諧。至此，他認為樂譜確實有問題。可是，在場的作曲家和評審會的權威人士都鄭重宣告：樂譜沒有問題，是他的錯覺。面對幾百名國際音樂界的權威人士，他難免對自己的判斷產生了猶豫，甚

機遇眷顧有準備的人

至動搖。但是，他考慮再三，堅信自己的判斷是正確的。於是，他斬釘截鐵地大聲說：「不，一定是樂譜錯了。」他的聲音剛落，評審席上的那些評審們立即站起來，向他報以熱烈的掌聲，祝賀他大賽奪魁。

原來這是評審們精心設計的一個圈套，以試探指揮家們在發現錯誤而權威人士不承認的情況下，是否能堅持自己的正確判斷。因為只有具備這種特質的人，才真正稱得上世界一流的音樂指揮家。在比賽選手中，只有小澤征爾堅信自己而不隨聲附和權威們的意見，因而他贏得了這次世界音樂指揮家大賽的桂冠。

人生下來就應是自信的。誰也無法剝奪自信的權利。只要堅信自己可以，就會獲得唯你獨有的成功。精誠所至，金石為開。即使再困難，我們也能走出困境，因為我們相信，是我們誤入了困境，而不是困境困住了我們；即使再多磨難，我們都可以克服坎坷。

跋涉在沙漠中，我們相信有綠洲；顛簸在浪濤之上，我們相信有彼岸。別人可以不相信我們，我們不能不相信自己。

大音樂家華格納（Wilhelm Richard Wagner）曾遭受同時代人的批評攻擊，但他對自己的作品有信心，終於戰勝世人。達爾文（Charles Robert Darwin）在一個英國小園中工作20年，有時成功，有時失敗，但他鍥而不捨，因為他自信已經找到線索，結果終得成功。

19世紀的英國詩人濟慈（John Keats）幼年時就成為孤兒，一生貧困，備受文藝評論家抨擊，戀愛失敗，身染癆病，26歲即去世。濟慈一生雖然潦倒不堪，卻不受環境所支配。他在少年時代讀到史賓賽（Edmund Spenser）的《仙后》之後，就確定自己也要成為詩人。他說：「我想，我死後可以躋身於英國詩人之列。」濟慈一生致力於這個最大的目標，他也確實成為一位名垂不朽的詩人。

自信才能擁有機遇

你自信能夠成功，成功的可能性就大為增加。你如果自認會失敗。就永遠不會成功。沒有自信，沒有目的，你就會一事無成。

蘇菲亞·羅蘭（Sophia Loren）是義大利著名影星，自 1950 年從影以來，拍過 60 多部影片。她的演技爐火純青，曾獲得 1961 年度奧斯卡最佳女演員獎。她 16 歲時來到羅馬，要一圓演員夢。但她從一開始就聽到了許多不利的意見。用她自己的話說，就是她個子太高、臀部太寬、鼻子太長、嘴巴太大、下巴太小，根本不像一般的電影演員，更不像一個義大利的演員。製片商多次帶她去試鏡，但攝影師們都抱怨無法把她拍得美艷動人，因為她的鼻子太長、臀部太「發達」。製片商於是對蘇菲亞說，如果你真想走這一行，就得把鼻子和臀部「動一下」。蘇菲亞斷然拒絕了片商的要求。她說：「我為什麼非要長得和別人一樣呢？我知道，鼻子是整張臉的中心，它賦予我的性格，我就喜歡我原本的鼻子和臉。至於我的臀部，那是我的一部分，我只想保持我現在的樣子。」她決心不靠外貌而是靠自己內在的氣質和精湛的演技來取勝。她沒有因為別人的議論而停下自己奮鬥的腳步。她成功了，那些有關她「鼻子長、嘴巴大、臀部寬」的評論都消失了，這些特徵反而成了美女的標準。蘇菲亞在 20 世紀末，被評為這個世紀「最美麗的女性」之一。

蘇菲亞·羅蘭在她的自傳《愛情與生活》中這樣寫道：「自我開始從影起，我就出於自然的本能，知道自己最適合什麼樣的化妝、髮型、衣服和保養。我誰也不模仿，我不盲從時尚。我只要求看上去就像我自己，非我莫屬，衣服方面的高級品味反映了一個人健全的自我洞察力，以及從新樣式中選出最符合個人特點的能力，你唯一能依靠的真正實在的東西，就是你和你周圍環境之間的關係，你對自己的想像，以及你想成為哪一類人的想像。」

機遇眷顧有準備的人

　　蘇菲亞・羅蘭談的是化妝和穿衣一類的事，但她深刻地觸及到做人的一個原則，就是凡事要有自己的主見，不盲從別人。你要尊重自己的鑑別力，培養自己獨立思考的能力，而不要像牆頭草一樣，風吹兩面倒。

　　要建立自信心就必須信任自己，相信自己。

　　前世界拳擊冠軍喬・佛雷澤（Joseph William Frazier）每戰必勝的祕訣是：參加比賽的前一天，總要在天花板上貼上自己的座右銘──我能得勝！

　　我們都知道電話是貝爾（Alexander Graham Bell）發明的，其實在貝爾之前，就有人發明了電話，但他沒有努力去宣傳和推廣自己的成果，終於被埋沒其名；貝爾發明了電話後，起初也沒人理睬和相信，但是他信心十足，不斷利用各種機會廣泛宣傳，終於成功推廣電話。其他如蕭伯納、門得列夫、居禮夫人（Madame Curie）、諾貝爾（Alfred Bernhard Nobel）等，都是靠自信獲得成功的典範。

　　自信是成功的基石，不放棄自信是成功的支持與保障。自助者天助之。相信自己的人，才能戰勝挑戰；相信自己的人，才能在生命中發現機遇之路。

有恆心就能獲取機遇

　　在攀登高峰的道路上，如果遇到叢生的荊棘，你就必須有如同岩石般的意志；在綿延長途的跋涉中，如果遇到荒漠，你就必須有駱駝的耐力：在戰勝困難的機會面前，你必須有老鷹的敏銳。

　　西元 1864 年 9 月 3 日這天，寂靜的斯德哥爾摩市郊，突然爆發出一

陣震耳欲聾的巨響，滾滾的濃煙霎時間衝上天空，大量火焰往上竄。僅僅幾分鐘的時間，一座工廠已蕩然無存，無情的大火吞噬了一切。

火場旁邊，站著一位三十多歲的年輕人，突如其來的慘禍和嚴重的刺激。已使他面無人色，渾身不住地顫抖著，這個大難不死的青年，就是後來聞名於世的阿佛烈・諾貝爾。諾貝爾眼睜睜地看著自己所建立的硝化甘油炸藥的實驗工作室化為灰燼。人們從瓦礫中找出了五具屍體，其中一個是他正在大學讀書的弟弟，另外四人也是和他朝夕相處的親密助手。五具燒得焦黑的屍體。令人慘不忍睹。諾貝爾的母親得知小兒子慘死的噩耗，悲痛欲絕。年老的父親因太受刺激引起中風，從此半身癱瘓。然而，諾貝爾在失敗和巨大的痛苦面前卻沒有動搖。

慘案發生後，警察當局立即封鎖了出事現場，並嚴禁諾貝爾重建工廠。人們把他當成瘟神，再也沒有人願意出租土地讓他進行如此危險的實驗。但困境並沒有使諾貝爾退縮，幾天以後，人們發現，在遠離市區的馬拉侖湖，出現了一艘巨大的平底駁船，駁船上並沒有裝什麼貨物，而是擺滿了各種設備，一個年輕人正全神貫注地進行實驗。他就是在大爆炸中死裡逃生、被當地居民趕走的諾貝爾！大無畏的勇氣往往令死神也望而卻步。在令人心驚膽顫的實驗中，諾貝爾沒有和他的駁船一起葬身魚腹，而是碰上了意外的機遇 —— 他發明了雷管。

雷管的發明是爆炸學上的一項重大突破，隨著當時許多歐洲國家加快工業化發展，開礦山、修鐵路、鑿隧道、挖運河都需要炸藥。

他把實驗室從船上搬遷到斯德哥爾摩附近的溫爾維特，正式建造了第一座硝化甘油工廠。接著，他又在德國的漢堡等地成立了炸藥公司。一時間，諾貝爾生產的炸藥成了搶手貨，源源不斷的訂單從世界各地紛至沓來，諾貝爾的財富與日俱增。

機遇眷顧有準備的人

然而，獲得成功的諾貝爾並沒有擺脫災難。各地接連不斷地傳來不幸的消息：在舊金山，運載炸藥的火車因震盪發生爆炸，火車被炸得七零八落；德國一家工廠因搬運硝化甘油時發生碰撞而爆炸，整個工廠和附近的民房變成了廢墟；在巴拿馬，一艘滿載著硝化甘油的輪船，在大西洋的航行途中。因顛簸引起爆炸，整個輪船全部葬身大海……一連串駭人聽聞的消息，再次使人們對諾貝爾失去信心，再次把他當成瘟神和災星。如果說之前是小災難，那麼這一次他所遭受的則是世界性的詛咒和災難了。全世界的人都把自己應該承擔的那份災難丟給他一個人承擔。面對接踵而至的災難和困境，諾貝爾沒有一蹶不振，他所具有的毅力和恆心，使他對已選定的目標義無反顧，永不退縮。在奮鬥的路上，他已習慣了與死神朝夕相伴。

炸藥的威力曾是那樣不可一世，然而，大無畏的勇氣和矢志不渝的恆心，最終激發了他心中的潛能，征服了炸藥，嚇退了死神。諾貝爾贏得了巨大的成功，他一生共獲得355項專利發明權。他用自己的鉅額財富創立的諾貝爾獎，是國際科學界最為崇高的榮譽。

諾貝爾成功的經歷告訴我們，恆心是實現目標過程中不可缺少的條件，恆心是發揮潛能的必要條件。恆心與行動結合之後，就形成了百折不撓的巨大力量。

有機遇還需勇敢

有很多成功的人也會遇到令他們感到恐懼和害怕的情況，不同的是，他們找出有效的辦法來克服。

恐懼使許多人卻步，因為恐懼消耗他們的精力，損害和破壞他們的創造力。身懷恐懼的人無法充分發揮其應有的才能。如果處境困難，他就會束手無策；如果焦慮不安，他只會使自己無法做到最好。

一位美麗的女演員曾說過：任何想變漂亮的人絕對不可以恐懼和憂慮。恐懼和憂慮意味著毀滅、消亡和破壞所有的美麗。意味著喪失活力、無精打采，意味著多愁善感，意味著無休止的災難。一旦她知道絕對不可以憂慮，那她就已經進入了那條保持美麗容顏之路的入口。

恐懼使創新精神麻木；恐懼毀滅自信，導致優柔寡斷；恐懼使我們動搖，不敢開始做任何事情；恐懼還使我們懷疑和猶豫。恐懼是能力上的一個大缺陷。甚至許多人把他們一半以上的寶貴精力浪費在毫無意義的恐懼和焦慮上面。

勇敢的思想和堅定的信心是治療恐懼的藥物。勇敢和信心能夠化解恐懼思想，就像化學家的酸鹼中和實驗一樣。當人們心神不安，當憂慮消耗著他們的活力和精力時，是不可能獲得最佳效率的，是不可能事半功倍地將事情做好的。憂慮、憤怒和苦惱的人無法做到思緒活躍、思路清晰。

初學游泳的人，站在水池邊要跳下泳池時，都會心生恐懼，如果大膽、勇敢地跳下去，恐懼感就會慢慢消失，反覆練習後，恐懼心理就不再存在了。

有兩位文藝作家對創作抱著極大野心，期望自己成為大文豪。

一位說：「因為心存恐懼，眼看著一天過去了，一星期、一年也過去了，仍然不敢輕易下筆。」另一位創作家說：「我把重點放在如何有效發揮我的技巧，在沒有靈感時，也要坐在書桌前奮筆疾書，像機器一樣不停地動筆。不管寫出的句子如何雜亂無章，只要手在動就好，因為手動能帶動

心動，而慢慢地將文思引出來。」

許多人遭受失敗，是因為他們總是喜歡停下來詢問自己最後結果會是如何，他們將來能否獲得成功。這種不斷詢問事情的結果導致恐懼的產生，而恐懼對獲得成功來說則是致命的。成功的祕訣在於集中心志，而任何一種擔憂或恐懼不僅不利於集中心志，並且還會毀滅人的創造力。當整個思想隨著恐懼的心情而起伏不定時，做任何事情都不可能達到效果。

讓自己與機遇相約

如果你選擇冒險，並勇敢地面對，不但會獲得成功，還會從中受益匪淺，甚至可以改變你自卑、懦弱的性格，從而使你獲得重生的機會。

黛比出生在一個有很多兄弟姐妹的大家庭。從小她就非常渴望得到父母的讚揚和鼓勵，但是由於孩子多，她的父母根本無法顧及她。這種經歷使得她長大後缺乏自信心。她後來嫁給一個非常成功的公司高階主管，但美滿的婚姻並沒有改變她缺乏自信的心態。當她與朋友出去參加社交活動時總是顯得很笨拙，唯一使她感到自信的事是烘焙麵包。她渴望成功，但是鼓起勇氣從家務中走出去，做出承擔具有風險的決定，對她來說是想也不敢想的事情。隨著時間過去，她終於明白自己要麼停止成功的夢想，要麼就鼓起勇氣冒一次險。

黛比這樣講述自己的經歷：我決定進入烘焙業。我對我的爸爸媽媽以及我的丈夫說：「我準備去開一家餅乾店，因為你們總是告訴我說我的烘焙手藝有多麼了不起。」

「噢，黛比，」他們一起驚叫道，「這是一個多麼荒唐的主意，你必定

會失敗的。這太困難了，快點放棄吧！」他們不停地勸阻她，說實話，她幾乎相信他們說的。但是更重要的是她不願意再回到以往的自己，像以往那樣猶豫地說「如果真的出現……」。

她下定決心要開一家餅乾店。她丈夫雖然反對，但最後還是給了她開餅乾店的資金。餅乾店開張的那一天，竟然沒有一個顧客光臨。黛比幾乎被冷酷的現實擊垮了。她冒了一次險，並且使自己身陷其中，看起來她是必敗無疑了。她甚至相信她的丈夫是對的，冒這麼大的險是一個錯誤。但是人就是這樣，在你已經冒了第一個很大的險以後，再去面對風險就容易得多。

黛比決定繼續走下去。一反平時膽怯羞澀的窘態，黛比端著一盤剛烘製好、熱騰騰的餅乾在她居住的街區，請每一個經過的人品嚐。這使她越來越有自信：所有嚐過她餅乾的人都認為味道非常好。人們開始接受她的產品。今天，「黛比・費爾茲（Debbi Fields）」的名字在美國數以百計的食品店的貨架上出現。她的公司「菲爾斯太太餅乾店」是食品業最成功的連鎖企業。今天的黛比・費爾茲已經是一個渾身都散發出自信的人！

懦弱者與機遇無緣

懦弱的人害怕壓力，因而他們也害怕競爭。在對手面前，他們往往難以堅持。而選擇迴避或屈服。懦弱者對於自尊也很重視，但他們更願意用屈辱來換回安寧。

懦弱者常常害怕機遇，因為他們不習慣迎接挑戰。他們從機遇中看到的是憂患，而在真正的憂患中，他們又看不到機遇。

機遇眷顧有準備的人

　　懦弱者不善衝突，進攻與防衛的武器在他們的手裡捍衛不了自身。他們當不了凶猛的虎狼，只願做柔順的羔羊，而且往往是任人宰割的羔羊。

　　懦弱總會遭到嘲笑，而一旦遭到嘲笑，懦弱者會變得更加懦弱。

　　懦弱者經常自憐自卑，他們心中沒有生活的高貴之處，鴻圖大志是他們眼中的浮雲，可望而不可即。

　　懦弱通常是恐懼的伴侶，恐懼加強了懦弱，它們都束縛了人的心靈和手腳。

　　懦弱者常常會品嘗到悲劇的滋味。中國歷史上南唐後主李煜性格懦弱。終於淪為亡國之君，最後飲鴆而死的悲慘命運。

　　宋太祖趙匡胤肆無忌憚、得寸進尺地威脅欺壓南唐。鎮海節度使林仁肇，聽聞宋太祖在荊南製造了幾千艘戰艦，便向李後主奏稟，宋太祖有意圖謀江南。南唐愛國人士獲知此事後，也紛紛向李後主奏請，要求前往荊南祕密焚毀戰艦，破壞宋朝南犯的計畫。但李後主膽小怕事，不敢准奏，以致失去了防禦宋朝南侵的良機。

　　南唐亡國後，李後主淪為階下囚，妻子小周后常常被召進宋宮，侍奉宋皇，一去得好多天才回來，至於她進宮到底做些什麼，作為丈夫的李後主一直不敢過問。只是小周后每次從宮裡回來就把門關得緊緊的，一個人躲在房裡悲悲切切地哭泣。對於這一切，李煜忍氣吞聲，把哀愁、痛苦、恥辱往肚裡吞，忍無可忍時，就寫些詩詞，聊以抒懷。

　　李煜雖然在詩詞上極有造詣，然而作為一個國君、一個丈夫，他是一個懦夫，是一個失敗者。

　　美國最偉大的業務員法蘭克（Frank Bettger）說：「如果你是懦夫，那你就是自己最大的敵人；如果你是勇士，那你就是自己最好的朋友。」對

於膽怯而又猶豫不決的人來說，一切都是不可能的。事實上，總是擔心害怕的人，就不是一個自由的人，他總是被各式各樣的恐懼、憂慮包圍，看不到前面的路，更看不到前方的風景。正如法國著名的文學家蒙田（Michel de Montaigne）所說：「誰害怕受苦，誰就已經因為害怕而在受苦了。」懦夫怕死，但其實，他早已經不再是活著的人了。

不要錯失機遇

把今天應該做的事情拖延到明天去做，結果往往是明天也做不到。

有這樣一則寓言：一頭驢在兩堆青草之間徘徊，想吃這一堆青草時，卻發現另一堆青草更嫩、更有營養，於是，驢子來回奔波，一根青草也沒吃到，最後餓死了。驢子餓死，是因為牠把大部分的精力花在考慮該吃哪一堆草上，而沒有吃到任何一根草。

也許有人認為，人比驢子聰明多了，不會和驢子犯一樣的錯。果真如此嗎？答案是否定的。

有一個故事，說的是一個父親企圖用金錢贖回在戰爭中被敵軍俘虜的兩個兒子。這個父親願意以自己的生命和一筆贖金來救兒子。但他被告知，只能以這種方式救回一個兒子，他必須選擇救哪一個。這個慈愛而飽受折磨的父親，非常渴望救出自己的孩子，甚至不惜付出自己的生命，但是在這個緊要關頭，他無法決定救哪一個孩子、犧牲哪一個。這樣，他一直處於兩難選擇的巨大痛苦中，結果他的兩個兒子都被處死了。

歌德曾經說過，猶豫不決的人永遠找不到最好的答案，因為機會在你猶豫的片刻流失掉。所以我們必須拋棄猶豫不決的習慣，尤其是處在混亂

機遇眷顧有準備的人

中，更須果斷地做出選擇。

在聖皮耶島發生火山爆發大災難的前一天，一艘義大利商船奧薩利納號正在裝貨準備運往法國。船長馬力歐敏銳地察覺到了火山爆發的威脅。於是，他決定停止裝貨，立刻駛離這裡。但是出貨人不同意，他們威脅說貨物只裝載了一半，如果他膽敢離開港口，他們就要控告他。但是，船長的決心卻毫不動搖。出貨人一再向船長保證培雷火山並沒有爆發的危險。船長堅定地回答道：「我對於培雷火山一無所知，但是如果維蘇威火山像這個火山今天早上的樣子，我一定要離開那不勒斯。現在我必須離開這裡，我寧可承擔貨物只裝載了一半的責任，也不繼續冒著風險在這裡裝貨。」

24小時後，出貨人和兩個海關官員正準備逮捕馬力歐船長，聖皮耶的火山爆發了，他們全都死了。這時候奧薩利納號卻安全地航行在公海上，向法國前進。

試想一下，如果馬力歐船長遲疑不決的話，那麼他會得到什麼樣的結果呢？毫無疑問，與火山一起毀滅。在一些必須做出決定的緊要時刻，你不能因為條件不成熟而猶豫不決，你只能激發出自己全部的理解力，在當下做出一個最有利的決定。當機立斷地做出一個決定，你可能成功，也可能失敗，但如果猶豫不決，那結果就只有失敗。所以，我們要努力訓練自己做事時當機立斷，就算有時會犯錯，也比那種猶豫不決、遲遲不敢做決定的習慣要好。

成千上萬的人雖然在能力上出類拔萃，但卻因為猶豫不決的行動習慣錯失良機而淪為平庸之輩。

緊握機會，絕不錯過

　　機遇是內在精神與外在條件的一種契合，是一種目標和外界環境因為努力而碰撞出來的火花。機遇「不僅能給勇敢者勇氣，也能帶給善者歡樂，更能給迷惘者希望。」只要你抓住機遇，它就會成為你到達成功之路。只有掌握機遇，把握機遇，善用機遇，才能使你在自己的人生道路上一次次地取得成功，才能實現那些看似不可能的事情。

> 緊握機會，絕不錯過

困境也是機遇

　　一個障礙，其實就是一個新的已知條件，一個困境就是一個新的機遇，只要願意，任何一個障礙和困境，都會成為一個超越自我的契機。

　　一天，獅子來到了掌管動物界的天神面前說：「我很感謝您賜給我如此雄壯威武的體格和如此強大無比的力量，我才能有足夠的力量去統治整座森林。」

　　天神聽了，微笑地問：「這些我都知道，但是這不是你今天來找我的目的吧！你似乎為了某事而苦惱呢！」

　　獅子果然嘆了一口氣，說：「天神真是了解我啊！我今天來的目的的確是有事相求。因為儘管我的能力再出色，但是每到天亮的時候，我總是會被雞叫聲吵醒。神啊！祈求您，不要讓雞在天亮時叫了！否則我的神經真的是受不了。」

　　天神笑道：「你去找大象吧，也許牠能夠幫助你呢。」

　　獅子跑到湖邊找到大象，看到大象也正氣呼呼地直跺腳。

　　獅子問大象：「你力氣這麼大，誰敢惹你啊？為什麼發這麼大的脾氣啊？」

　　大象拚命搖晃著兩隻大耳朵，吼著：「有隻討厭的小蚊子，鑽進我的耳朵裡，我都快癢死了。」

　　獅子離開了大象，心裡暗自想著：「原來體型這麼巨大的大象，還會怕那麼瘦小的蚊子，那我還有什麼好抱怨呢？原來再強大的動物也有煩惱的事情啊。畢竟雞叫也不過一天一次，而蚊子卻是時時刻刻地騷擾著大象。這樣想來，我可比牠幸運多了。」

獅子一邊走，一邊回頭看著仍在跺腳、著急的大象，心想：「天神要我來看看大象的情況，應該就是想告訴我，誰都會遇上麻煩事，而神並無法幫助所有人。既然如此，那我只好靠自己了！」

從那以後，百獸之王獅子變得勤勞起來了，給人的印象再也不是那個懶散的形象了。原來在那之後，獅子再也不把雞叫當作是噪音了，而是當作提醒牠起床的鬧鐘。獅子在動物界的威信更高了，以前很多說獅子太懶的動物，也開始真正地佩服獅子了。

人生的計畫和行動，是你來我往，有贏有輸的。這就好比在拳擊擂臺上比賽一樣：兩個拳手相互較量，激戰正酣，進退躲閃、撲讓攻守，都有相當靈活的步伐和拳路，他們的一招一式都是為了獲勝。有時就是在對方進攻你的時候，你發現了對方的弱點和缺失，這就是突破。可惜的是，有很多人並不能看到這一招一式的寓意。人生總要面臨各種困境的挑戰，一般人會在困境前渾身發抖，而成大事者則能把困境變為成功的有力跳板和機遇。

機遇只青睞去尋找它的人

好的機遇降臨需要你有足夠的準備，和把握住它的能力。成就大事的人總是擁有這些能力的人，他們因此能和機遇成為朋友，甚至是去創造機遇。如果你是個聰明的人，就要認清這個事實：機遇的精靈無處不在，關鍵在於你能不能抓住它，或是打造它們。機遇是對有準備的人而言的，那些只是整日發呆，期盼機遇從天而降的人，永遠也無法得到真正的機遇。因為這一切對他們毫無意義。只有那些努力使自己具備了一切條件去迎接

緊握機會，絕不錯過

機遇的人，才能幸運地迎來機遇的光臨。獲得機會的願望，人皆有之，但是在生活中，並不是每個人都能獲得好的機遇，成大事，這是什麼原因呢？

人們可能都知道是摩斯（Samuel Finley Breese Morse）發明了電報，但是恐怕很少有人知道他如何走上發明這一條路的。其實，摩斯發明電報源於一次偶然的機會，這個機遇成了他一生的轉捩點，也使他獲得了巨大的榮譽和成就。

開始的時候，摩斯並不是電報這方面的專業，他是學習美術出身的，在繪畫領域，他也獲得了很大的成就，後來成了揚名全美的傑出畫家，24歲就擔任了美國全國美術協會的主席。摩斯在歐洲各國旅遊作畫期間，深深地被歐洲的科學技術成果所吸引，他接觸了許多當時先進的發明創造，汲取了許多先進的科學理論，並一直保持著閱讀科學類雜誌的習慣。數年之後，他搭乘「薩麗」號客輪由法國返回紐約。摩斯這時正處於藝術的顛峰，名譽、桂冠、巨酬、財富等紛至沓來，然而他並沒有為此而陶醉其中。這時候，他思考的最多的一個問題就是：「難道這就是自己的終極境界嗎？科學不也是一種高超的、非凡的藝術嗎？」一種追求科學發明的欲望，在摩斯心裡突然萌生起來！

就在這個時候，恰好有一位無線電的愛好者傑克森醫生，正在船上餐廳裡向乘客們講解一臺電磁鐵新裝置的功能。最後，他振臂高呼：「科學就是要創造新的奇蹟，將因此大大改觀人們的生活！」摩斯因為傑克森的演講而激動不已。突然，摩斯轉過身去面向無垠的大海高聲呼喊道：「我要告別我的藝術生涯，我要參與發明！」

摩斯在船上的旅行和他接觸到傑克森的學說，可以認為是一種可變的

環境，它與摩斯多年的科學學識累積和欲追求科學發明的靈感相結合，於是形成了發明電報的機遇。憑藉著對科學發明堅貞不渝的追求和足夠的知識累積，他終於獲得了發明電報的機會。西元 1844 年 5 月 24 日，他在華盛頓舉辦了一次偉大的電報傳遞試驗，並獲得了完全的成功。這是震驚世界的巨大成就，正像傑克森在「薩麗」號船上所說：「人們的生活將為之大大地改觀！」

毫無疑問，在摩斯發明電報這件事中，有機緣巧合的成分，但也有其必然性。原因就在於：摩斯是科學發明的有心人，他做足了準備，才會從傑克森的講話中激發了發明電報的靈感，掌握了發明的機會，並堅定不移地堅持到底。

但是，講解電磁新裝置的傑克森本人，還有眾多從事此項研究的人，卻都未能發明電報，而讓一個美術家摘取了桂冠，難道都是因為機會沒有降臨嗎？還是他們沒有準備好充足的條件來迎接機遇呢？答案顯而易見是後者。

機遇有兩大特點：一是具有鮮明的瞬時性，即稍縱即逝；二是具有傾向性，它獨鍾「有準備的頭腦」，即對機會是否有執著追求的精神。這也就是我們所說的，「機會只降臨在有準備的人身上」。機遇是客觀存在的，但它不僅是客觀事物所提供的條件，或者已經具備的某種環境。機會是主觀靈感與客觀可變環境的結合，這兩個條件缺一不可。在相同的環境裡，有的人能夠獲得機會，而有的人則不能，其區別就在於後者沒有與環境相結合的靈感。相反地，很多富有靈感的人，如果沒有相應的環境，也是不可能誘發出有創意的機會來。

不要把自己的失敗歸咎於沒有機會，也不要自以為才華蓋世而埋怨未

> 緊握機會，絕不錯過

遇良機。機遇不是樂透，全憑運氣，它靠的是一種掌握事情的能力，它雖然具有一定的隨機性，但整體的機率卻是公平的。之所以有些人能夠藉助機遇成就輝煌，而許多人卻只能每日嗟嘆上天不公，機遇不至，是因為那些成功的人做足了準備，具備了機遇到來所需的條件；而另外一些人，他們都還沒有做好任何準備迎接機遇的到來。當機遇來敲門的時候，你準備好了嗎？

▍抓住機遇成就人生滿分

機遇就像一個引子，如果抓住它，你引出的是大好前程，如果錯失，你收穫的是遺憾萬分。

在歐洲的某個小村落，有一段時間降下了暴雨。漸漸地，河流開始淤塞，村落到處積水。不久，洪水就開始淹沒整個村莊。村裡的大人和孩子紛紛逃難，那時村子教堂裡的一位神父在教堂裡祈禱，洪水越來越高，眼看已經淹到他跪著的膝蓋了。

正在這個時候，一個救生員駕著舢板來到教堂，大聲地向神父喊道：「神父，趕快上來吧！不然洪水會把你淹死的。」

神父說：「不！我不走，我要在這裡虔誠祈禱，我相信上帝會來救我的，你先去救別人好了。」無奈，救生員只好先去救別人了。沒過多久，洪水已經淹過神父的胸口了，神父只好爬上祭壇，勉強站在祭壇上。

這時候，又有一個警察開著快艇過來，跟神父說：「神父，趕快上來，雨越下越大，你再不走的話，真的會被淹死的。」

神父說：「不，我不會走的，我要守住我的教堂，我要虔誠祈禱，我

相信上帝一定會來救我的，你還是先去救別人好了。」警察又勸了神父幾句，但見他如此固執，只好去救別人了。又過了一會，洪水已經把整個教堂淹沒了，神父只好緊緊抓住教堂頂端的十字架。

整個村莊已經被淹沒了，就在這個時候，一架直升機緩緩地飛過來，飛行員丟下了繩梯之後大叫：「神父，快上來，這是你最後的機會了，我們可不願意見到你被洪水淹死。」

神父還是意志堅定地說：「不，我要守住我的教堂！上帝一定會來救我的。你還是先去救別人好了，上帝會與我同在的。」就在說話的同時，洪水滾滾而來，固執的神父終於被淹死了。

神父來到了天堂，見到上帝後很生氣地質問：「主啊，我將終生奉獻給您，您為什麼不肯救我？」

上帝說：「我怎麼沒有救你？第一次，我派了舢板來救你，你不要，我以為你擔心舢板危險；第二次，我又派一艘快艇去，你還是不要；第三次，我以國賓的禮儀待你，再派一架直升機來救你，結果你還是不願意接受。所以，我以為你急著想要回到我的身邊來，可以好好陪我。」

機遇來臨的時候，許多人閉門不納。他們不知道機遇稍縱即逝，或者固執地用自己內心的一套東西，漠視著機遇，在等待著他們心中所謂的機會。殊不知，機遇不會自己出現，這樣的人，永遠得不到救贖，永遠達不到目標。你等待的船不會在未來某一個未知的時刻駛來。把眼前唾手可得的機遇推拖到下一次，實在是一種浪費，你只在眼前、今天、此刻擁有這個機會。

在我們每個人的一生中都充滿著機遇，但當我們看到那些機遇所帶來的成功，卻早已成為過去式，我們只好扼腕感嘆著，卻沒有意識到我們當

緊握機會，絕不錯過

時是多麼膽小，是多麼漠視機遇。

1990 年代初，買支股票就能賺錢，但很多人不信！

21 世紀，開個網站就能賺錢，但很多人不試！

當我們意識到機遇的重要性時，一切已經為時已晚，不能怪機遇沒有來過，只能說我們沒有意識到機遇來過。人生到處都充滿機會，只是看我們是否善於把握。機遇的重要性，我們從上面那個小故事中就可以看出。有的時候機遇就是我們人生的關鍵點，我們付出了 99 分的努力，但卻敗在那缺少的 1 分上，而錯失百分的完滿。英國著名小說家艾略特（George Eliot）曾經寫道：「生命巨流中的黃金時刻稍縱即逝，除了砂礫之外我們別無所見；天使前來探訪，我們卻當面不識，失之交臂。」20 世紀的美國人也有一句俗諺：「通往失敗的路上，處處是錯失了的機會。」

平凡之中的機遇

世界知名的蘭森鞋業公司成立初期，很少有女人穿軟皮鞋，市場上賣的女士皮鞋種類也很單一。而且這時，女人穿皮鞋還沒有形成風氣，因此，女士皮鞋的銷量很小。在大多數商人眼裡，女士皮鞋的生產與銷售簡直是死路一條。

但是，蘭森公司的傑瑞卻深深地思考：如果能想辦法把平凡的皮鞋業，尤其是女式軟皮鞋這一線的生產和銷售提升起來，就會獲得快速的發展，這正是一個非常好的機遇。想要贏必須出奇制勝。

傑瑞選擇發展冷門、不受重視的女士皮鞋，他決定先從軟皮鞋著手，逐步進入女士皮鞋市場。這構想一經提出，首先就遭到自己鞋店老闆班傑

明的反對:「你的資本不多,又偏偏選擇別人不願意接觸的冷門?你不要異想天開,還是老老實實、循規蹈矩地按傳統的方式做吧。」

「你聽我把話說完再下結論好不好?」傑瑞不由自主地提高聲音道:「如果一切都按規矩去做,做一輩子也不可能發展自己的事業。」

這句話似乎一下子觸到了班傑明的痛處,自己不就是規規矩矩、辛辛苦苦做了一輩子的皮鞋,到頭來仍然是個不起眼的小店,自己當了幾十年的老闆,也等於當了幾十年的店員。

「做生意從來就沒有百分之百的把握,只要我們相信消費者可能會接受我們的新產品,我們就應該冒險一試。」傑瑞趁勢說。

班傑明終於同意傑瑞的想法了。傑瑞對女式軟皮鞋的第一步重大改革,是在素淡的鞋面上加添彩色,而鞋底和鞋帶則改成純白色的,這樣看起來不但醒目,而且也會使穿這種鞋的女人顯得更年輕、活潑。此外,傑瑞追求「醒目」的效果,也就是希望這種鞋子能夠吸引人的注意力,這也正是熱情奔放的美國女人所追求的。再加上皮鞋的色彩搭配得當,款式新穎,穿上後能流露出一股青春的氣息,充滿著飄逸不羈的美麗效果。所以,經傑瑞改革後的軟皮鞋,一經上市,就受到很多女士的青睞,不久,銷路就一路攀升。

這種新產品之所以暢銷,當然不只是上述描寫的那麼簡單,最關鍵的是傑瑞在平凡中發現了商機。那時候的美國,經濟飛速發展,婦女們的穿著也逐漸從平凡中初顯特色,傑瑞正是抓住了這一時代背景,再加上他生產出來的女士皮鞋不僅具備必要的服飾審美效果,且具有實用價值,自然受到女士們的歡迎。此外,這種鞋還有一個最大的特點,那就是,無論穿什麼衣服,它都可以搭配。穿正式的禮服可以,穿便服可以,穿工作裝,挽起褲腳也可以。這一改革,大大地增加了軟皮鞋的實用效益,自然也帶

緊握機會，絕不錯過

動了銷路。

產品銷路完全打開之後，傑瑞又趁勢做了一幅圖片廣告，藉以擴大產品的影響。在廣告中，畫著一對頭髮已經花白的老年夫婦，他們挽著褲腳，手裡拿著網球拍，並肩走在草地上，在他們腳下，各自所穿的白底白鞋帶的軟皮鞋顯得格外醒目。安逸的畫面，加上鮮明的顏色，在平凡中顯示出鞋子的特色。

傑瑞在經營方面的確是多才多藝的，這不是得益於他有雄厚的資金，而是他有一雙善於發現的眼睛，在平凡中找出特色。他不僅創造了一種適合大眾的皮鞋，而且他也知道用什麼樣的方式和技巧來提升客戶的購買欲。同時，他還使軟皮鞋打破了以往普通皮鞋占優勢的傳統，成為任何人都可以穿的、引領時尚新潮流的產品。

成功的案例不僅如此，「小資」，這個名詞似乎與超市根本搭不上。「吉之島」超市卻發現了城市中的這一群體，成功營造一種小資氛圍而形成其獨有的特色，吸引了以上班族為主流的目標消費群。或許人人都聽過「顧客永遠是對的」這句話，但是真正能理解這句話的企業並不多，而能夠靈活運用的企業更是少之又少。無疑，「吉之島」就是這其中之一。這句被視為零售業的經典名言，通常只是針對產品的銷售服務，但「吉之島」的可貴之處就在於不但把它運用在產品的銷售上，而且還運用到產品的研究開發和後續服務上。「吉之島」認為顧客的消費心理是引導企業生產的唯一魔棒，這種雙管齊下的策略讓他在市場競爭中贏得了屬於自己的天空，穩紮穩打的經營理念，讓他在平凡中發現了更多的商機。

機遇是需要被喚醒的，它們通常都躲在一個安靜平凡的角落：只要我們有善於發現的眼睛，就一定能發現機遇、把握機遇。做生意從來就沒有百分之百的把握，只要我們相信消費者會接受我們的產品，就應該冒險一試。

聰明的人創造時機

　　機會對成大事可謂意義非凡，但是若是你過於迷信機會，或空等機會從天而降，結果往往會適得其反，難成大事。

　　我們都知道「守株待兔」的故事，但是我們身邊的很多人，甚至我們自己也在不斷重複上演著這個故事。縱觀因掌握到機會而走上成功之路的人，都是機會與成功這場戰爭中的發動者。

　　德國青年費希特（Johann Gottlieb Fichte）很想拜當時著名的哲學家康德（Immanuel Kant）為師，以求得到他的指導。並且打算深入地鑽研康德哲學。誰知，當費希特滿懷希望與信心去拜見康德的時候，康德卻冷漠地拒絕了他。費希特失去了第一次機會，但康德的冷漠並沒有讓他灰心，費希特也沒有怨天尤人，而是從自己身上找出原因。他心想：「我沒有成就，兩手空空，人家對我當然很冷漠。」於是，他開始為自己設計第二次機會。他埋頭苦讀，完成了一篇名為〈天啟的批判〉的論文，送交給康德，並附上一封信。信中說：「我為了拜見自己最崇拜的大哲學家而來，但仔細一想，未曾審慎考慮過本身是否有這種資格，所以我為自己第一次的冒昧感到萬分抱歉。雖然我也可以拿到其他名人的介紹信，但我決心毛遂自薦，這篇論文就是我自己的『介紹信』，希望您給我一個機會，接受您的指導和幫助。」

　　康德因為費希特的信而細讀了費希特的論文，看完之後不禁拍案叫絕。他深深地為其才華和獨特的學習方式所感動，便決定「錄取」他。隨後，康德親筆寫了一封熱情洋溢的回信，邀請費希特來一起探討哲理。由此，費希特獲得了他成功的機會，後來成為德國著名的教育家和哲學家。創造機會，比等待機會降臨更快，更有效。許多成功者樂此不疲地發揮這

緊握機會，絕不錯過

種能力，因此說，成功是自己爭取的。

我們若想獲得成大事的機會，就應具有真才實學，用自己的實際行動去創造機會，一旦有了機會，便可不畏艱難，邁向成功。

馬其頓國王亞歷山大在打了一次勝仗之後，有人問他，如果有機會，想不想繼續攻占第二個城市。「什麼？」他怒吼，「機會？機會是我自己創造的！」我們周圍有些人總是眼高手低，他們巴望著一個突然的機遇把自己從地獄升上天堂，轉眼之間便具有了值得大肆炫耀的成就，一夜成名。他們往往希望摘取遠處的玫瑰，而不踏出實際的腳步，忘記了事業要從小處著手。

事實上，會利用機會的人，往往不是那些把機會奉若神明的人，他們從沒把希望完全寄託在機遇上。他們明白，一磚一瓦建造起來的樓房才會牢固，一步一腳印才能走出一條道路。他們相信，只有依靠自己的力量才是最實在、最可靠的。

美國前國務卿鮑爾（Colin Luther Powell），是個牙買加裔黑人，在美國其實是受歧視的。他第一個工作是在一個大公司當清潔工。他做每一件事都很認真，很快找到一種拖地的最佳姿勢，拖得又快又好又不容易累。老闆觀察很長時間後斷定這人是個人才，然後破例提升他的職位。這就是他人生經歷的第一個經驗：要認真做好每一件事。主動去尋找機遇，機遇才會眷顧你。

我們抱怨機遇的時候，機遇卻在蔑視著我們。因為機遇就在我們的心中，就等著我們來創造生活的世界，既不是錢的世界，也不是權的世界，它是思維的世界！我們的思維創造我們的命運！我們的命運不是由上帝主宰的，而是由我們的思維主宰的。所以，我們要化被動為主動，主動地去把握我們的機遇，創造我們的成功。

靈感與機遇的關係

牛仔褲是一種風靡世界的服裝，幾百年來一直在人們的衣櫃裡占主流地位，在時尚風潮中始終保持著獨立的品味，是一種全民的時尚。但似乎沒有人知道，究竟是誰發明了牛仔褲？他又是如何發明了這世界上的第一條牛仔褲？

我們也許根本不會想到，風靡全世界、影響幾代人生活的牛仔褲竟是一個名叫李維‧史特勞斯（Levi Strauss）的小商人發明的，他製造的第一條牛仔褲竟然是美國西部淘金工人的工作褲。

1850 年代，李維‧史特勞斯和許多年輕人一同經歷了美國歷史上那次震撼人心的西部移民運動。這場運動源於一則令人驚喜的消息：美國西部發現了大片金礦。

消息一經傳出，在美國立即刮起一股向西部移民的旋風。多少心懷發財夢的人們，攜家帶眷紛紛湧向通往金礦的路途，湧向那曾經是荒涼一片，人跡罕至的不毛之地。

在通往舊金山的道路上，滾滾人流絡繹不絕，景象十分壯觀。李維‧史特勞斯也是這千萬人潮中的一員，毅然放棄他早已厭倦的行政工作，加入到洶湧的淘金大潮中。

一到舊金山，李維‧史特勞斯（Levi Straus）立刻被眼前的景象驚呆了：一望無際的帳篷，多如蟻群的淘金者，他的發財夢頓時被嚇醒了一半。「難道要像他們一樣忙碌而無所收穫嗎？」史特勞斯陷入了長時間的鬱悶之中，眼前的景象和他的想像完全不同，但是事已至此，他必須說服自己不能放棄、不能退縮，而是要留下來做一番事業，只有這樣，才能對

緊握機會，絕不錯過

得起他當初的決心。

一天，他看見淘金者用來搭帳篷和馬車篷的帆布很暢銷，於是他用積蓄購置了一大批帆布準備運回淘金工地出售。在船上，許多人都認識他，他帶來的商品還沒運下船就被搶購一空，但帆布卻乏人問津。船剛到碼頭，卸下貨物之後，李維・史特勞斯就迫不及待開始高聲推銷他的帆布。他看見一名淘金工人迎面走來，並翻看他的帆布，於是趕緊迎上去拉住他，熱情地問：「您要不要買一些帆布搭帳篷？」淘金工人搖搖頭說：「我不需要再搭一個帳篷。」他看著李維・史特勞斯失望的表情，接著又說：「您為什麼不帶些褲子來賣呢？」

「褲子？為什麼要帶褲子來？」李維・史特勞斯驚訝地問道。「耐穿的褲子對挖金礦的工人來說非常重要，」這位金礦工人繼續說道，「現在礦工們所穿的都是棉布做的褲子，穿不了幾天就磨破了。」是啊，史特勞斯不禁看著這些淘金者的穿著。這些工人們的穿著不僅簡陋，而且很不扎實，幾天工作下來，褲子就已經被磨壞了，這個時候，史特勞斯靈機一動：如果用這些帆布來做褲子，既結實又耐磨，一定會大受歡迎。

於是，李維・史特勞斯便請這位淘金工人來到裁縫店，用帆布為他做了一條樣式很別緻的工作褲。這位礦工穿上結實的帆布工作褲非常高興，他逢人就說他的這條「李維氏褲子」。消息傳開後，人們紛紛前來詢問。李維・史特勞斯當機立斷，把剩餘的帳篷布全部做成工作褲，結果這種褲子很快就被淘金者搶購一空。

西元1850年，世界上第一條牛仔褲就這樣在李維・史特勞斯手中誕生了，它很快風靡起來。牛仔褲的誕生，不僅豐富了人們的生活，同時也為李維・史特勞斯帶來了巨大的財富。

靈感讓史特勞斯發現了更大的機遇，這個機遇比挖金子要好得多，他毅然選擇了從淘金工人身上「淘金」。靈感是一條引線，善用它的人能引爆整個人生，讓你的人生轟轟烈烈，不善於利用它的人只認為它是一根繩子。

勤奮就能贏得機遇

美國知名企業家瑪莎‧史都華（Martha Stewart），出生於一個普通的家庭。她的父母並不富裕，但從小教導她生活技能，如烹飪、園藝和縫紉，這些經驗成為她未來事業的重要基礎。雖然家境平凡，但她深信勤奮與專業知識是通往成功的關鍵。

年輕時的瑪莎曾短暫擔任模特兒，以支付學費，後來她在華爾街成為一名經紀人。然而，她對投資領域並無長久熱情，最終決定回歸自己的興趣——烹飪與家居設計。她開始經營一間小型餐飲與派對策劃公司，專門提供高端宴會服務。她的用心與創意讓她的生意迅速成長，吸引了不少名人客戶。

儘管有了初步成功，但將小型事業轉變為品牌並不容易。瑪莎在1982年出版了她的第一本書，詳細分享宴會設計與美食烹飪的技巧，書籍大受歡迎，讓她逐漸成為美國家居與生活方式的代表人物。隨後，她陸續出版多本暢銷書，並創立了自己的媒體帝國，包括雜誌《Martha Stewart Living》與同名電視節目。

然而，在企業擴張的過程中，她也面臨挑戰，例如管理團隊與品牌發展方向的困難。但她並未因此放棄，而是透過不斷創新，建立獨特的家居

> 緊握機會，絕不錯過

生活品牌，涵蓋食譜、裝飾、園藝與居家管理，並積極進入電視與零售市場。

憑藉敏銳的市場洞察力，瑪莎將自己的品牌推向更廣闊的市場。她不僅推出個人品牌的家居用品，還與各大零售商合作，將產品推向千家萬戶。1999 年，她的公司 Martha Stewart Living Omnimedia 正式上市，成為當時少數由女性創辦的上市企業之一。

即便在 2004 年因內線交易案遭遇法律風波，她仍憑藉強大的品牌影響力重返市場，持續發展新產品線，並重建個人形象，最終讓自己的品牌更為強大。每個人遇到機遇的情況都不同，但是獲得大成就的人，都離不開「勤奮」二字。對於機遇，運氣固然重要，但勤奮卻必不可少，尤其是在逆境中，這一點彌足珍貴。

堅持一秒的機遇

一則流傳於日本的民間故事很有啟發性。從前，日本有一個小漁村，那裡住著兩個年輕人，一個叫阿呆，一個叫阿土，他們兩個人都是十分老實的漁民，但是他們兩人的心中都有一個夢想，那就是成為有錢人。

日有所思，夜有所夢，有一天，阿呆真的做了一個發財夢，夢裡出現了一個神祕的人物，那個人告訴他對岸的島上有座寺院，寺裡種有四十九株花，其中開紅花的一株下面埋有一罈黃金，那罈黃金的價值可以讓他變成有錢人。一覺醒來，阿呆便非常興奮，他覺得這是老天給他的提示，他馬上準備行李要前往那座小島，去尋找那座夢裡的寺院，挖掘那罈夢裡的黃金。

堅持一秒的機遇

　　阿呆找了一艘船，滿心歡喜地駕船去找對岸的小島。花了很長時間，他看到前方果然有一座島嶼，阿呆興奮地跑到島上一看，果然這裡有一座寺院，而且還種有四十九株花。可是現在正是秋天，花都沒有開，無法知道哪株花是紅色的。阿呆只好在小島上找一個山洞住了下來，等候春天花開時。不久，寒冷的冬天來了，日子一天比一天難過，阿呆似乎覺得這個冬天永遠不會過去，那個春天永遠不會來到。此時，他心裡的那個願望和初衷已經被他忘記了，阿呆終於受不了了。茫茫的白雪，肅殺的狂風讓他絕望，他不知道春天還有多久才來，他再也堅持不下去，划著他的船回家了。

　　阿呆回到村莊，把這件事情說了出來，得到的卻是大家的嘲笑，誰都說阿呆痴人說夢，可是只有阿土相信阿呆。於是他花了大錢向阿呆買了這個夢，阿土也開始了他的尋夢之旅，他果然找到了阿呆所說的那個島嶼，找到了那座寺院及四十九株植物。阿土來到島上沒過幾天，植物開始抽嫩芽，原來是春天就要來了。阿土有一天走出山洞，看到冰雪消融，到處生機勃勃。沒多久，奇蹟出現了，四十九株花瞬間盛開，其中有一朵紅的嬌豔欲滴，阿土激動地在樹下挖出了一罐黃金。後來，阿土真的成了村莊裡最富有的人。

　　據說這個故事在日本流傳了近千年。今天的我們為阿呆感到遺憾：他與富翁的夢想只隔了幾天，如果阿呆能夠堅持到底，他就能成為富翁。

　　有的時候，只要堅持一下，你的前方就會海闊天空。有一個女孩從小對足球十分著迷，一個偶然機會，父親把她送進一所足球學校。在學校時，女孩並不是一個非常出色的球員，因為之前她並沒有受過正規的訓練，踢球的動作、感覺、模式都不夠細膩，比不上先入校的隊友。女孩上場訓練踢球時常常受到隊友們的奚落，說她是「半路出家」的球員，女孩

緊握機會，絕不錯過

為此情緒一度很低落。每個隊員踢足球的目標就是進職業隊擔任主力。這時，職業隊也經常來校挑選後備球員，每次選人，女孩都賣力地踢球，然而最後，女孩都沒有被選中。

這時，她的隊友已經有不少人成為職業球員，沒選中的也有人悄悄離隊。於是，這女孩便去找一直對她讚賞有加的教練，教練總是很委婉地說：「名額不夠，下一次應該就是你。」她聽了教練的話，於是就建立了信心，又努力地繼續練下去。

一年之後，女孩仍沒有被選上。她實在沒有信心再練下去，她認為自己雖然場上表現不錯，但個子太矮，又是半路出家，再加上每次選人時，她都迫切希望被選中，因此上場後就特別緊張，導致發揮不出平時訓練的水準來。她為自己在足球道路上黯淡的前程感到迷茫，於是，這個女孩有了離開的想法。

這天，平常刻苦訓練的她沒有參加大家的集訓，當教練問她原因時，她說：「看來我可能不適合踢足球，我想讀書，想考大學。」教練見女孩去意已決，什麼也沒說。然而，第二天，女孩卻收到了職業隊的錄取通知單。她激動不已地立刻前去報到。其實，在女孩的心中，足球一直占據著重要的位置，從來不曾改變。女孩激動地找到教練，她發現教練的眼中和她一樣閃爍著喜悅的光芒。教練這次開口說話了：「孩子，以前我總說下一次就是你，其實那句話不是真的，我是不想打擊你，但我希望你一直努力下去啊！」女孩一下子什麼都明白了。

在職業隊受到良好系統實戰訓練後，女孩充滿信心，她很快便脫穎而出。後來更獲得20世紀世界最佳女子足球運動員的榮譽。

後來，當女孩回想起這段往事，感慨地說：「一個人在人生谷底中徘

徊，感覺自己支持不下去的時候，其實就是黎明前的黑夜，只要你堅持一下，再堅持一下，前面肯定是藍天白雲。」

也許當機遇落在別人身上的時候，我們會說：「我要堅持，再堅持一下的話，那個機會就是我的，那個成功的人就是我。」可是我們必須明白，別人得到機遇的條件正是他們鍥而不捨的堅持。所以，在你絕望、失望、無望的時候，請再堅持一秒，也許機會就在這一秒中悄然而至。

機遇成人

何為機會？

用學術上的話來說，機會是事物連繫與發展過程中本質規律的外在表現，是以偶然性為其補充和表現形式的必然性。

用通俗的話來說，機會在本質上就是改變人命運的境遇。

機會有三項要素：資源、利益和條件的配合。

資源包括個人的知識、技能、財富、膽量，以及人際關係的技巧、智慧等，也包括機構或企業的人才、資金、科技、設備、現有的產品或服務等等。

當然，上述各種有形或無形的要素，必須能為個人或企業創造價值，才稱得上是資源，否則，那只是未開採的鐵礦和泥石的混雜物，並無多大用處。

利益是機會的主要內容，也是創造機會的主要目標。如果不能為人們帶來利益，那就不是機會。對於每個人來說，利益主要是金錢的收入，另外還包括名譽的提升、形象的建立或改善等。

緊握機會，絕不錯過

條件的配合指客觀環境和創造機會的主觀條件互相配合。首先是客觀因素的變化，形成有利的投資環境。例如，經濟復甦、人口激增、因土地有限而造成地價飆漲，這是把資金投入房地產市場的有利環境。其次是創造機會者具備足夠的條件去利用這個有利的環境。例如，買地、發展房地產行業所需的資金、技術、人才等，以及創造機會者個人的眼光、膽識和決斷力等。最後是主、客觀因素相互配合。例如，在地價浮動前，預見到這個趨勢，又具備投資的各項條件。

創造機會者的物質條件（資金、人才等）、個人條件（眼光、膽識等）都屬於資源，這些資源能為創造機會者創造價值，帶來利益。而機會正好提供最有利的環境，讓創造機會者能更有效地利用資源，創造或增加利益。

機會還有以下三個方面的性質：

1. 偶然性

機會是難以預測的，是偶然的。絕大部分人未必能在機會來臨時的第一時間內就能準確地判斷出它的有利性，所以有的人能抓住機會，而有的人卻抓不住機會。但難以預測並不代表不是機會，沒掌握的機會也不能說你沒有機會。如果說偶然「被緊緊把握並被充分利用時才成為機會」，那麼，那些由於沒預測準確而導致自己「錯失機會」的人，就不必在事後捶胸頓足了。

機會真是一種很奇妙的東西。它垂青你時，或許你並不覺得其可貴，然而一旦你忽視或未把握住它，可能會讓你損失慘重。

2. 時效性

機會的時效性很特別，長則數載，短則稍縱即逝。

應該說，最不容易得到而又最容易瞬間消逝的就是機會。大到一個民族的興衰，小到一個人攸關命運的抉擇，最要緊的其實就是那關鍵的一兩步。機會裡含有時機的因素，最佳的機會就是把握機會的最好時機，錯過這個時機，機會可能就不再是機會了。比如麥當勞創辦人雷‧克洛克（Raymond Albert "Ray" Kroc）前半生窮困潦倒，直到56歲時，借款1萬美元頂下了麥氏兄弟的麵包店，才改變了他的命運。

所謂「時勢造英雄」就是說明機會對人一生的影響之人。法國著名的科幻小說家凡爾納（Jules Gabriel Verne）18歲時，在巴黎研讀法律。有一次，他參加一個上流人士的晚會。當他從樓上向下走時，忽然童心大發，像個孩子一樣從樓梯扶手向下滑，結果撞在了一個胖胖的紳士模樣的人身上。這個人就是大仲馬（Alexandre Dumas）。二人因此相識，並成為了好朋友。凡爾納由於抓住了這次不是機會的機會，走上了文學創作之路，成為法國的「科幻小說之父」。

現在想想，如果當初凡爾納與大仲馬相撞後，只是道一句歉，沒有攀談，相信凡爾納一生都只會是一名默默無聞的小律師。

從歷史上，同樣也能看到一個國家如果錯失一次機會將意味著什麼。「失去一次機會，就落後一個時代」。

3. 隱蔽性

機會又可分為「直接」和「隱晦」兩種。「直接」的表現是直接式的或

緊握機會，絕不錯過

直觀式的，不存在隱蔽性。但「隱晦」則不然，「隱晦」的表現是迴旋式的或迂迴式的，如果你沒有獨到的眼光，便很難看到一種現象或事物後面潛藏著的機遇。大家都知道愛迪生發明燈泡。他可是歷經一萬次的失敗啊！有多少人能看見他一萬次以後能遇上什麼奇蹟呢？

機會是什麼

當年，義大利航海家哥倫布（Cristoforo Colombo）原想率領船隊橫越大西洋，開闢到印度和中國的航線，但那時人們根本不知道在歐洲與亞洲之間還有一個美洲，只是因為船隊「不幸」偏離方向才偶爾發現了美洲新大陸。這次意想不到的奇遇，使他成為第一個發現美洲的人。

這個事例常被人們稱之為「機遇」。那麼，科學研究的成功、戰爭的勝利、新事物的發現均沒有其必然性，而是靠「運氣」嗎？顯然不是。

現實中，由於簡單而貌似容易的行動獲得重大成功，往往給人深刻的印象，使人們忽略成功者歷經的艱苦過程；還由於人們心理上對「命運」的敬畏，有意無意地誇大了偶然性，因而把機會看成了智慧女神對「幸運兒」的禮物。一些人因為未能取得事業的成功就怨天尤人，甚至將失敗歸之為運氣不好，沒碰上好機會。這實在是一種誤解。

別涅迪克博士是法國一家化學研究所的高級研究員。一次，在實驗室裡，他準備將一種溶液倒入燒瓶，燒瓶一不小心掉在地上。「糟糕！還得花時間清理玻璃碎片。」別涅迪克博士有些懊惱。然而，燒瓶並沒有破碎，於是他彎下腰撿起燒瓶仔細觀察。這只燒瓶和其他燒瓶一樣普通，以前也常有燒瓶掉在地上，但無一例外全都摔成碎片，為什麼這只燒瓶僅有

幾道裂痕而沒有破碎呢？別涅迪克博士一時找不到答案，於是他就把這只燒瓶貼上標籤，註明問題，先收起來。

不久後，別涅迪克博士看到一份報紙上報導說市區有兩輛客車相撞，車上的多數乘客被擋風玻璃的碎片劃傷，其中一輛車的司機被一塊碎玻璃刺穿面部而插進口腔。別涅迪克博士一下子想起了那只裂而不碎的燒瓶。他拿起那只燒瓶，只見那只燒瓶的瓶壁有一層薄薄的透明的膜。別涅迪克博士用刀片小心地取下一點進行化驗，化驗結果表明，這只燒瓶曾盛過一種叫硝酸纖維素的化學溶液，那層薄薄的膜就是這種溶液蒸發後殘留下來，遇到空氣後發生反應而遺留下來的，這層薄膜牢牢貼在瓶壁上達到保護作用。因為這層薄膜無色透明，所以並不影響視線。「如果這種溶液，能用於生產汽車玻璃，以後再發生類似的交通事故，乘客的生命安全不是更有保障嗎？」別涅迪克博士因為這個小小的發現而榮獲20世紀法國科學界的傑出貢獻獎。

實際上，這些事情的發生，不是天賜良機，更非偶然，而是偶然與必然之間轉化的結果。在這裡，需要釐清偶然與必然的辯證關係。從哲學的角度講，一方面必然性要透過偶然性表現出來，偶然是必然的表現形式和補充；另一方面，偶然性的背後隱藏著必然性，它總是受必然性的支配。看起來是偶然性的東西，實質上是必然性在發揮作用。

有人曾比喻：抓住機會就像老鷹捉兔子，一不留神稍縱即逝。要捉到狡猾的兔子，老鷹必須做到穩、狠、準。機會好像兔子，它是動態的，絕不是靜止的。老鷹在天上盤旋，只能說是「機」，老鷹捉到兔子那一剎那才是「會」。

由此可見，守株待兔不是機會，純屬偶然。因為兔子觸樹折頸而死的

緊握機會，絕不錯過

「機會」太少，也太偶然，因此，守株待兔，千年未必能夠等到一次。反過來說，真是千年等到一次折頸而死的兔子，等待兔子之人要付出一千年的機會成本，其機會成本也太高了。

機會的另一個特點是它包含著較高的收益內容。家附近有一個賣燒餅的，天天都賣，你天天都能見到他，雙方之間公平交易，這就不叫什麼機會。首先，機會必須具有超出一般收益的價值，同時又具有不可多得性，即機不可失，時不再來。如上所說，「機」是一條線，「會」是一個點。我們通常說的機會，主要是指「會」這一部分。

刻舟求劍雖然是一個荒唐的笑話，但這個笑話對我們仍有啟示。刻舟求劍是對機會的曲解，是機會觀念的錯位。「機」的路線改變了，何以得「會」？在現實生活中，刻舟求劍的人實在不少，許多人都在機會已經過去的時候刻舟求劍。刻舟求劍的錯誤在於時空的錯位，按照時間和空間的行動方向，機會不可能在他畫的地方重新出現。

但機會當然是可以把握的，它自有其規律。機會作為一種時空連結，首先具有其規律，再者，時空又具有不可逆性，因而它是有代價的，即時間和空間的代價。時間的主要特點是不可逆性，因此時間是機會的主要成本之一。

隨著時代的發展，機會也在進步。進入網路時空，機會彷彿擁有了全新的概念。在網路上，「機」在無限的網路之上碰撞，機會幾乎要把人們忙壞了。

一個人的成功，有時純屬偶然。可是，誰又敢說，那不是一種必然？

機會不會再次敲門

機會的時空連結規律主要表現為它的方向性，即不可逆性。嚴格地說，機會從來都是只出現一次，第二次出現的機會不可能和第一次一樣。

有幾個學生向蘇格拉底（Socrates）請教人生的真諦。蘇格拉底帶他們到果園邊。

「你們各順著一行果樹，從園子這頭走到那頭，每人摘一枚自己認為最大最好的果實。不許走回頭路，也不能作第二次選擇。」蘇格拉底吩咐說。

學生們出發了。他們都十分認真地進行著選擇。

等他們到達果園的另一端時，老師已在那裡等候著他們。

「你們是否都選擇到自己滿意的果實了？」蘇格拉底問。

「老師，讓我再選擇一次吧！」一個學生請求說，「我走進果園時，就發現了一個很大很好的果實，但是我還想找一個更大更好的。當我走到林子的盡頭後，才發現第一次看見的那枚果實就是最大最好的。」其他學生也請求再選擇一次。

蘇格拉底堅定地搖了搖頭說：「孩子們，沒有第二次選擇，人生就是如此。」

在人生的過程中，也有這樣的果林，也有多如繁星的果實。這樣的果林名叫「生活」，這樣的果實名叫「機會」。

失敗者說：「請再給我一次採摘果實的機會。」但是，「機會」沒有了，因為走過果林的機會只有一次。

這就是機會，冷酷而公平的機會！

緊握機會，絕不錯過

當一個機會出現時，或許你還沒有做好準備，面對這種情況，會有兩種不同的選擇，有的人盡可能地彌補準備不足的地方，但前提是一定要把握機會；而另外一種人則是認為機會在等著自己。然而，正如著名作家林清玄先生所說：有的事情，你錯過了一回，就錯過了一輩子。或許這樣的機會在你的一生之中只有一次，而你錯過了這一次，即使以後你做好萬全準備，也會變得毫無價值。

機會之所以難以把握，就在於它稍縱即逝，當機會來臨之時，猶豫不決、優柔寡斷無疑是最致命的，沒有一點果斷的風格，即便是機會接踵而至，也會被自己一一揮霍殆盡。

也許你聽過這個笑話：

「昨天晚上，機會來敲我的門，當我先關閉警報器，打開保險鎖，拉開防盜門時，它已經走了。」

這故事的寓意是：如果你活得過於謹慎，你就可能錯失良機。

培根（Francis Bacon）說過：「機會老人先為你送上它的頭髮，如果你沒抓住，再抓就只能碰到它的禿頭了。」

所以千萬不要錯失良機，因為機會只敲一次門。

一個小孩和祖父進林子去捉鳥。祖父教小孩用一種捕鳥機，它像一個箱子，用木棍撐起，木棍上繫著的繩子一直連到小孩躲藏的灌木叢中。只要小鳥受到米粒的誘惑，一路啄食，就會進入箱子，而這時只要小孩一拉繩子就大功告成。放好箱子，藏好不久，就飛來一群小鳥，共有幾十隻。大概是太餓了，沒多久就有6隻小鳥走進了箱子。小孩正要拉繩子，又覺得還有3隻也會進去，便決定再等等吧。但等了一會，那3隻小鳥非但沒進去，反而又走出來3隻。小孩後悔了，對自己說，如果再有一隻走進去

就拉繩子。接著，又有兩隻走了出來。如果這時拉繩，還能捉住一隻，但小孩不甘心失去好運，結果，連最後那一隻也走出來了。

那一次，小孩連一隻小鳥也沒能捉到，卻得到了一個終生受益的道理：機會稍縱即逝，一定要抓住機會。

1980年代的一天，曾出現過一次百年一遇的日全食，它的時間是在上午。現代科學早就計算出日全食的準確時間，並且透過媒體，許多人都知道這件事。

應該說，觀看日全食是一個公開而又公平的機遇。這個機遇可不可以用來賺錢呢？有一個人為此大發其財。

百年一遇的日全食是大家都想看到的，但要看日全食必須注意，因為肉眼直接觀看日全食會很刺眼。你可以找出一個照片的底片，隔著底片就可以放心地看；還有一個辦法，就是在水盆中倒進一些墨水，從墨水的反光中觀看日全食。但是，一般在大街上行走的人該怎麼把握這次機會呢？有人就是想到了這一點，他的辦法很簡單。他提前加工了一大批深色的膠片，裁成小方塊，這一天上午，他設了幾十個銷售點，一片深色膠片的加工費不到幾分錢，但每一片賣5毛錢，立即被搶購一空。對於想觀看日全食的人來說，花5毛錢觀看一次百年一遇的日全食，非常划算，絕對是值得的，而對於這位賣膠片的人來說，則抓住這個機會得到了高額收益。

他獲得成功的一個最主要因素就在於這個機會的時空成本，因為只有一次，所以，他成功的機率還是很高的。如果年年都有這樣一次日食，也就稱不上什麼機遇了。

緊握機會，絕不錯過

善於辨別偽機會

《辭海》中說「機遇就是導致事物發展新突破的偶然機會。」當然，突破有好有壞，機會作為一種外在條件，其本身並不必然導致成功，失敗中也常常伴隨著機會的影子。人們常說「禍兮福之所依，福兮禍之所伏」便是這個道理。

可見，機會有真假之分，好機會能助你心想事成，萬事如意，而假機會、壞機會只是成功路上的陷阱，浪費你的時間和精力，嘗到失敗的苦果。

一位富翁在非洲打獵，經過了三天三夜的周旋，只獵到一匹狼。當嚮導準備剝下狼皮時，富翁制止了他，並問：「你認為這匹狼還能活嗎？」嚮導點點頭。富翁打開隨身攜帶的通訊設備，讓停泊在營地的直升機立即起飛，他想救活這匹狼。

直升機載著受了重傷的狼飛走了，飛向500公里外的一家醫院，富翁坐在草地上陷入了沉思。這不是他第一次來這裡狩獵，可是從來沒像這一次給他如此大的震撼。過去，他曾捕獲過無數的獵物——斑馬、羚羊甚至獅子，這些獵物在營地大多被當作美食，然而這匹狼卻讓他產生了想讓牠繼續活下去的念頭。

狩獵時，這匹狼被追到一個近似於丁字形的岔道上，正前方是迎面包抄而來的嚮導，他也端著一把槍，狼被夾在了中間。在這種情況下，狼本來可以選擇從岔路逃掉，可是牠沒有那麼做。當時富翁無法了解，狼為什麼不選擇岔路，而是直向嚮導的槍口衝過去，準備奪路而逃。難道那條岔路比嚮導的槍口更危險嗎？

狼在奪路時被捕獲，牠的臀部中彈。面對富翁的疑惑，嚮導說：「狼

是一種很聰明的動物，牠們知道只要奪路成功，就有活下來的希望。選擇沒有獵槍的岔路，卻是死路一條，因為那條看似平坦的路上必定有陷阱，這是牠們長期在與獵人周旋中悟出的道理。」

富翁聽了嚮導的話，非常震驚。據說，那匹狼最後被救治成功，如今放養在納米比亞的埃托沙國家公園，所有的費用由這位富翁負擔，因為富翁感激他告訴他這麼一個道理：在這個相互競爭的社會中，有時，真正的陷阱會偽裝成機會，真正的機會卻會偽裝成陷阱。

要把握機會的人，必須學會從陷阱邊緣找到機會。

如何評估機會

前面說過，在機會面前人人平等，這話僅就某種單一的領域而言是正確的，但若把這個道理放到社會學角度，就太過牽強了。

比如市場上推出一批新潮女裝，這對年輕的女性而言自然是購物的好機會，而這種機會與男人或兒童好像沒什麼關係。再如有一個絕對能賺大錢的機會，前提條件是要投資，這對有錢人來講無非是「錢生錢」，容易得很，可是對窮人呢？那只能眼看著有錢人更有錢了。

在機會面前，應該學會評估，什麼樣的機會是適合自己的，如果不適合自己，當棄則棄，否則你就會迷失。

評估就是衡量各種影響機會實現的因素，從而決定某個機會是否可行，是否值得付諸實踐，或決定在多個機會中選擇哪一個。有時形勢發展迅速，沒有評估的時間，機會就來了，你得立刻採取行動。不過，在正常情形下，事先評估機會，是正確的做法。

緊握機會，絕不錯過

迪邦諾在《機會》一書裡，建立了一套實用的評估體系，其重點如下：

(1) 利益評估。機會帶來什麼利益？利益有多大？利益如何產生？如何獲得？在什麼情形下消失？獲取利益時會碰到什麼困難？如何克服？

(2) 利益兌現的時期。是長線還是短線的機會？調查研究需花多少時間？付出的資金何時回收？利潤何時出現？

(3) 資源的評估。現有資源是否和機會配合？現存的人力、物力、財力、生產設施、推銷管道等，是否足以應付機會的需求？機會是否和我們的思維方式和做事風格一致？

(4) 投資評估。應該投入哪些及多少資源？若把相等的資源投入其他用途，是否會比發展這個機會帶來更大收益？投資評估必須全面，主要包括調查研究的成本、開始時投入多少資金、發展下去又需多少資金、為預防意外事件發生還需要預留多少資金應急等。

(5) 測試評估。機會成敗是未知之數，應先進行測試，以便預測機會的成效。例如，做市場調查、實驗室測試、生產測試等。目的在於找出機會中最值得發展的部分，以及預測能否達到目的。

(6) 退出時機的評估。進行開發一項計畫之前，需先考慮退出的時機。不能無休止地投入資源。需考慮機會的哪些部分需要減少甚至中止投資，還是整個投資計畫中止，還要考慮何時減少或中止投資。

(7) 困難的評估。困難在開發機會的整個過程都會發生，應預測各階段可能面對什麼困難，如何克服。若不能克服困難，有何應變措施？

(8) 預設藍圖。應先設想一幅實現目標的藍圖，最理想的結果是實現的成果跟藍圖一致。藍圖要具體可行，還要做好準備，隨著形勢做出調整。

(9) 比較。評估每個機會，然後比較評估結果，決定選取哪個機會。此

外，還應拿自己的實力跟對手比較，考量在某個機會上，自己成功的機率。

(10) 機會價值的評估。機會價值是利益和成本資源及風險之間的關係。利益越多，價值越大；另一方面，成本高而資源有限，又需冒較大風險，但利益卻不高，機會價值便減少。

(11) 機會成本。所謂的機會成本，指的是在做一件事情的時候，同樣的資源在其他用途上所能得到的最高收益。比如說，你吃一頓飯花了100元，而這100元還可以做其他很多的事情，你可以去旅遊，也可以買書，也可以買水果，可以打電話給朋友等等。在你可以做的事情當中，能為你帶來最大收益的事情是什麼？而為你帶來收益的就是你的機會成本。

在日常生活中，常說的一句話是「划不來」。這個「划不來」，就包含著機會成本的概念。「划不來」包括兩個方面：一方面就事情本身而言，與投入相比，產出不符合當事人的期望；另一方面，就投入來講，用於此所獲得的產出不如用於彼的產出。兩種「划不來」都是覺得沒有獲得最滿意的產出。

機會成本是人們從事日常行為一個重要的原則。比如說跳槽換工作，就要比較一下跳槽後與跳槽前的利弊，以獲得一個讓自己滿意的結果。

有時，為了得到某種東西就必須放棄一些東西。

成功的捷徑

所有的人都希望獲得成功，但如何才能成功呢？正如魯迅先生在一篇文章中所說：一個人是不可能透過讀《如何寫小說》而成為小說家的。

我們很多人在公司裡努力工作，有的公司倒閉，他們也就失業了。最

緊握機會，絕不錯過

後是走投無路。殊不知，所有的正業都起源於不務正業，只要建立必勝的信心，建立百折不撓和堅不可摧的意志，就能夠真正做到自己主宰自己，也終將實現輝煌人生！

大家都知道比爾蓋茲和李嘉誠，他們抓住了商機，獲得了成功。比爾蓋茲大學讀了三年就退學了，曾連續多年占據世界首富的位置。李嘉誠只有小學畢業，也在商業上獲得了很大成功。那麼，學術界的情況如何呢？在一次學術會議上，加州理工學院有個曾畢業於臺灣大學、與一位華人諾貝爾獎得主是同學的教授，在一次晚宴上他講述了自己的經歷。他大學畢業後到哈佛大學化學系就讀研究所，當時看好分子光譜學，他就選了這個領域。之後的研究和學問都做得很好，但卻無緣獲得諾貝爾獎。另外一位因為服兵役比他晚三年去哈佛大學的同學，正遇上分子束實驗。他在指導教授之下做得很成功，獲得了諾貝爾獎。這位老教授風趣地感嘆自己「總是在錯誤的時間、出現在錯誤的地點、做錯誤的事情」。

當然，並不是說未獲得諾貝爾獎就不算是成功的科學家，反之，科學史上有許多並未獲得諾貝爾獎者，但他們的重大成就都獲得肯定。

人們看見了機會的重要，但又不理解為何有些人運氣好，而另一些人運氣卻不好。一位哲人舉了一個例子：每年總有一些魚從海洋迴游到江河上游去產卵，一隻大魚產的卵可以孵化成上百萬條小魚，牠們順流而下，回歸大海。剛到海口，大部分小魚就會被守候在那裡的大魚吃掉，剩下的繼續為生存奮鬥。一年後還存活並再回到江河上游去產卵的可能只有一兩條。為什麼這一兩條魚能逃過那麼多劫難而存活下來？原因有兩點：一是牠們總僥倖「在正確的時候，出現在正確的地方」，從未成為大魚掠食的對象；二是每當遇到大魚掠食時，牠們總能逃脫。前者是不能預見、無法控制的機遇；後者與小魚的特質有關，體力更強壯、感覺更敏銳、反應更

靈活,即「基因」更優良的小魚,更容易存活。人的命運與魚相似而又不同:相似的是,他們都既取決於機會,也取決於自身因素;不同的是人類自身因素所發生的作用占大部分。

可見機會是成功的關鍵!機會是一切其他因素產生效應的前提,如果沒有機會,縱使你有才華也可能沒有展現抱負的機會和舞臺。常言道,成功者和失敗者的區別就在於能否抓住機會。所謂君子伺時而動,英雄應運而生;快跑的未必能贏,力戰的未必得勝,由此可見機會何等重要。所以,面對事情時,眾人都十分在乎來之不易的機會。

居禮夫人說得好:「弱者等待時機,強者創造時機。」一個人的成功有偶然的機會,但發現、抓住與充分利用偶然的機會,卻又絕不是偶然的。諸葛亮可以出人頭地,除了他本身的才華外,更重要的是因為他抓住了劉備三顧茅廬提供給他的機會。抓住機會就能獲得成功,可以說機會是成功的關鍵。

抓住機會還是被動的,真正聰明的人還會創造機會。大家如果讀一讀《孫子兵法》,就會理解如何創造機會,以及機遇為什麼是成功和勝利的關鍵。

總之,機會是成功的關鍵因素。一旦機會降臨到你身邊,一定要抓住它,才能儘早走上成功的道路。

每個人都擁有機會

說到機會,人們都經常抱怨,老天為什麼給我的機會那麼少,或是根本沒給我機會,經常怨恨老天的不公平。

緊握機會，絕不錯過

其實，生活中到處充滿著機會學校的每一門課程，報紙上的每一篇文章，每一個客人，每一次講話，每一筆生意，全都是機會。同樣，對你的能力和選擇的每一次考驗也都是寶貴的機會。

沒有誰，機會一次也沒降臨在他的一生中。但是，當機會發現這人並不準備接受時，它就會從門口進來又從窗口溜走了。

一名年輕的醫生經過長期的學習和研究後，遇到了一次複雜的手術。主治醫生不在，時間又非常緊迫，病人處在生死關頭。他能否經得起考驗，能否代替主治醫生的位置和工作，機會就在他眼前。他是否能夠否定自己的無能和怯懦，走上幸運和榮譽的道路？這需要他自己做出回答。

我們再來看看真正的拿破崙是什麼樣的——

進攻義大利時，為了出其不意打擊敵人，「從這條路走過去可能嗎？」拿破崙問那些被派去探測「死亡之路」的先鋒部隊。「也許吧，」回答是不確定的，「那麼，前進！」拿破崙不理會先鋒部隊所講的困難，下了決心。

出發前，所有的士兵和裝備都經過嚴格細心的檢查。破的鞋、破洞的衣服、壞掉的武器，都馬上進行修補或調換。一切就緒，部隊才前進，統帥的精神鼓舞著戰士們。

戰士皮帶的閃光，出現在阿爾卑斯山高高的陡壁上，出現在高山的雲霧中。每當軍隊遇到特別困難的時候，雄壯的衝鋒號角就會響徹群山之巔。儘管在這危險的攀登中到處充滿了障礙，致使隊伍延長到30公里，但是他們有秩序，也沒有一個人脫隊，14天之後，這支部隊就進入到義大利境內了。

當這「不可能」的事情完成以後，其他人才看到，這件事其實是可以做到的。許多統帥都具有必要的設備、工具和強壯的士兵，但是他們缺少

毅力和決心。而拿破崙不怕困難，在前進中準確地抓住了自己的時機。

培根說：「幸運之機好比市場，稍有耽擱，價格就變動。」機會來時，並不像人想像得那麼完美，很可能就像一隻七、八條腿的怪物，我們不喜歡，甚至認不出來。但這正是機會呀！機遇似魔鬼，來時令人手足無措；機會又似仙女，去時令人追悔莫及。平凡人默默等待機會，聰明人善於抓住機會，成功者勇於創造機會。變幻的世界、彩色的人生，機會無處不在，無時不有，就看你是否準備好了。

一個人不應該受制於他的命運。世界上有許多孩子，他們雖然出身卑微，卻能做出偉大的事業來。比如富爾頓（Robert Fulton）發明了一個小小的推進機，結果成了美國著名的工程師；法拉第（Michael Faraday）僅僅憑藉藥房裡的幾瓶藥品，成了英國有名的化學家；惠特尼（Eli Whitney）靠著小店裡的幾件工具，竟然發明了軋棉機。此外，還有貝爾竟然用最簡單的器械發明了對人類文明有重大貢獻的電話。

在美國歷史上，最感人肺腑、令人催淚的故事便是個人透過奮鬥而獲得成功的奇蹟，這些人確立了偉大的目標，儘管在前進的途中遇到種種非常艱難的阻礙，但他們依然以堅忍來面對艱難，最後克服了一切困難，獲得了成功。更有許多人本來處於十分平凡的地位，依靠他們堅忍不拔的意志和努力奮鬥的精神，終於獲得重大成功。

失敗者的藉口是：「我沒有機會！」失敗者常常說，他們所以失敗是因為缺少機會，是因為沒被人看重，好位置就只好讓他人捷足先登，輪不到他們。

可是有志的人絕不會找這樣的藉口，他們不等待機會，也不向親友哀求，而是靠苦幹、努力去創造機會。他們深知，唯有自己才能替自己創造機會。

緊握機會，絕不錯過

美國人有一句俗諺：「通往失敗的路上，處處是錯失了機會。坐待幸運從前門進來的人，往往忽略了從後門進來的機會。」

機會是平等的，如果你不尋求，你不伸手去抓，它就會離你而去，降臨到別人的手中。

就個人來說，一個人一生之中，總是有那麼幾次可以掌握住好機會。一個人一生裡往往都會有幾年好運，若能善於利用這幾年的好運氣，看準時機，果斷行事，就比較容易獲得成功；否則，將令錯失機會者留下無窮的懊悔。

美國一家碳化鈣公司正在為產品銷路煩惱，一天，一大群鴿子飛進了該公司總部大樓的一間空房裡，鴿糞、羽毛遍地狼藉。有人想把牠們趕走，老闆卻下令關閉門窗，一隻也不准飛走。隨即打電話通知「動物保護委員會」派人來救援，並電告新聞媒體：該公司總部大樓發生一件有趣而有意義的保護鴿子「事件」。驚動了新聞界，紛紛派記者進行現場連線報導。這群鴿子三天才被捉完，新聞界早已作了一系列繪聲繪影的報導。公司老闆充分利用在電視上亮相的機會，公開介紹了公司的宗旨與情況。就這樣不花一分錢，便建立起公司關心公益的形象和知名度。

紐約的卡內基音樂廳，是所有音樂家夢寐以求、希望一展所長的舞臺。建立這座音樂廳的人，是美國鋼鐵大王——卡內基。他說過一句名言：「每個人都擁有機會，只是需要掌握而已！」

大千世界，芸芸眾生，在迅速變化的社會變革中，人們身邊的機會四處可見，有心機的人抓住一次難得的機會改變了一生，缺少心機的人無法解讀機遇，即使給他千載難逢的機會，也沒有意義。

孔子曾說過「天下有道則見，無道則隱」，「邦有道，則仕；邦無道，

則可卷而懷之。」一個好的時代是能為人們的發展提供更多機遇的時代，它能使人們有更多的自由去選擇自己的命運、去改變自己的命運。

而現在是一個變幻莫測的世紀，這是一個催人前進的年代，科學技術快速發展，知識日新月異。希望、困惑、機遇、挑戰，隨時隨地都可能出現在每一名社會成員的生活之中。

在這個催人前進的年代，我們怎麼能耐得住寂寞？還記得尼・奧斯特洛夫斯基的話嗎？「人，最寶貴的是生命，生命對每個人來說只有一次，每當回憶往事的時候，不因虛度年華而悔恨，不因碌碌無為而羞恥⋯⋯」你還在虛度光陰嗎？如果你是，那請你醒醒吧，別再沉睡了。起來吧，拍拍你身上的灰塵，振作你疲憊的精神，甩掉一切的困惑與不快，重新建立希望，抓住機遇，去迎接挑戰吧。

抓準成功的機會

機會是什麼？機會就是你抓住了釋放自己才能的關鍵，或者也可以說，機會是你抓住了一個能向上更進一步發展的平臺，也可以說是找到了適合自己的工作。

一些非常態的事情往往會影響一個人的命運。例如：長相漂亮、樂透中獎、獲得遺產⋯⋯但是，整體而言命運往往是由自己創造的。正如哲人所說：每個人都是自己的設計師。

一個人靠運氣或許可以獲得一時的成功，但是，要獲得長久的成功，光靠運氣是不行的。如果光靠運氣的話，那些富家子弟、紈褲公子應該算最成功了，可是，看看那些成功人士，有多少是這種人？

緊握機會，絕不錯過

　　只有成功的人才知道，不論成功或失敗，一切都取決於自己；他們更明白，取得成功的要素不在於外在物質條件，而在於自身實現目標的信心和獨一無二的自我肯定。

　　科學家發現，沒有一個人的指紋、聲音和 DNA 會和別人重複，所以，每個人都是獨一無二的。

　　雖然大家都知道這個真理和事實，但我們還是習慣跟別人相比，比較別人的薪水是不是比自己高，比較別人的工作是不是比自己輕鬆，比較別人的日子是不是過得比自己好等等。甚至，看到某些人非凡的成就時，還會充滿嫉妒。

　　其實，這樣的比較沒有一點意義。因為你不知道他們在成功之前曾經付出過多少心力，說不定他們付出的代價是超出你我想像的。畢竟每個成功的背後都有著許多不為人知的汗水和努力。

　　每個人都有屬於自己的才能，而且絕對是獨一無二的。你應該確認是否已充分發揮自己的能力，如果你能清楚地設定自己的方向，以及想要實現的目標，那麼你才能找到屬於自己的成功機會。

　　西元 1845 年，羅丹（Auguste Rodin）剛滿 5 歲，由於他聰明過人，父親便把他送到了離家不遠的耶穌教會學校上學，但是羅丹對宗教方面一點興趣也沒有，卻非常喜歡畫畫。

　　一次，在餐桌上，羅丹發現父親腳邊有一張紙，他便趴下去，用筆畫出了父親皮鞋的樣子。坐在他旁邊的哥哥發現羅丹趴在地上，叫道：「羅丹，你不吃飯，趴在地上幹嘛呢？」父親一看趴在自己腳邊的羅丹，也忍不住吼了起來：「站起來，你這個小子，不好好吃飯，看我怎麼收拾你。」當父親發現羅丹趴在自己的腳邊畫畫時，更生氣了：「你不好好讀書，原

來你是在做這個！」父親非常生氣地打了羅丹一頓，而且當場要羅丹保證從此以後要好好讀書，不再畫畫了。

從此，羅丹雖然在家裡不敢再明目張膽地畫畫，但是在外面，不管是在馬路上還是在牆上，他每天都要畫上幾筆。

9歲的時候，羅丹的讀書成績還是不見好轉。父親把他送到了叔叔在鄉下創辦的學校讀書，一待就是4年多，在那裡，他的繪畫天賦讓老師們都感到驚訝。

看他讀書仍然沒有進步，父親開始對羅丹失去了信心，決定把這個成績一點也不好的孩子送去工作。「我看你再讀也是一樣，快去找一份工作吧！免得我白白養你。」

「不，我要學畫畫。」

「學畫畫，誰有錢送你去學，那東西以後能混口飯吃嗎？」

經過一段時間的準備，羅丹考上了一所工藝美術學校，素描老師看了羅丹的習作後，非常高興，並且很耐心地指導他。

素描課結束以後，就該上油畫課，然而失去家庭支持的羅丹無法支付這「昂貴」的學費，顏料和畫布都需要錢，羅丹從哪去弄這一筆錢呢？萬般無奈之中，羅丹只好學習雕塑，因為雕塑的材料無非是木頭和泥土，並不花錢。

最後，我們都知道，羅丹終於成了繼米開朗基羅（Michelangelo）以來歐洲最有成就的雕塑藝術家。

每個人的身體中都隱藏著一項特別的天賦。然而生活中的大多數人都是平庸的，原因就在於：一方面，可能是因為沒有發現這項天賦；另一方面由於強權的存在，包括父母對子女的專制，教師對天才的忽視，當權者

緊握機會，絕不錯過

對下屬的誤解，而導致太多的天才被扼殺。因此，我們每個人都要了解自己，找到機遇。

有實力就會有機會

實力是基礎，成功是目的，機會則是關鍵。沒有基礎的大廈是不存在的，沒有實力的成功是不實際的（不具有實力的成功只能是黃粱一夢而已），連路都不會走的孩子能去參加一百公尺賽跑嗎？

舉例來說，種子要生根發芽直到收穫，首先要具有完好的胚芽、胚乳等種子組織，具備當種子所需的條件（即實力），其次必須要有適合它生長的溫度和溼度，才能生長直至收穫。這裡的溫度和溼度就是種子發芽的關鍵。

能力比機會更重要，有能力才能把握機會，有能力才能創造機會。但是，在現實生活中，事情卻往往不是這樣。有句古話說：「一文錢逼死英雄漢。」如果是英雄的話，應該是有本事的，又怎麼會為了一文錢而焦頭爛額呢？

對於「一文錢逼死英雄漢」，還可以用這樣一句話來回答：「是金子總會閃光的。」雖然金子可能暫時和沙礫混在一起，無從辨識。但經過歲月的磨練，真金終究會露出本來的面目，散發出耀眼的光芒。英雄就如同這金子，總會出現困頓的時候，有憂鬱不得志的時候，但是，如果拓寬你的視野，從長遠眼光來考慮問題，不要只盯著一個時點，或許能夠更清楚地看清命運。

從古到今很多人都感慨自己懷才不遇，認為社會對自己不公平，以致

鬱鬱終生。在中國古代有很多人怨恨科舉考試制度，認為那樣的制度只能選出只會做八股文章的人，卻得不到真正的人才，以至於有「場中莫論文」的說法。事情真的是這樣嗎？看看幾千年的歷史，就可以找到歷史的真相。透過科舉考試選上的人才，確實有人本事不足，但是，真有本事的人，也大有人在，而且真有本事的人是不會因為科舉而被埋沒的。

三百六十行，行行出狀元。只要有才華，就不愁無法出人頭地。那麼，什麼是真正的才華呢？

才華，是指分析問題和解決問題的能力，因此，只有在實際面臨問題時才能檢驗，不經過檢驗，無法知道你是有真才之人，還是誇誇其談之輩。坐而論辯，無人能敵；起而行之，一無所能。說的就是這樣無真才實料之輩。而這之間的差別，可謂是差之毫釐，謬以千里。

要知道，現在是一個充滿機會的年代，一個真正有才華的人，隨時都有成功的機會。

累積才能有機會

機會和努力是成功的兩面，若要成大功，兩者缺一不可；若想成小功，透過努力或許能夠實現。我們平時所說的天時、地利、人和是什麼？只要稍微分析一下，就會明白它指的其實就是機會，機會是外在的東西，是外因。外因只有透過內因才能發揮作用，但不是所有的外因都能透過內因發揮作用，這就像化學反應，外因是外在條件，如溫度、催化劑等，內因是參加反應的物質，如果參加反應的物質純度不夠，反應就不能順利進行，所以不是所有的外因透過內因就會發揮作用，只有那些能滿足要求的

緊握機會，絕不錯過

內因才能透過外因發揮作用，因此即使有了機會而你沒有能支持機會的內因，你也不會成功。

那麼，支持機會成功的內因是什麼？就是透過努力學習、逐步提高而形成的自身累積，也就是「基底」。當你的「基底」比身邊其他人厚，一旦機會到來，你就會比周圍的人更容易抓住這個機會。能否抓住機會，關鍵是看你的基底是否深厚。

也許有些人「基底」並不比自己厚，但他們因抓住機會而獲得成功，自己則因沒抓住機會而失敗，所以對累積的有效性產生懷疑。實際上這是錯誤的理解，因為能否抓住機會是由一個人的綜合條件決定的，單憑累積不一定有效。除累積外，還決定於自己的性格特點、生活環境、處理問題的方式等條件，你的條件與他人不同，所以你與他人無法比較，因此簡單地把你和周圍的人進行比較是錯誤的。那麼怎樣的對比才是正確的？筆者認為應該是自己與自己比較，將自己有累積時抓住機會的可能性與無累積時抓住機會的可能性相比，透過這樣的比較，你就能看到累積的重要性了。如果有人天天練習唱歌，很多人可能覺得沒有用，但某一天他參加了一個歌唱選秀節目，並且獲得了好評，進而走向了專業唱歌的道路，你說這不是累積的結果嗎？如果還是這個人，他平時不練習唱歌，即使他積極地參加歌唱選秀節目，也不會獲得好的成績。

一名天天幻想要當演員的年輕人，每天總是對著鏡子端詳自己的模樣，幻想著有一天，大街小巷都是自己照片的廣告、大大小小的雜誌封面都是自己的倩影，但卻不作任何努力。當突然有一天機會來了，某某電影公司應徵演員。初試時，她那驚慌失措的表情，以及那幼稚可笑的表演，還沒到兩分鐘，就敗下陣來。

累積才能有機會

然而，即使你有了累積——內因，但成功還需要外因。如果外界並沒有提供你一個表現的機會，你的累積就沒有人發現，這樣沒有外因的內因也是不會成功的。如果在計畫經濟體制下，沒有企業家，也沒有百萬富翁，但在市場經濟下，不僅出現了很多的企業家，還出現了很多的百萬、千萬富翁，難道說在計畫經濟體制下就沒有企業家這樣的人才嗎？你能說在計畫經濟體制下就沒有能成為富翁的人嗎？顯然不是，之所以有這種現象，就是因為計畫經濟體制下，不具備成為企業家和富翁這樣的環境和土壤。為什麼戰國時代出現的英雄豪傑特別多？是那個時代的人特別聰明嗎？當然不是，而是因為那個時代的戰亂環境提供英雄豪傑們成長的條件，如果歷史一直是風平浪靜地向前發展，歷史上只會出現更多的思想家、教育家、藝術家和科學家，而不會出現那麼多的英雄豪傑，這就是內因透過外因發揮作用的很好證明。

努力和機會兩者之間並不是同等重要的，從統計的資料來看，應該說機會比努力更重要。不然就不會有與自己條件相當的人，由於他抓住了一次機會，在人生道路上走得比自己更遠、更順利的例子，也不會出現與自己條件相當的人，由於失去了一次機會，而導致他在人生道路上越走越艱難的情況。

在計畫經濟體制下，無論你如何努力也不可能成為企業家，更不可能成為富翁，就是說沒有機會，你是徹底的「註定」不行，當有了機會而你能否抓住機會就是你個人的問題了。不可否認，沒有累積，你也可能暫時抓住機會，但更可能的是會再次失去；有了累積，你就能永遠地抓住機會，並在更高的層次上發展自己，所以機會是成功的決定因素，努力是成功的保證因素。比如有一份很好的工作，當你沒有累積時，你當然可以透過人際關係得到這份工作，但由於沒有累積，你可能無法適任這份工作，

> 緊握機會，絕不錯過

最終也許會面臨被解僱的可能。這是因為，別人是需要你來工作的，不是要你來混日子的，有人幫你開門以後，路怎麼走就靠自己，是不會有人來幫助你做這一工作的；如果你是有累積、有準備的，你就能勝任這份工作，並且有可能做得得心應手，這樣，你不僅不會被辭退，還可能得到繼續發展的機會。

累積是一個長期的過程，絕不是一朝一夕能完成的。累積每天都在進行，是一生都在進行的，生命不停止，累積也不停止。應該說機會是可遇而不可求的，是自己無法控制的；而努力是自己能夠做到的，也是自己能夠控制的。所以要不斷地努力，打好自己的「基底」，一旦機會來臨的時候，只要你一伸手，也許就會改變你的一切。

「錯過機會，是對潛力的詛咒」。機會不知道什麼時候會來，但是實力卻必須先培養，沒有實力的人即使有機會，也會被淘汰出局。

機會鍾愛有準備的人

愛因斯坦（Albert Einstein）曾說過：「機會只偏愛有準備的頭腦。」這裡的「準備」主要有兩方面的內涵：一是知識的累積。沒有廣博精深的知識，不可能發現和掌握機會。二是思維方法的準備。只具備知識，而沒有現代的思維方式，就看不到機會。魯班被茅草劃破手指，從中得到啟示，發明了鋸子；牛頓見蘋果落地，觸發了靈感，發現了萬有引力……他們平時都是既有知識的累積，亦具備靈活的思維方式，否則，也會像李比希（Justus Freiherr von Liebig）錯過發現新元素溴一樣，抱憾終身。

大多數人的生命之所以卑微、渺小，其理由就在於他們對於自己生命

所下的投資太少,在能力、教育、思想、才能、智力、體力、訓練等方面所下的工夫太淺所致。

俗話說:「平時不燒香,臨時抱佛腳。」平時若不培養自己的能力,當要派上用場時,就一籌莫展了。凡事多一分準備,就多一分保障,因為未雨綢繆才能使受到的損害減至最低。人生的經營是多方面的,不管是工作、學習、交友、理財、興趣等,須做全面的管理,不要把焦點放在一個單一的問題上,顯得眼光短淺,「人生必須用遠距離、寬視野、長時間的歷史學家的眼光來看」。

人生的累積和準備就像是銀行的存款,如果你沒把錢存進去,就不能向銀行提取存款,你如果不願意在你的生命中放些什麼進去,當然,你就無法從生命裡取出些什麼來,這是很公平的。

從前,有兩個人,一個是體弱的富翁,一個是健康的窮人。兩個相互羨慕著對方。富翁為了得到健康,願意讓出他的財富;窮人為了成為富翁,隨時願意捨棄健康。

一位聞名世界的外科醫生發現了交換人腦的方法。富翁趕緊提出要和窮人交換腦袋。其結果,富翁會變窮,但能得到健康的身體;窮人會富有,但將病魔纏身。

手術成功了。窮人成為富翁,富翁變成了窮人。

但不久,成了窮人的富翁由於有了強健的體魄,又有著成功的想法,漸漸地又積起了財富。但同時,他總是擔心著自己的健康,一感到輕微的不舒服便大驚小怪,由於他總是那樣擔驚受怕,久而久之,他那極好的身體又回到原本那多病的狀態,或者說,他又回到了以前那種富有而體弱的狀態中。

緊握機會，絕不錯過

那麼，另一位新富翁又怎麼樣呢？

他總算有了錢，但身體孱弱。然而，他總是忘不了自己曾是個窮人，有著悲觀的想法。他不想用換腦得來的錢建立一種新生活，而是不斷地把錢浪費在無用的投資裡。錢不久便揮霍殆盡，他又變成原本的窮人。然而，由於他無憂無慮，換腦時帶來的疾病不知不覺地消失了。他又像以前那樣有了一副健康的身體。

最後，兩人都回到了原本的模樣。

有人常常感嘆世道不公，為何自己囊中空空，但想一想，如果你能換掉「腦袋」，你是否最終仍會回到原本的模樣？實際上，在這個故事中描述的「窮人成為富翁，富翁變成了窮人」的道理，令人深思。如果你徹底明白了這個道理，你可能就會成為真正的富翁！

機會具有親和性，它總是想和那些喜歡它的人交朋友。只有那些擁有充分的心理準備和必要的物質準備的人，才能夠成為機會的把握者。

沒有必要的知識準備，沒有必要的技能累積，沒有腳踏實地的真才實學，即使再好的機會與你正面相迎，機會也不會選擇你。

人類發展的歷史是漫長的，但你的生命歷程卻又是那樣的短暫。

在你短暫的一生中，美妙炫目的機會卻又是轉瞬即逝，稍不留意，它們就會和你失之交臂，使你追悔不已。

來看一個成功人士的故事。小林，29歲，在某家國際知名的半導體公司任職，起初只是駐臺北辦事處的一名普通業務人員。當時，公司正在考慮縮減臺灣的市場規模，甚至有可能關閉臺北辦事處，這讓辦事處的主管選擇提前離職，另謀高就。這個變動讓小林頓時陷入兩難，他的未來將何去何從？

然而，在這關鍵時刻，公司總部突然召他前往美國開會。對於這場會議的內容，他一無所知，甚至不知道自己將在會議上扮演什麼角色。但他深知，這次機會可能會改變他的人生，因此在飛機上，他沒有浪費一分一秒，開始研究公司近兩年的營運報告、市場的趨勢分析，並制定了一套完整的市場發展計畫。經過 10 多個小時的飛行，當飛機抵達時，他已經準備好了一個周全的提案。

會前 5 分鐘，他被通知需要在總部高層會議上發表意見，與所有海外分公司總經理和公司總裁面對面交流。他臨危不亂，迅速整理思緒，在發言中清晰地分析了市場潛力、客戶需求，以及如何重新調整業務策略來提升競爭力。他的發言直指關鍵問題，讓在場的高層耳目一新。

最終，他的計畫不僅說服了總公司高層，使其決定不僅不撤銷臺北辦事處，還要擴大在臺灣的市場投資。

小林的成功絕非僥倖，他的機會來自於長期的努力與知識積累。他一直堅持即使做與別人相同的工作，也要比別人多學一點、多思考一點，並養成了定期整理市場資訊與業務心得的習慣。因此，當機會突然來臨時，他能夠迅速反應，提出具有說服力的策略，進而贏得了這場關鍵的勝利。

在許多人的眼裡，別人的成功只是一種偶然、一種運氣，他們看不到別人平時所下的工夫，他們總在奢求從天而降那樣的好運氣，落到自己的頭上。試想小林如果平時沒有充分的累積，他怎麼可能在飛機航程中短暫的時間內做出一份完美的發展計畫，說服總公司收回撤掉辦事處的決定，讓自己免於失業呢？

在過去的歲月中，或許我們一直在等待成功的機會，而耗去了過多的時光，卻沒等到機會的出現，從今天起，在等候的同時，我們應該做好準

緊握機會，絕不錯過

備，讓自己保持在最佳狀態，以便機會出現時，可以緊緊抓住，不讓它溜走。

我們身邊總有這樣一些人，他們沒有什麼本事，也沒什麼想法，一生都在等待各式各樣機會的降臨，成天只想著如何「碰」機會、如何「等」機會、如何「混」機會，把機會看成了天上掉下來的大餅。如果這種人真能有機會，那才真是不公平呢！

退一步說，即使老天真給了他機會，他又能做些什麼呢？只能像濫竽充數裡的那個南郭先生一樣只能矇騙一時，又豈可欺人一生呢？

如此說來，那些既沒有真才實學、性情又懶惰的人根本沒有資格談機會，因為他們根本就沒有把握與利用機會的能力，因此即使有再好的「天賜良機」，對這種人來講也不過是看上去很美、做起來很無奈的奢侈品。

俗話說：「臺上一分鐘，臺下十年功。」它告訴人們，要想取得好成績，平常就要勤學苦練，因為好成績來自日常的刻苦鑽研。

奧勒・布林的一件逸事能夠說明這個道理。這位傑出的小提琴家，多年以來一直堅持不懈地練習拉琴。透過不斷的練習，他的技藝早已十分成熟，但是他始終還是默默無聞，不為大眾所知。

一次，當這個來自挪威的年輕樂手正在演奏的時候，著名女歌手瑪麗・布朗恰巧從窗外經過。奧勒・布林的演奏使她如痴如醉，她從來沒有想到小提琴能夠演奏出如此優美動人的音樂，她詢問了這個樂手的姓名。不久後，在一次大型的演出中，由於她與劇場經理意見發生了分歧，不得不臨時取消自己的節目。在安排什麼人到前臺去救場時，她想到了奧勒・布林。面對臺下的大批觀眾，奧勒・布林演奏了一個多小時，就是這一個多小時，使奧勒・布林登上了世界音樂殿堂的巔峰。對於奧勒・布林而

言，那一個多小時便是機會，只不過，他早已為此做好了準備。

謹記哈佛校訓：時刻準備著，當機會來臨時，你就成功了。

應該說，市場經濟體制的建立，為我們獲得成功提供了很好的機會——安定團結的政治環境，自由、平等的經濟競爭，遵守價值規律的商品交易，可供個人自由選擇經商等。現在應該做，而且可以做到的，便是利用機會——有準備的頭腦、科學的方法、豐富的知識累積等，然後抓住機會、利用機會，努力奮鬥，就能獲得自己渴望的成功。

讓機會選擇你

人們總以為「天上掉下禮物」是不可能的事情，但人世間確實有類似的事情。只不過這樣的好事，砸在不同的人頭上會有不同的結果。

許多的童話故事裡，都有天上掉下禮物的好事，但故事中的人物卻或喜或悲，人物的命運也各式各樣。

一個人在有天晚上遇到一個神仙，這個神仙告訴他，有大事要發生在他身上了，他有機會得到很大的財富，在社會上獲得卓越的地位，並且娶到一個漂亮的妻子。

這個人終其一生都在等待這個奇蹟，但什麼事也沒有發生。這個人窮困地過完了他的一生，最後孤獨地老死了。

當他上了天堂，他又見到了那個神仙。他對神仙說：「你說過要給我財富、很高的社會地位和漂亮的妻子，我等了一輩子，卻什麼也沒有。」

神仙回答他：「我沒說過那種話，我只承諾過要給你機會得到財富和

緊握機會，絕不錯過

一個漂亮的妻子，可是你卻讓這些從你身邊溜走了。」

這個人迷惑了，他說：「我不明白你的意思。」

神仙回答道：「你記得你曾經有一次想到一個好點子，可是你沒有行動，因為你怕失敗而不敢去嘗試？」這個人點點頭。

神仙繼續說：「因為你沒有去行動，這個點子幾年後給了另外一個人，那個人卻一點也不猶豫地去做了，你可能記得那個人，他就是後來成為全國最有錢的那個人。」

這個人不好意思地點點頭。

神仙說：「那是你的好機會—— 去拯救幾千個人，而那個機會可以使你在都市得到多大的尊榮和榮耀啊！」

神仙繼續說：「你記不記得有一個頭髮烏黑的漂亮女子，那個你曾經非常強烈地被吸引的，你從來不曾這麼喜歡過的一個女人，之後就沒有再遇到過像她這麼好的女人，可是你想她不可能會喜歡你，更不可能會答應跟你結婚，你因為害怕被拒絕，就讓她從你身旁溜走了？」

這個人又點點頭，可是這次他流下了眼淚。

神仙說：「我的朋友啊！就是她！她本來應是你的妻子，你們會有好幾個漂亮的小孩，而且跟她在一起，你的人生將會有許多快樂。」

我們每天身邊都圍繞著很多的機會。可是我們經常像故事裡的那個人一樣，總是因為害怕而停止了腳步，結果機會就溜走了。我們因為害怕被拒絕而不敢跟人接觸；我們因為害怕被嘲笑而不敢跟人交流情感；我們因為害怕失落的痛苦而不敢對別人作出承諾。

人生中，抓住機遇並且成功的人，不算很多，但終生沒有遇到機遇的人，又真的很少。現實中，許多落魄的人，都會講到自己當年如何放棄了

大好的機會，不然自己會多成功。機會常在，而辨識機會和把握機會的智慧卻不常有。所以，不成功的人永遠比成功的人要多得多。機會對主動者就是成功的火種，對被動者可能就是災難。天上掉下來的禮物，可能為有心人帶來機遇，也可能砸昏碌碌無為的路人。

有位年輕人，想發財想瘋了。一天，他聽說附近深山裡有位白髮老人，若有緣與他相見，則有求必應，絕對不會空手而歸。

於是，那年輕人便連夜收拾行李，趕上山去。

他在那裡苦等了5天，終於見到了傳說中的老人，他向老者請求把財富賜給他。

老人便告訴他說：「每天清晨，太陽未升起時，你到海邊的沙灘上尋找一顆『心願石』。其他石頭是冷的，而那顆『心願石』卻與眾不同，握在手裡，你會感到很溫暖而且會發光。一旦你尋到那顆『心願石』後，你所祈願的東西就可以實現了！」

每天清晨，那青年便在海灘上尋找石頭，發覺不溫暖又不發光的，他便丟下海去。日復一日，月復一月，那青年在沙灘上尋找了大半年，卻始終也沒找到溫暖發光的「心願石」。

有一天，他如往常一樣，在沙灘開始撿石頭。一發覺不是「心願石」，他便丟下海去。一塊、二塊、三塊……

突然，「哇……」

年輕人大哭起來，因為他突然意識到：剛才他習慣性地扔出去的那塊石頭是「溫暖」的 —— 當機會到來時，如果你麻木不仁，就會和它失之交臂。

俗話說，機會只等有心人。

> 緊握機會，絕不錯過

機會有時會與人正面相迎，而倒地的往往不是機遇，而是尋找機會的人。人們忽略了一個基本的事實：你在尋找機會，但機會也在選擇你。

機遇垂青於主動的人

古人曰「行勝於言」，任何成功祕訣、致富之道，如果不付諸行動，都只是紙上談兵，只有一步一步地走，踏踏實實地做，才能到達理想的彼岸。

一位女子嫁到鄉下時，發現有一塊石頭就在屋子轉角。石頭的樣子不好看，直徑約有兩三公尺，凸出一公尺多。

一次，她開著割草機撞在那石頭上，碰壞了刀刃。她對丈夫說：「我們可以把它挖出來嗎？」

「不行，那塊石頭早就埋在那裡了。」她公公也說：「聽說底下埋得很深呢！很多年以前你婆婆家在這裡時，也沒人能把它弄出來。」

就這樣，石頭留了下來。

她的孩子出生了，長大了，獨立了。她公公去世了，後來，她丈夫也去世了。

現在她看著這院子，發現轉角那裡怎麼看都不順眼，就因為那塊石頭，旁邊一堆雜草，像是綠草地上的一塊瘡疤。

她拿出鐵鍬，振奮精神，打算哪怕要做上一天，也要把石頭挖出來。誰知她剛挖了一下，那石頭就出來了，不過只有一公尺深，下面比上面也只寬六寸左右。這使她驚訝不已，那石頭埋在地裡的時間之長超過人們的

記憶，每人都堅信前人曾試圖挪動過它，但都無可奈何。僅因為這石頭貌似體大基深，人們就覺得它不可動搖。

石頭給了女子啟示，她反而不忍心扔掉它。她把它放在院子的醒目處，並在周圍種了一圈長春花。在她這片小園地中，它提醒人們：阻礙我們去發現、去創造的，僅僅是我們心理上的障礙和思想中的頑石。

能夠主動創造機會的人，是這個世界上真正的強者。

當代最偉大的籃球巨星麥可‧喬丹（Michael Jeffrey Jordan）說過一句話：「我不相信被動會有收穫，凡事一定要主動出擊。」可是，有85%以上的人都是被動的，如果一個人能採取主動，他就能掌握整個局面。所有的策略家都不斷告訴人們：「要不斷地進攻。」因為只有進攻，才會有成功的機會，如果你躲在家裡不出門的話，你的機會一定會減少。

一天，在西格諾‧法列羅的府邸正要舉行一場盛大的宴會，主人邀請了一大批客人。就在宴會即將開始時，負責點心製作的人員派人來說，他設計用來擺放在桌子上的那件大型甜點飾品不小心被弄壞了，管家急得團團轉。

這時，西格諾府邸廚房裡做粗活的一個僕人，走到管家面前怯生生地說道：「如果您能讓我來試一試的話，我想我能做出另外一件來頂替。」

「你？」管家驚訝地喊道，「你是什麼人，竟敢說這樣的大話？」

「我叫安東尼奧‧卡諾瓦，是雕塑家皮薩諾的孫子。」這個臉色蒼白的孩子回答道。

「小夥子，你真能做嗎？」管家半信半疑地問道。

「如果您願意讓我試一試的話，我可以做一件東西擺放在餐桌中央。」小夥子開始顯得鎮定一些。

緊握機會，絕不錯過

　　僕人們這時都手足無措了。於是，管家就答應讓安東尼奧去試試。他則在一旁緊緊地盯著這個孩子，注視著他的一舉一動。這位廚房的小幫工不慌不忙地要人端來了一些牛油。不一會工夫，不起眼的牛油在他的手中變成了一隻蹲著的巨獅。管家喜出望外，驚訝地張大了嘴巴，連忙派人把這個牛油塑成的獅子擺到了桌子上。

　　晚宴開始了，客人們陸陸續續地被引到餐廳裡來。在這些客人當中，有威尼斯最著名的實業家、高傲的王公貴族，還有眼光挑剔的專業藝術評論家。但當客人們一眼望見餐桌上臥著的牛油獅子時，都不禁稱讚起來，大家紛紛認為這真是一件天才作品。他們在獅子面前不忍離去，甚至忘了自己來此的真正目的。結果，這個宴會變成了牛油獅子的鑑賞會。客人們在獅子面前情不自禁地細細欣賞著，不斷地問西格諾·法列羅，究竟是哪一位偉大的雕塑家竟然願意將自己天才的技藝，浪費在這樣一種很快就會熔化的作品上。法列羅也愣住了，他立即喊管家過來問話，於是管家就把小安東尼奧帶到了客人們的面前。

　　當這些尊貴的客人們得知，面前這個精美絕倫的牛油獅子竟然是這個小孩倉促完成的作品時，都不禁大為驚訝，整個宴會立刻變成了對這個小孩的讚美會。富有的主人當即宣布，將由他出資替小孩請最好的老師，讓他的天賦充分地發揮。

　　西格諾·法列羅沒有食言，但安東尼奧沒有被眼前的幸福沖昏頭，他依舊是一個純樸、熱情而又誠實的孩子。他孜孜不倦地刻苦努力著，希望自己成為一名優秀的雕刻家。

　　也許很多人並不知道安東尼奧是如何充分利用第一次展示自己才華的機會，然而，卻沒有人不知道後來成為著名雕塑家的卡諾瓦的大名。

機遇垂青於主動的人

美國一位壽險業的銷售冠軍，在被問到如何銷售保險的時候，他說在大學的時候，全校幾乎所有的美女都跟他約會過，問的人很納悶：「這跟保險有什麼關係？」

他回答說：「當然有關係，因為這些所謂的校園美女，大部分的男士都不敢追求她們，他們都怕被拒絕。」

但是他知道，這些美女都是很寂寞的，他不斷地主動出擊，因此每次都奏效。

正因為他跟學校所有的美女都約會過，所以當他從事保險業的時候，他想，一些成功的人士，大家一定都不敢去拜訪，認為他們都已經買了保單。然而，他不斷地主動出擊，主動拜訪他們，在說服了這些董事長購買保險之後，又透過董事長及董事長的朋友介紹更多的成功人士購買保險，因此他成為保險業的佼佼者。

香港首富李嘉誠 14 歲時曾在香港一家茶樓當店員。茶樓的店員每天必須在清晨 5 點趕到茶樓。為了早起，李嘉誠把鬧鐘撥快 10 分鐘，每天總是最早一個趕到茶樓。到了茶樓後，他對來茶樓喝茶的三教九流各色人士仔細觀察，潛心揣摩，根據客人的外貌、言語去揣測他們的籍貫、年齡、職業、收入和性格等等，然後又找機會巧妙地進行驗證。李嘉誠很快便對茶樓的每一位顧客的消費需求瞭如指掌：誰愛甜，誰愛鹹，誰愛喝紅茶，誰愛喝綠茶，誰愛吃魚，誰愛吃蝦，在他的心中清清楚楚。所以什麼時候該替哪位顧客上什麼食物，提供什麼服務，他都做得恰到好處。由於他令客人非常滿意，這些客人成了茶樓的常客。李嘉誠也因此成為茶樓加薪最快的店員。

比別人提早 10 分鐘是李嘉誠一直保持的習慣，即使成為香港首富後，

緊握機會，絕不錯過

他的手錶仍然要比別人快 10 分鐘。

這些經歷，培養了李嘉誠對市場動態敏銳的掌握能力以及主動出擊的能力，也成了他日後經商生涯中賴以致勝的性格法寶。

做事採取主動，走在別人的前頭；凡事多出一分力，多走一步；讓事情發生，而不是等待事情發生；嘗試一切方法，把工作做到最好，好運將會垂青於你。

自立者有天助

一個人如果具有堅強的自信，往往可以化腐朽為神奇，甚至成就那些雖然天分高、能力強，但是疑慮與膽小的人所不敢接觸的事業。

支流不會高於它的源頭之水，而人生事業的成功，也必有其源頭。這個源頭，就是自信。不管你的天賦有多高、能力有多好、教育程度多麼高，你在事業上所取得的成就不會高過你的自信，正如林肯（Abraham Lincoln）所說：「如果你認為你做得到，你就做得到；如果你認為做不到，你就做不到。」

據說，只要拿破崙親臨戰場，士兵的戰鬥力就會增加一倍。軍隊的戰鬥力，本來依靠士兵對將帥的信賴。如果統領軍隊的將帥露出疑慮慌張，則全軍必陷於混亂與動搖之中；如果將帥充滿信心，則可增強部下英勇殺敵的勇氣。

有一次，一名士兵從前線返回，將戰報遞給拿破崙。因為路程趕得太急促，他的坐騎還沒有到達總部就倒地累死了。拿破崙立刻下了一道手諭，讓這位士兵騎上自己的坐騎火速趕回前線。

自立者有天助

這位士兵瞧著那匹魁偉的坐騎,還有上面所配備的華貴的馬鞍,不覺戰戰兢兢地脫口而出:「不,將軍,我只是一個平常的士兵,我受用不起!」

拿破崙回答他:「對於一個法國的士兵,沒有一件東西是不能受用的!」

有許多人認為,世界上被稱為最好的東西,好像是與自己沾不上邊的,只配那些幸運的寵兒們獨享,而對他們來講只能算是一種奢望。如果他們沉迷於卑微的想法之中,那他們的一生自然也只能卑微到底,除非他們有朝一日醒悟過來,勇於抬起頭來要求「卓越」。世間有不少原本可以成就大業的人,但他們最終卻平淡地老死,他們之所以落得如此命運,其原因就在於他們對自己的期待太小、要求太低。

自信心是比金錢、勢力、家世、親友更有用的成功要素,它是人生最可靠的資本,它能使人克服困難,排除障礙,不怕冒險。對於事業的成功,它比什麼東西都有效。

當我們去研究那些「自己創造機會」的人們的偉大成就時就會發現,他們在努力奮鬥時,一定都先具備了充分信任自己的能力。他們的信心、志趣,堅定到足以排除一切阻礙,嚇倒那些低估輕視自己的懷疑與恐懼,而使他們所向無敵。

「如果我們自比為泥塊,」卡內基說,「那我們將真正成為被人踐踏的泥塊。」

如果我們能覺悟到「天生我才必有用」;覺悟到造物者育我,必有偉大目的或意志寄於我生命中,而萬一我不能將我的生命充分表現到至善的境地、至高的程度,這對於世界將會是一大損失;懷抱這種意識,就一定可以使我們產生出一種偉大的力量和勇氣來!

緊握機會，絕不錯過

　　要知道機會並不會自動轉化為成功。相信自己有能力獲得成功是非常重要的基石，同時，相信自己又直接取決於意識到有利的機會。

　　一名家境不佳的年輕人到一家成衣公司工作。他很珍惜這次機會，也很喜歡公司。

　　他每次出差住旅館的時候，總是在自己姓名的後面上加一個括號，寫上公司的名字，在平時的書信和收據上也是如此，天天如此，年年如此，公司的名字一直陪伴他。然而，他的這種做法卻受到了同事的嘲笑，就送了他一個綽號，而他的真名漸漸被人們淡忘了。

　　有一天，公司總經理知道了這件事後，被這名年輕人努力宣揚公司的榮譽而深深地感動了。他特別邀請這名年輕人共進晚餐。當公司總經理問他為什麼要這樣推崇自己的公司時，他說，公司是我們集體的家，只有這個家強盛了，我們這些人才能幸福。

　　之後，他被提升為組長、部長、副總，直至成了公司的總經理。

　　「自立者，天助之」，這是一句很好的格言。上天從來不會幫助不相信自己的人。沒有自信心，即使當機會來臨的時候，也只能一次又一次地與之錯過重來。短短的人生有多少事情可以重來呢？

要知道機不可失

　　機會就在我們眼前，可惜的是，太多的人往往沒有意識到機會的存在。大多數人，不能把握機會的到來，錯失了與成功的約會，任機會悄悄溜走了，盡而怪罪機會未降臨在他身上。

要知道機不可失

實際上，完全沒有機會的人生並不存在。許多人悲嘆世道的不公，嫉妒他人的成功。在這些人眼中，所謂的機會應該如同天上掉下來的禮物，而且最好直接掉到他們面前。但他們沒有意識到，機會到處都是，只因為他們看不到，沒勇氣迎面而上，或也許伸過手卻抓不住。

機不可失，時不再來。這是一個淺顯而深刻的道理。

有時想，機會就在那裡，但由於瞻前顧後，猶豫不決或者其他原因，以致機會從手中溜走，這樣的例子難道還少嗎？正是由於我們往往不敢相信自己也能憑機會而一夜成功，對自己缺乏足夠的信心，因此在機會唾手可得時，卻從不想利用機會，讓自己成為成功者。

有過經商經歷的人常常感嘆市場難以捉摸，「生意難做」，但是看看那些成功的企業家們，他們似乎沒有這種憂慮，因為他們總是敏銳地抓住時代與行業的機遇，使自己的產業不斷擴大。一句話，就是因為抓住了大機會，才使那些成功者運籌帷幄，決勝千里。

俗話說，當斷不斷，反受其亂。不能做決定的人，固然不會做錯事，但也失去了成功的機遇。

摩根出生在美國康乃狄克州一個富有家庭，祖父和父親都是成功的商人。也許是在這種家庭長大，摩根從小就具有經商天賦，富有冒險和投機精神。

西元1857年，剛剛大學畢業的摩根到紐奧良旅行，當他信步走過嘈雜的碼頭時，突然有人從後面拍了拍他的肩，問道：「先生，想買咖啡嗎？」那人自我介紹說他是往來於巴西和美國之間的咖啡貨船船長，受委託從巴西運回了一船咖啡，誰知美國的買主破產了，只好自己推銷。為盡快脫手，他願意半價出售。這位船長一直在街上尋找買主，他看到摩根穿

緊握機會，絕不錯過

戴講究，就想碰碰運氣。

摩根看了貨，又仔細考慮了之後，決定買下咖啡。當他帶著咖啡樣品到紐奧良與他父親有聯絡的客戶那裡推銷時，人們都勸他要謹慎行事。價錢雖然讓人心動，但艙內咖啡是否與樣品一致則很難說。然而摩根覺得，這位船長是個可信的人，他相信自己的判斷力。於是，他毅然決然地買下了咖啡——當然，付款是請父親幫的忙，而老摩根也毫不猶豫地支持了兒子的行動。

摩根的運氣很好，艙內全是好咖啡，不僅如此，就在他買下這批貨不久，巴西咖啡因受寒減產，咖啡價格一下猛漲了兩三倍，摩根大賺了一筆！為此，老摩根對兒子的能力大加讚賞。這時的摩根年僅22歲，他的第一次冒險成功了。

正如摩根所說：「在我們的生活中，你不需要掌握所有的機會，如果十個機會你可以掌握到一個，你就可以成功了。」

「有機會就上」，這是一種正向的態度，凡事不管是成功或失敗，都勇敢去闖一闖，這樣成功的機會可能會多一些。

何謂運氣？就是先有預備，再遇上機會。有人說，人生有兩種痛苦：一種是「努力」的痛苦，一種是「後悔」的痛苦。在我們人生的每一刻都有許多機會，但是最重要的是如何把握機會，並且是走在正確的道路上。

如果「有機會就上」，失敗的機率是很高的，但是相對的成功的機率也會提高，如果沒有一試再試的勇氣，又怎麼會知道結果呢？

先下手為強，後下手遭殃。這句話被很多人視為人生的哲理名言，更是爭權奪利者不擇手段的行為。

要知道機不可失

在歷史上,有不少先下手為強的成功之例。趙高在秦始皇死後,先下手,竄改遺詔。康熙皇帝把傳位遺囑掛在大殿橫梁,四皇子偷偷竄改了,將「傳位十四太子」改成「傳位四太子」。慈禧太后先消滅顧命八大臣,將政權掌握在自己手中。「玄武門之變」中,李世民以上朝為名,在玄武門外預先埋伏軍隊,殺死了身為太子的大哥和弟弟,為他以後的登基消除了障礙。

「先下手為強」真是說得一點也沒錯。早踏出一步的人,就能摘到較大的果實。如果路上的人已達飽和狀態時,才緩緩地踏出腳步,一定會嘗到失敗的滋味。

以前,有一陣子在日本打保齡球的風氣相當盛行,但是,熱潮很快便過去了,以往門庭若市的保齡球館,現在卻變得門可羅雀。

剛一流行就踏出腳步的人,能夠獲得豐厚的利潤。但是,起步慢的人,情況則不那麼樂觀了。最悲慘的是流行已達頂點,才著手興建保齡球館的人。

股票市場也一樣。認為某支股票會上漲,搶先一步買下的人,股票上漲時,就能賺錢。事實上,當大眾媒體宣傳這支股票很有利潤時,大都已漲到高點,這時才入市,賺錢就困難了。因此,不管進場或退出,都應搶先別人一步。

拿破崙・希爾(Oliver Napoleon Hill)說:「不要等到萬事俱備以後才去做,永遠沒有絕對完美的事。如果要等所有條件都具備以後才去做,只能永遠等待下去。」

等待會失去機會。大家都能看出來的機會就不是機會。

緊握機會，絕不錯過

別養成誤事的習慣

　　我們每個人都有美好的憧憬、遠大的理想、種種的計畫，假如我們能將這一切都抓住，將一切的理想都變為現實，將一切計畫都付諸實施，那麼我們事業上的成就，真不知道會有多麼的宏大，我們的生命，真不知道會怎樣的偉大！然而在我們的生活中，只有少數人成為偉人，這是為什麼呢？這是因為我們總是憧憬無限，卻沒有馬上付諸行動，有完美的理想而不馬上去實現它，有計畫而不馬上去執行，到最後只有坐視種種憧憬、理想、計畫的破滅、消逝！

　　凡是對於應該馬上就行動的事一直拖延著不做，總想留到將來再做，這是不會有效果的，有這種不良習慣的人大多是弱者，是行動上的侏儒。凡是有力量、有能力的人，總是那些能夠充滿熱情、立刻動手去做的人。

　　西方流傳著這樣一個故事。

　　許多年前，一位聰明的國王召集一群聰明的臣子，給了他們一個任務：「我要你們編一本各時代的智慧語錄，好流傳給子孫。」這些聰明人離開後，工作了很長的時間，最後完成了一本長達12卷的巨作。國王看了以後說：「我確信這是各時代的智慧結晶，然而，它太厚了，我怕人們沒有時間讀，把它濃縮一下吧。」這些聰明人又經過努力工作，幾經刪減之後，編成了一卷書。然而，國王還是認為太長了，又命令他們再濃縮。這些聰明人把一卷書濃縮為一章，又濃縮為一頁，然後減為一段，最後變為一句話。老國王看到這句話後，顯得很得意。「各位先生，」他說，「這真是各時代智慧的結晶，並且各地的人一旦知道這個真理，我們大部分的問題就可能解決了。」這句話就是：「現在也會成為過去。」

別養成誤事的習慣

每天都有每天的事。今天的事都是新鮮的,與昨日的事不同,而明天也自有明天的事。所以,今日事,今日畢。千萬不要拖延到明天,明日復明日,明日何其多?如果這樣的話,人的一生終成蹉跎。

拖延的習慣也非常不利於人們的工作。過度慎重與缺乏自信一樣,都是做事的大忌。在興趣濃厚的時候做一件事與在興趣減退之後做一件事,其間的難易、苦樂的差別,有時真的是天壤之別!同樣一件事,在興趣濃厚時,做起來可能就是一種享受,而在興趣消退時,就可能是一種痛苦了。

命運無常,良緣難再!在我們的一生中,總會有良機的來臨,但它們又都是轉瞬即逝的。如果當時不好好把握它、抓住它,以後就可能永遠錯失掉了。有了計畫而不去執行,最後這種計畫便煙消雲散,這對於我們的品格、能力,有著負面的影響。有計畫不算稀奇,而能認真地執行自己訂下的計畫,才算可貴。

在一位作家的腦海中突然閃過一個生動而強烈的意象、觀念,使他產生一種無法阻擋的衝動,想提起筆來,將那些美麗生動的意象、觀念,寫到白紙上。但那時他或許有些不方便,所以沒有立刻寫下來。那個意象不斷地在他腦海中活躍、跳動,然而他還是遲疑著。後來,那意象便會逐漸地模糊、黯淡下去,終至消失!

一個神奇美妙的印象,突然如閃電一般地襲入一位藝術家的心裡。但是他不想立刻提起畫筆,將那不朽的印象描繪在畫布上,這個印象雖然占據著他全部的心靈,然而他總是沒有跑進畫室埋首揮毫。最後,這幅神奇的圖畫,漸漸地從他心上淡去!

塞凡提斯(Miguel de Cervantes Saavedra)說:「如果靈感前來光顧,你總是說等一下,等一下,那麼,你可能永遠都等不到它了!」

緊握機會，絕不錯過

　　為什麼這些思想的火花、靈感、衝動，是這樣的來無影、去無蹤呢？我們應該在其當初還鮮明、活躍時，立刻就去利用這些靈感。

　　拖延的害處小則可能使你一事無成、虛度歲月；大則可能造成悲慘的結局。凱撒（Gaius Iulius Caesar）就是因為沒有立刻打開有人想刺殺他的報告，當他趕到元老院時，就被刺殺而亡。拉爾將軍（Johann Gottlieb Rall）正在玩紙牌，忽然有人送來一個報告，說華盛頓的軍隊已經趕到德拉威了，他將這個報告塞進口袋中，等到牌局結束之後，他才打開那個報告。於是，他立刻調兵遣將，準備應戰，但已經太遲了。結果是全軍被擄，而他自己則以身殉職。僅僅因為幾分鐘的拖延，他就喪失了尊嚴、自由與生命！

　　有病就要醫，不少人因為諱疾忌醫，以致病情嚴重，失去了治療的最佳時機。

　　你應該極力避免拖延的習慣，拖延就像是罪惡的引誘一般。如果你發現自己有了拖延的傾向，不管做什麼事有多大的困難，你都應立刻動手去做。不要畏懼困難，不要苟且偷安，久而久之，你一定能克服拖延的壞習慣。應該把「拖延」視為你最大的敵人，因為它會偷去你的時間、品格、能力、機會與自由，使你成為它的奴隸。

　　要克服拖延的壞習慣，唯一有效的方法，就是即刻動手去做。多拖延一分，就足以使那件事更加難做一分。「想做，就立刻去做！」這是所有成功人士的格言。

在行動中創造運氣

做任何事都是需要條件的,這些條件的成熟往往耗費許多精力和時間,如果拖延時間,條件尚未成熟,周邊環境已經有了變化,沒達到舊條件,新問題又冒出來,結果還是下不了手,最終不了了之。

有人一生都在等待,等所謂的機會、等條件成熟,頭髮等白了,心也等老了,最後即使條件成熟,他也沒心力了。因此,機會不是等出來的,是做出來的,不做永遠沒有機會。

先做再說,邊做邊尋找機會,邊做邊創造條件,邊做邊修正,邊做邊改善。只要大方向是對的,也許最初看起來沒有希望的事,到最後也許就有好的結果。

要想抓住機會,必須積極地努力、奮鬥。成功者從來不等待,不拖延,也不會等到「有朝一日」再去行動,而是今天就動手去做。

機會不會從天而降,需要自己去爭取,需要自己去創造。守株待兔得來的永遠只有一隻兔子,而只有積極的行動,才會獲得成百上千隻兔子。即使機會真會從天而降,如果你收起雙手,一動不動,機會也會從你身邊溜過,落入地下。

人們在做一件事情之前,往往先有一個計畫,然後付諸行動實施。行動,就要專注於目標,不要害怕,心無旁騖地前進,「走你的路,別讓他人影響你」。

寫作、繪畫都需要創意、創造力。很多人雖有雄心,但是他們總是強調靈感還沒出現。其實,靈感是在進入狀態之後才能產生。不寫、不畫,不進入創作狀態,哪來的靈感?

緊握機會，絕不錯過

一位暢銷書作家在談及他的祕訣時說：「我用的是『精神力量』。我有許多東西必須按時交稿，因此無論如何不能等到有了靈感才寫。一定要想辦法推動自己的精神力量。方法如下：我先靜下心坐好，拿一枝鉛筆亂寫，想到什麼就寫什麼，盡量放鬆，我的手先開始活動，沒多久，我還沒有注意到時，便已經文思泉湧了。」

「當然有時候沒有亂寫也會突然心血來潮。」他繼續說，「但這些只能算是紅利，因為大部分好的構思都是在進入正規工作以後才出現的。」

每一個行動之後都有另一個行動，這是亙古至今的道理。「芳林新葉催陳葉，流水前波讓後波」。室溫是自動控制的，但是你必須先設定溫度；汽車能變速，但需要先換檔。這個原理，同樣也適用於人的行動。先使自己行動起來，才能在行動中創造機會。

科學已經證明，人的潛能幾乎是無窮的。潛能越用越多，不用則減退，可以說行動促使潛能的發展又必然帶來更大的行動。

人生的本質在於創造，而創造就要付諸行動。由此可見，行動即是人生目標。

從現在起，不要再說自己「倒楣」了。對於成功者來說，勤奮工作就等於是好運氣。只要專心致志地做好你現在的工作，堅持下去直到把事情做好，「機會」就會來到。

不少人總夢想有朝一日財源滾滾而來，瀟灑地做一回大老闆。但大多數人終其一生，夢想卻難以成真。這是什麼原因呢？是因為這些人賺錢心切，而且不想賺小錢，只想賺大錢，看不到小溪匯流之後能積聚成大海。

日本明治時代有名的船舶大王河村瑞賢，年輕時很長一段日子無所事事，在家賦閒。後來生活日見拮据，他想：「我不能這樣窮下去，應該

做一番事業出來。」於是他給乞丐一些錢，叫他們到處去撿人家丟掉的葉菜，然後賣給貧窮的工人們。當他開始做這項生意時，不少人譏笑他、諷刺他，甚至有的朋友拒絕與他來往。但河村不在乎這些，他拚命地努力工作。他認定這「小錢」是他事業的全部積蓄。不出幾年，河村用這些積蓄投資船舶業，成了著名的船舶大王。

正是由於他有一種細緻、認真，並不恥於賺「小錢」的做法，使他們日後財源滾滾。這對我們來說確實值得借鑑。如果我們抓住身邊的小錢，不讓賺錢的機會從身邊溜走，莫以利小而不為，由小錢到大錢，總有一天你也會擁有財富的。

做事要有膽量

有膽量是一個人成功必備的特質。機會無時不有，無處不在，但當機會來臨之時，是否能抓住關鍵就取決於你是否有膽量了。

有膽量並不是瞎撞亂闖，而是以自身的知識和經驗為後盾，憑著遠見卓識、果敢迅速的冒險精神，當機立斷地做出決策並付諸實施。

「冒險」其實是褒義詞，很多商人看到每一次風險都含著等量的回報。風險越大，回報越高。

商人歷來被認為是投機。在相當長的一段時間裡，「投機」充滿貶義。但現在不同了，經濟學家替「投機」換上一個恰如其分的雅稱——「風險管理」。這個名稱一出現，「投機商」就變成了「風險管理者」。

確實，商人們長期以來不僅是在做生意，而且也是在「管理風險」，就是他們生存本身也需要很強的「風險管理」意識。他們不能坐以待斃，

緊握機會，絕不錯過

也不能毫無準備地讓自己措手不及。所以在每次「山雨欲來風滿樓」時，他們都能準確掌握「山雨」的來勢和大小。一旦掌握這種事關生存的技巧，運用到生意場上就遊刃有餘了。有不少時候，他們正是靠準確地掌握這種「風險」之機而發跡。

做任何一件事都有成功和失敗兩種可能。當失敗的可能性大時，卻偏要去做，那就是冒險。問題是，許多事很難評估成敗的可能性，這也是冒險。而投資的法則是冒險越大，賺錢越多。當機會來臨時，不敢冒險的人，永遠是平庸的人。而成功的商人則不然，他們大多具有冒險意識，並常能發大財。

當然，敢冒風險是以科學為依據的，實施的每一個步驟都應經過周密的策劃，把風險變為機遇，把機遇變成現實。

勇於賭一次

如果有兩個選擇，甲方案是一定贏 1,000 元，乙方案是 50% 的可能性贏 2,000 元，而 50% 則什麼也得不到。你會選擇哪一個呢？大部分人會選擇甲方案，這說明人具有風險規避心理。要是有這樣兩個選擇，甲方案是你一定損失 1,000 元，丁方案是 50% 可能損失 2,000 元，50% 可能沒有損失。結果，大部分人都選擇丁方案，這說明人們又具有風險偏好心理。

人在面臨獲利時，往往小心翼翼，不願意冒風險；而在面對損失時，人人都成為冒險家了。

人人怕風險，人人又都是冒險家。

人遇事愛說賭一把，人生一場賭，這是一種態度。

勇於賭一次

賭是最能看出一個人性格的，面對直接的利害得失，必須做出自己的判斷和選擇，即使不選擇，也是一種態度，也要承受後果，既然入了局，就必須接受考驗。

有的人喜歡豪賭，大把下注；有的人則比較謹慎，步步為營。前者風險大，機會也大，輸起來很慘，贏起來也痛快。後者來得慢，收穫未必小，但慢慢累積，或許終有所獲。

最怕有一種人，他看見局中熱鬧，忍不住心癢，也想搏它一把，無奈患得患失，瞻前顧後，在一旁看得手心冒汗。如果自以為看出了門道，忽然生出豹子膽，一頭栽下去，其結果多半不好，如果輸了，旁人想救也無處下手；如果贏了，也好不到哪裡去。

沒有所謂真正的瀟灑，輸贏都是難以承受的。入局不是什麼難事，但自己到底能賭多大，得先斟酌清楚，然後才是技術問題。賭博看起來是靠運氣，但真正的高手絕對要憑智慧，要有性格上的過人之處，才能在這個場子裡混下去。

在通往成功的路上，你會發現沒有一條途徑是平坦的，賺取第一桶金尤其難。最初總是要冒很大的風險。每一名成功者在開始時都不得不把安全置之度外。守著一個賺死薪水的工作顯然無法發大財。如果你是從事一個專業技巧的工作——IT設計者、外科醫生——那麼，你可能會有點小錢，但是你想成為一名千萬富翁的可能性則幾乎等於零，因為兩者相差太遠。要想發大財，你就得冒險。你看到每個超級富翁在最初階段必須心甘情願地置身於一個危機的境遇中，他要麼由此青雲直上成為富翁，要麼一落千丈徹底破產。

「高風險，意味著高回報」。只有勇於冒險的商人，才會贏得人生成功，而且，這種面臨風險的經商體驗讓他們練就了過人的膽識，這更是寶貴的

緊握機會，絕不錯過

精神財富。成功的商人憑著過人的膽識，抱著樂觀從容的風險意識知難而進，逆流而上，往往贏得出人意料的成功。這種身臨逆境，勇於冒險的進取精神是成就超級富翁的一個重要因素。

可以這麼說，在這種巨大賭注的賭博中有贏家也有輸家。而在富豪排行榜中只有成功者，誰也不知道那些失敗者是誰。

經商，是一場賭博。你把金錢、時間或產品，或者三者加在一起作為賭注，期待著好的結果出現。

當然有人會說經商比賭馬少一些投機性。他們可能是對的。一旦你把賭注下在賽馬跑道上，你不可能控制結果，你只是一名等待者。而在經營中，你下了賭注，但你可以保持對未來事件某種程度的控制力。你不能掌握及控制全面，而且如果你的預見太過離奇，那麼無論你怎麼努力都注定要失敗。

不管一名商人如何精明，如果他早在20世紀初就預言汽車只不過是一個不實用的時髦東西，而投資於馬車行業，那他早就賠本破產。1950年代初，一些商人曾斷言原子能將在未來的10年裡廣泛應用於民用工業，然而他們錯了。

所以，預見是「賭博」中的一個最關鍵的環節。如果你懷有一個夢想──在今後10年的某一天變得非常富有，那麼當務之急，就是了解未來、正確地判斷未來──從哪裡獲得、怎樣獲得一大筆金錢。

英國的經濟學家馬歇爾（Alfred Marshall）指出：「企業家們屬於勇於冒險和承擔風險的有高度技能的職業。」

紅頂商人胡雪巖曾說：「生意場上的勝敗就在於你『敢』與『不敢』。」這裡所謂的「敢」與「不敢」乃是以膽識和謀略作為後盾。「敢」是因為有

勇有謀有膽識,「不敢」是因為無勇無謀無膽識。正是「敢」與「不敢」之間的差別,才產生出截然相反的結局:勝和敗。

日本三洋電機的創始人井植歲男,成功地把企業經營得越來越好,而他所憑藉的正是他的膽識。

有一天,他家的園藝師傅對井植說:「社長先生,我看您的事業越做越大,而我卻像樹上的蟬,一生都坐在樹幹上,太沒出息了。您能教我一點創業的祕訣嗎?」

井植點點頭說:「可以!就以園藝工作為例。在我工廠旁有 6.6 萬平方公尺的空地,我們合作來種樹苗吧!買 1 棵樹苗需要多少錢呢?」

「40 日元。」

井植又說:「好!以 3.3 平方公尺種兩棵樹計算,扣除走道,6.6 萬平方公尺大約可種 2 萬棵,樹苗的成本不到 100 萬日元。3 年後,1 棵可賣多少錢呢?」

「大約 3,000 日元。」

「100 萬日元的樹苗成本與肥料費由我支付,往後 3 年,你負責除草和施肥工作。3 年後,我們就可以收入每棵 3,000 日元,共 2 萬棵,應有 6,000 萬!到時候利潤我們一人一半。」

聽到這裡,園藝師傅卻拒絕說:「哇!我可不敢做那麼大的生意!」

最後,他還是在井植家中栽種樹苗,按月領薪水,白白失去了致富良機。

一個沒有膽識的人,再好的機會到來,也不敢去掌握與嘗試,不敢嘗試固然沒有失敗的機會,但也失去了成功的機運與喜悅。世界上本沒有路,我們走過之後,自然形成了路。根本沒信心登上山頂的人,最終只能在山腳下徘徊。

緊握機會，絕不錯過

害怕失敗的心理使很多人都不敢放手一試，有的人寧願待在家裡，領國家的補助金，也不願意去嘗試做一些事情。但很多時候，人需要為自己製造一個環境，背水一戰。

要說在險中求勝，最好的例子莫過於韓信的井陘之戰。

漢高祖三年（西元前 204 年）八月，韓信平定魏國後，他又以迅雷不及掩耳之勢，趁勝揮兵東攻閼與，又一舉擊敗代軍，殺代國主將相國夏說。趙國的傳統友好鄰邦──代國，被韓信攻克，斬斷趙國一臂！

韓信連續征服魏、代兩國，一時漢軍全線軍心大振，楚漢相爭的局勢出現向劉邦方面逆轉的端倪。如果韓信再接再厲，乘勝攻下趙國，項羽集團就會置於危險境地。

然而，就在韓信一路過關斬將，攻城拔寨，節節逼近趙國的西大門──井陘關之際，劉邦的滎陽主戰場卻遭到項羽一波又一波的凌厲圍剿。劉邦寄予厚望的英布軍，連連告急，兵力吃緊。劉邦無奈，只得緊急抽調韓信攻趙的大部分精兵，投入滎陽主戰場，僅為韓信留下不到三萬新招的士兵。

韓信率領這三萬多人馬，進攻趙國。趙王急忙調集二十萬軍隊，聚集在井陘口（今河北井陘縣）。

井陘口是一條極其險狹的山路，車輛無法並行，騎兵無法列隊通過。要是不用計謀，不用巧攻，是不能取勝的。

十月的一天，韓信率領的漢軍進入井陘狹道，在離井陘口三十里的地方宿營。半夜裡，韓信傳令，挑選了二千名輕騎兵，發給他們每人一面紅旗，要他們從小道悄悄往上山去，然後倚靠山勢躲起來，並告訴他們說：「明天雙方交戰時，我軍佯裝敗退，趙軍看到我軍敗退，一定會傾巢而出，追逐我軍。你們的任務，就是趁這個機會，飛奔到趙軍營區，拔掉他們的

旗幟，插上發給你們的紅旗。」

韓信交代完畢，又轉身吩咐副將，說：「先讓士卒們吃一點食物，等打敗趙軍後再會餐。」

「好！」將領們雖然這樣答應著，但誰都不相信能夠戰勝。因為趙軍的兵力相當於漢軍的十倍，漢軍怎麼可能在短時間內擊垮趙軍呢？

韓信派走了二千輕騎，又對剩下的軍官說：「敵強我弱，要是硬拚，我們必死無疑。我們先引誘趙軍離開井陘口，然後派兵迅速占領，在山上插滿紅旗，趙軍看到滿山的紅旗一定會以為我軍力量龐大，頓時驚恐而亂，到時，我們再打他個落花流水。」

將官們聽了，這才恍然大悟，頓時信心倍增。韓信又說：「趙軍已經搶先占領了有利地形，在他們沒有發現我軍主將的旗幟和儀仗的時候，是不會輕易出營攻擊我先鋒部隊的。」於是當即派一萬人為先鋒部隊，開出井陘狹道，背靠綿蔓水，擺開陣勢。

趙軍將士遠遠望見，都忍不住笑了。他們笑韓信幼稚無知，竟布設了「背水陣」——兵法上一般忌諱布「背水陣」，以免為自己形成絕境。

天亮以後，韓信下令豎起主將旗幟，排出儀仗，大吹大擂地往井陘口方向衝去。趙軍見了，果然打開營壘，蜂擁而出，攻擊漢軍。雙方兵刃相見，弓開箭飛，廝殺了半晌。韓信按事先的計畫，命令兵卒拋棄旗幟戰鼓，假裝敗退，奔回河邊陣地固守。他們準備了充足的弓箭，萬箭齊發，令對方再難前進一步。

趙軍殺了一陣，見一時難以拿下，就沒有再強攻，他們帶著勝利的喜悅回營，準備重新部署後再一舉圍殲漢軍。但他們萬萬沒料到，自己的營壘早已被漢軍占領，上面全插上了紅旗。原來，韓信半夜裡派出的二千輕

緊握機會，絕不錯過

騎，見趙軍傾巢而出追逐漢軍，便一下子衝入趙軍營壘，毫不費力地拔去趙旗，插上了漢軍的紅旗。趙軍士卒見營壘被漢軍占領，一下子驚慌失措，軍心大亂，許多人立刻丟棄盔甲和兵器到處亂逃，任憑將領們呼喊威嚇，始終止不住潰散。最後，在漢軍前後夾擊下，趙軍全軍覆沒。趙王也被活捉。

果斷以實力為前提

　　對於機會，選擇也很重要，這個選擇，就好像到了一個十字路口。你是要走哪一條路，而且有的路一旦選擇之後無法回頭，這對於你一生價值的實現有很大影響，一個正確的決策能夠使你一生無憾，一個錯誤的選擇，會使你抱憾終身。

　　猶豫是以無知為前提，果斷是以洞察為背景。果斷和莽撞在表面上相似，實際內涵並不同。果斷看起來莽撞，實際上包含了對事物和過程本質的了解；莽撞看起來果斷，實際上是無頭蒼蠅，到處碰撞。

　　一個人的成功與他善於抓住有利時機，果斷做出決策休戚相關。不管事情大小，果斷出擊總比怨天尤人、猶豫不決更為有利。果斷決策，絕不拖延是成功人士的作法，而猶豫不決、優柔寡斷則是平庸之輩的通性。由此可見，不同的態度會產生不同的結果，如果你具備了果斷決策的能力，必然會在殘酷而又激烈的競爭中，創造出輝煌的成績。

　　在你決定某件事情之前，你應該先對各方面的情況有所了解，你應該運用常識和理智慎重地思考，給自己充分的時間去想問題。你一旦做好了心理準備，就要果斷決定，一經決定，就不要輕易反悔。

如果發現好的機會，你就必須抓緊時間，馬上採取行動，才不至於貽誤時機。不要對一個問題三心二意，一下子想到這，一下子又想到那。你該把你的決心，作為最後不變的決定。養成這種迅速決斷的習慣之後，你便能產生一種自信。如果猶豫、觀望，而不敢決定，機會就會悄然流逝。

　　你還要見機行事，學會果斷應變。當好機會出現時，要勇於抓住，扭轉航向。當出現壞消息時，要勇於放棄。取得成功的人，就是在面臨抉擇時，能夠沉著、客觀、冷靜地分析各種情況並能夠果斷做決策的人。

　　有時，在兩難的情況下做出決策確實不容易。但是，不管是對還是錯，你一定要速做決定，因為你必須採取行動。那些害怕做決定的人們，不管是怕老闆的指責，還是擔心工作不保，或者任何其他任何理由，都要記住，當你消極地選擇不做決定時，其實已經做出了選擇。與其被動地讓事業控制你，不如做出決定來控制事業。

　　來看看蕭太后，她中興了大遼社稷，建立了卓絕武功，她以果斷的個性創造了自己波瀾壯闊的一生。

　　在中國封建社會的舞臺上，出過幾位卓越的女政治家、女統治者，大遼國的蕭太后就是其中一位，其影響和地位格外引人注目。

　　蕭太后的果斷表現在她的剛毅、毫不氣餒的做事原則上。她執掌大遼政權的時代是與大宋對峙的時代，在丈夫病死、兒子年幼的艱難困境下，她苦心孤詣，維持著大遼的社稷。在一個男權至上的封建社會裡，一個女人不得已而掌握大權、支撐國運，四面敵國虎視眈眈，其艱難程度可想而知。

　　蕭太后執政期間，用現在的話說，就是國際政治關係複雜，正值五代結束，宋朝建國不久，可以說當時的政治局勢是風雲變幻無常，況且大宋

緊握機會，絕不錯過

開國皇帝太祖曾對宰相趙普說過：「臥榻之側，豈容他人酣睡。」太祖的弟弟太宗一刻也沒忘記太祖一統天下的遺志。而遼國也久窺中原的富饒與肥沃，這種政治環境的確險惡，但也提供了統治者們展示他們才能的機會。

蕭太后執政後第一次與宋朝交鋒是在燕雲一帶，燕雲十六州是遼宋的主要戰場，從五代到宋，這裡就戰火不斷，一直是兵家必爭之地。當時大宋太宗皇帝御駕親征，率兵直撲幽州城下，正在協助處理國政的蕭太后命耶律斜軫率兵救援，大敗宋軍於高梁河，宋太宗中箭落馬，後乘驢車逃回。

西元986年，宋太宗聞知蕭太后臨朝，認為有機可乘，經過一番準備，於該年二月開始了大規模的北伐，宋軍分兵北上，東路以大將曹彬為帥，西路以潘美、楊繼業為帥，一齊發兵。兩路軍戰報傳來，蕭太后臨危不亂，沉著應戰，她冷靜分析，看清了宋軍的意圖，便從容備戰。她命令駐紮南京即幽州的耶律休哥抵擋東路曹彬，並派兵增援；命耶律斜軫為西路兵馬都統，率兵抵擋西路潘、楊一部。然後自己身著戎裝，披掛上陣，率兒子聖宗親臨前線，指揮作戰。蕭太后縱觀全面，指揮若定，毅然決定以主力對付宋東路大軍，不久，她便率兵在涿州擋住曹彬，與宋軍對峙，她擺出進攻的姿態卻不出兵，只在夜間派小部分騎兵騷擾曹彬的大營，這樣虛虛實實、真真假假，以牽制曹彬。蕭太后此時還派耶律休哥深入曹彬背後，截斷其糧道和軍需供應，形成了前後夾擊之勢，宋軍水源被斷，人馬皆渴。不久，蕭太后在涿州西南的岐溝關大敗曹彬，接著乘勝追擊。在易州之東的沙河，驚魂未定的宋軍見遼軍追來，不顧一切地搶渡逃竄，踐踏溺死者大半，沙河為之不流。

在打敗東路軍後，蕭太后全力對付西路軍，她命令耶律斜軫連戰潘、楊大軍，使潘美屢吃敗仗。潘美為了陷害楊繼業，反而迫使他進攻朔州；並假惺惺地表示將在城南陳家谷口予以接應。楊繼業無奈，只得負氣出

擊。誰知,正中蕭太后的圈套。當楊繼業與耶律斜軫相遇時,遼軍剛一交戰便佯裝敗走,楊繼業不知蕭太后早已令耶律斜軫設下了伏兵,便揮師急進。遼軍伏兵四起,耶律斜軫又殺了回馬槍,楊繼業抵擋不住,只得率眾後退。潘美先聞楊繼業取勝,便欲出兵爭功。繼而又聽到他敗退的消息,便置之不理,率兵先撤。楊繼業孤軍奮戰,自中午一直打到暮夜時分,退至陳家谷口,不見援兵,只得率部苦戰,無奈,寡不敵眾,突圍不成。楊繼業先命部下各尋生路,不必戀戰,但部下全不為所動,誓與他同生共死。結果,楊繼業所率將士全部壯烈殉難。楊繼業坐騎中箭,翻落馬下,被遼將蕭撻覽、耶律奚底等擒獲。楊繼業戎馬一生,身經百戰,自從北漢至大宋王朝,滿門忠烈。他受命鎮守邊關,威震敵國,攻無不克,戰無不勝,人稱「無敵」。當年雁門關大捷,槍挑大遼國駙馬蕭多羅,何等威風。可嘆此一戰,既遭計中伏,又缺少支援,一代名將成為階下囚,楊繼業悽苦悲涼之心,萬念俱灰,絕食三日,壯烈殉國。

　　楊繼業的死,對於宋王朝的刺激尤其深刻,蕭太后的英明果斷令宋朝上下刮目相看。幽、雲大戰,蕭太后大顯神威,全線告捷,使宋王朝從此放棄了收復幽、雲的打算,也從此一改對遼國的進攻策略為防守。自此之後,蕭太后為了大遼國的利益,卻從不停止對北宋的進攻。值得一提的是,每次兵馬南下,大多都是蕭太后親自披堅執銳,親臨前線,由於她的這種一貫作風,使蕭太后成為中國歷史上少有的以武功卓絕著稱的后妃。

緊握機會，絕不錯過

堅持總會有機會

「堅持」這兩個字，說起來確實容易，但在實施的過程中卻困難重重。在困難面前，有些人選擇了放棄，為自己的成功關閉了一扇窗；而成功者卻不會這樣，他們默默地堅持，用永不言敗的精神克服種種困難與折磨，所以他們的成功是無可厚非的。

我們來看一個堅持的例子。

西元 1832 年，林肯失業了，這顯然使他很傷心，但他下決心要當政治家，當州議員。更糟的是，他競選失敗了。一年中遭受兩次打擊，這對他來說無疑非常痛苦。

然而，林肯仍然著手自己創辦公司，但不到一年，這家公司又倒閉了。在往後很多年間，他不得不為償還公司倒閉時所欠的債務而到處奔波，歷盡磨難。

西元 1835 年，他訂婚了，但在結婚前幾個月，未婚妻不幸去世。這對他精神上的打擊實在太大了，他心力交瘁，數月臥床不起。

西元 1836 年，他得了神經衰弱症。

西元 1838 年，林肯覺得身體狀況良好，於是決定競選州議會議長，但他又失敗了。

西元 1843 年，他又參加競選美國國會議員，但這次仍然沒有成功。

林肯雖然一次次地嘗試，但卻是一次次地失敗：公司倒閉、未婚妻去世、競選敗北。要是你碰到這一切，你會不會放棄──放棄這些對你來說是重要的事情？如果按照一般人的做法恐怕早就改弦更張了，不過林肯沒有，因為他具有執著的性格，在他的字典裡沒有「放棄」這兩個字，不

管命運怎麼捉弄他，他都義無反顧地堅持，他堅信現在的努力是值得的，成功總有一天會來到他的身邊。

正因為這份執著，機會終於出現在他的生命裡。

西元 1846 年，他再一次參加競選國會議員，最後終於當選了。

兩年任期很快過去，他決定要爭取連任。他認為自己作為國會議員表現是出色的，相信選民會繼續支持他。但結果很遺憾，他落選了，而且因為這次競選他還賠了一大筆錢。不過，在這種敢闖的性格堅持下，林肯沒有被失敗打倒，而是以一種闖蕩精神依然為了自己的目標努力著。西元 1854 年，他競選參議員，失敗了；兩年後他競選美國副總統提名，結果被對手擊敗；又過了兩年，他再一次競選參議員，還是失敗了。

經過不懈的努力，西元 1860 年，他終於當選為美國總統。

林肯遇到過的敵人你我都曾遇到過，但他是一位智者，他面對困難沒有退卻、沒有逃跑，他堅持、奮鬥著。他從未想過要放棄努力，他不願放棄，所以他成功了。

一個人想做成任何大事，都要堅持下去，堅持下去才能取得成功。說起來，一個人克服小困難也許並不難，難的是能夠持之以恆地做下去，直到最後成功。只要能夠做到這一點，你就已經不同凡響了！

《簡‧愛》的作者曾意味深長地說：「人活著就是為了含辛茹苦。」人的一生必定會有各式各樣的壓力，於是內心總經受著煎熬，但這才是真實的人生。確實，沒有壓力絕對沒有作為。選擇壓力，堅持往前衝，自己就能成就自己。

縱觀歷史上的人物，「蓋文王拘而演《周易》；仲尼厄而作《春秋》；屈原放逐，乃賦《離騷》；左丘失明，厥有《國語》；孫子臏腳，《兵法》修列；

緊握機會，絕不錯過

不韋遷蜀，世傳《呂覽》；韓非囚秦，《說難》、《孤憤》；《詩》三百篇，大抵聖賢發憤之所為作也。」古往今來，多少風流人物往往是在經歷挫折的洗禮後，才會成長。正是由於他們有一種堅持的精神，才造就了一番不朽的功績，造就了一個個偉人。

堅持，是一種生活的勇氣，擁有了這種勇氣，我們能開拓自己的人生之路；堅持，是一條做人準則，有了這條準則，我們才會去珍惜自己的寶貴生命；堅持，是我們前進的泉源。

凡是經得起考驗的人，都會因為他的毅力而獲得成功。

成功者就是這樣，都有不屈不撓的精神，即使只有一絲希望也不放棄。做任何事，只要你邁出了第一步，然後再一步步地走下去，就會逐漸靠近你的目標。如果你知道你的目標，而且向它邁出了第一步，你便走上了成功之路！對於成功者來說，成功與失敗只有一線之隔，只有在多次失敗後和對失敗進行反省檢討後，才能跨越這個臨界點取得成功。在成功者的眼裡，成功只代表其中的百分之一，而百分之九十九意味著失敗。有百分之一的希望，就應該堅持。

很少有什麼事情是一次就能成功的，所謂的好事多磨，就是說要經過幾次的磨練。那些一次就能做成功的事情，想做的人多得很，搶著去做的人也很多，哪裡能輪到一般人。就算是那些一次就能做成功的事情，因為那麼多人看著你，恐怕也會出很多意外，也不是真的可以一次做，總會有很多波折的。既然沒有什麼事情是可以一次做成功的，就要有一個長期的準備，堅持去做，老老實實地做，才能有好的結果。最怕的是這山望著那山高，一件事情還沒有做好，心思就想著下一件事情；一樣本事還沒有學好，就想著去學別的本事。一眼看上去，好像什麼都懂，什麼都會，但真

正讓他負責做點事情，卻什麼都是只懂一點，什麼都是只會一點，完全無法獨當一面，這又如何能成功呢？

追求成功就像是跑步，成功就像是我們在跑步這條路上的果實。在開始跑的時候，除了那些王公貴族及那些大老闆的後代，大多數人的條件都是差不多的，大家往同樣的方向前進，這個時候，一些跑得快的人，會首先得到一些成功的果實，這是第一階段，叫捷足先登。

在第二個階段，剩下的人繼續跑，由於速度不快，大部分人沒有趕上第一波成功的果實，他們可能有點累、有點餓、有點渴，於是，一些人放棄了，也永遠無法得到成功的果實。有一些人比別人跑得快一些，他們也得到了成功的果實。

第三階段或者以後的一些階段，情況一次次地重演，越是到後來，放棄的人就越多，如果你能堅持住，你得到成功果實的機會也就越來越大，到最後，你一定可以獲得成功的果實，因為沒有多少人可以和你競爭了。

而且，你一直堅持，一直在同一個方向和領域，你就會越來越熟悉，越來越掌握規律，越來越有把握。

緊握機會，絕不錯過

培養洞察力，發現機遇

　　生活中並不是缺少機遇，而是缺少發現機遇的眼光，這樣的道理存在於人生的每一個階段。只要你是一個善於掌握機遇的人，哪怕在喝茶的時候，我們也一樣可以發現財富和金子。

培養洞察力，發現機遇

要有敏銳的機遇觸角

　　我們常說要善於利用機會，當機會真正來到你的面前，你要如何發現呢？你靠什麼來判斷它是不是真正的機會呢？靠的是優秀的觸覺。如果你沒有敏感的觸覺，機會就會與你失之交臂。

　　世界上的任何一種潮流或者趨勢，都有一定的先兆。如果我們有發現機遇的敏銳觸覺，我們就能從目前的事態發展中預測出未來的巨大商機。

　　在美國，有個年輕人由於長期受到老闆的戲謔、同事的嘲諷，他感到十分沮喪，情緒一度低落、壓抑，最後竟然得了憂鬱症，為此，他不得不去看心理醫生。

　　醫生給他一個奇怪的建議，他說：「如果你想發洩你心中的怒火，我們會提供你一項特殊的服務，你只需要花 20 美元就可以獲得一次發洩的機會。我們玩一個『報復者』遊戲，你可以隨便打我，直到你認為滿意了為止。」

　　這個年輕人覺得很奇怪，但是也覺得很有趣，雖然他沒有去打這個醫生發洩，但這卻給了他某種靈感。他想，原來打人、甚至發洩也可以賺到錢，於是他就找了做玩具的朋友說了自己的想法：是否可以做一種讓人們發洩的玩具？讓那些在現實生活中受到各種難以忍受的壓力、想發洩而又不能直截了當地發洩的人得到滿足。

　　這個主意得到了朋友的贊同，於是兩個人合力研究出一種「報復者」玩具，玩具一上市，果然受到不少人的青睞，銷路非常好。他們又開設了一家專門供人們洩憤的「發洩中心」，「中心」裡擺放著各式各樣的供人們擊打、翻滾、怒吼的假想對手。只要你關上門，可以任由發洩，直至筋疲

力盡、悶氣洩盡為止,生意十分興隆。

一次偶然的看病機會,給了這個年輕人無限的靈感,撥動了他敏銳的觸覺。因為他知道,像他這樣每天都在緊張繁重的生活中的人很多,他們需要放鬆自己,而不是每天都在壓力中度過。

有些人天生就有一種敏銳的觸覺,與生俱來地有一種觀察的興趣和能力,他們很在乎身邊人的一言一行,把觀察當作一種隨心所欲的事情來看待,而不是把它當作一種責任。

而對於那些天生不夠敏感的人,只要我們有心做一個具有敏銳觸覺的人,只要我們在生活中不斷培養,也一樣可以形成這種敏感度,任何人只要勤奮努力就能擁有。擁有了敏銳的觸覺,就會加快創業的步伐,離成功的彼岸就會更近。

敏銳的觸覺必須是精準的,對於一個急切盼望成功的人來說尤其重要。當你想在一個領域內有所作為,如果這個領域內有很大的市場需求,你的事業就成功了一半。敏感型性格的人,往往就具有這種常人所沒有的敏銳觀察力,他們的財運也因此比別人來得早。

注意觀察才能發現機遇

羅丹說:「生活並不是缺少美,而是缺少發現美的眼睛。」同樣,生活中並不缺少機遇,而是缺少發現機遇、抓住機遇的眼光。如果有了洞察機遇的能力,即使生活中沒有機遇,也能創造機遇。

愚者錯失機會,智者抓住機會,成功者創造機會。

有個住在田納西州的猶太人,全家去佛羅里達旅行度假。在路上,他

培養洞察力，發現機遇

發現旅人們很難找到一個能夠提供整個家庭高品質服務和充分便利的汽車旅館。回到家之後，他告訴他的朋友，想建立一個新的汽車旅館連鎖網的想法，並把重點放在具有家庭氣氛的優質服務上。他們從家鄉田納西州開始成立第一家汽車旅館做起，在不到 10 年的時間裡，就建立起一個國際性的汽車旅館連鎖網，比他們所有的競爭對手加在一起還要龐大。

一次不愉快的度假經驗，使機會浮出了水面。而這位猶太人發現並抓住了這個機會，成為美國乃至全世界最大的汽車旅館集團的總裁。

要抓住機遇，首先必須發現機遇。生活中處處充滿機遇。社會上的每一項活動、報刊上的每一篇文章等等，都可能帶給你新的感受、新的資訊，全都可能是一次引導你走向成功的契機，問題在於你自身的眼光能否發現每一次機遇。不要以為機遇難尋，其實現實生活中的許多機遇就在你的身邊，就看你能否去發現。

歐納西斯（Aristotle Onassis）是一個不甘寂寞的人，在具備了一定的實力之後，他辭掉了工作，一個人出來闖天下。經過仔細認真的觀察，歐納西斯敏銳地察覺到可以在希臘香菸上創一番事業。由於南美洲的香菸味比較濃烈，沒有希臘香菸那麼柔和，這使得許多住在阿根廷的希臘人都不習慣南美洲的香菸。而當時市場上卻很少有人引進希臘香菸，所以很多人都託人從希臘帶菸。歐納西斯認為如果能專賣希臘香菸，絕對會收益無窮。於是，他馬上著手準備各項事宜。結果，他專營阿根廷的希臘香菸的銷售，成為了百萬富翁。

在 19 世紀中葉，美國加利福尼亞州傳來了發現金礦的消息。

許多人為這一個難得的良機紛紛向加州奔去……在美國西部掀起了一場淘金熱。

注意觀察才能發現機遇

在湧向西部淘金的人流中，有一個17歲的小農夫亞默爾，他歷盡千辛萬苦趕到加利福尼亞，投入了淘金的人潮。一個月過去了，他和多數人一樣，連一兩金子也沒挖到。亞默爾倒在一群在沙地上歇息的淘金者中，勞累和失望使他只想痛快地睡上一覺。

這時，他耳邊響起了嘀嘀咕咕的埋怨聲：

「誰讓我喝一壺涼水。我情願給他一塊金幣。」

「誰讓我痛飲一頓，我可以給他兩塊金幣！」

「誰給我一碗水，老子出三塊金幣！」

隨後，是一串沉重而又無可奈何的長長的嘆息……

淘金夢是美麗的，西部艱苦的生活卻讓人難以忍受，特別是這裡氣候十分乾燥，水源奇缺，沒有水喝是淘金人最痛苦的一件事。

小亞默爾靜靜地躺著，仔細地聽著人們的抱怨。突然，他產生了一種想法：如果能想辦法找到水並賣給這些渴得要命的人們，豈不是可以更快地賺到錢嗎？於是，他毅然放棄找礦，將手中的鐵鍬由掘金礦改為挖水渠。他把河水從遠方引進水池，經過細沙過濾，成為清涼可口的飲用水，然後將水裝在桶裡，再一壺一壺地賣給淘金人。

當時有人嘲笑他胸無大志：「千辛萬苦趕到加州來，不去挖金子發大財，卻做這種蠅頭小利的買賣。這種生意在哪裡不能做，何必老遠跑到這裡來？」對此，亞默爾毫不介意，繼續賣他的飲用水。結果，許多人深入礦山空手而回，有些人甚至忍飢挨餓，流落異鄉。而亞默爾卻在很短的時間內，靠賣水賺到了6,000美元。在當時。這可是一筆非常可觀的收入。

挖掘金礦是明顯的機遇，追逐明顯機遇的人多，但能真正抓住機遇的人很少，就像能找到金礦的人畢竟是少數。人們在「渴望」中埋怨，使亞

培養洞察力，發現機遇

默爾從明顯的機遇中發現了潛在的機遇：賣水比淘金更能賺錢。從亞默爾的成功中，可以看出，成功者善於發現機遇，這是成功之道。

機遇就在眼前

有一位法國農業學家奧瑞・帕爾曼特被德國人抓去當俘虜。在集中營裡，他曾經品嚐過馬鈴薯，自認為其味甘美。後來獲釋回到法國，決定在自己的家鄉種植馬鈴薯。當時有不少的法國人都非常反對，尤其是那些宗教迷信者，把馬鈴薯視為「鬼蘋果」，醫生們也普遍認為馬鈴薯對人身體有害，連一些農業學家也斷言：種植馬鈴薯會導致土地貧瘠。

帕爾曼特怎麼也說服不了他們，如何順利地推廣馬鈴薯呢？西元1789年，帕爾曼特得到國王的特別許可，在一塊非常貧瘠的地區栽種馬鈴薯。春去秋來，快到馬鈴薯成熟時節，帕爾曼特向國王請求，派一支身穿儀仗隊服的國王衛隊來看守這片馬鈴薯，當然是白天看守，晚上就撤回去了。這樣一來，馬鈴薯成了國王衛隊保衛的「禁果」。對此人們感到奇怪，而且經不起誘惑，每天晚上都有人悄悄跑來，偷挖這些「禁果」。大家嚐到馬鈴薯的美味後，又偷出一些「禁果」把它移植在自己的菜園裡。

於是，馬鈴薯便在法國推廣開來。

法國著名女高音歌唱家瑪迪・梅普萊，有一座非常漂亮的花園，山清水秀，林木蔥鬱，流水潺潺，鳥鳴啾啾，非常迷人。為此，引來不少人來這裡度週末、採鮮花、採蘑菇、捉蟋蟀、賞月觀星，有的甚至燃起營火，一邊野餐，一邊唱歌跳舞，餘興未盡者，乾脆搭起帳篷，徹夜狂歡。因此，常常把花園搞得一片狼藉，骯髒不堪。束手無策的老管家，只得按梅

普萊的指示，在花園的四周搭起圍籬，豎起「私家園林，禁止入內」的告示牌，並派人在園林的大門處嚴加看守，結果無濟於事，許多人依然透過各種途徑用極其隱蔽的方式潛進園林，令人防不勝防。後來管家只得再行請示，請主人另想良策。梅普萊沉思良久，猛地想起，園林中不是經常有毒蛇出沒嗎？直接禁止遊人入內不見成效，何不利用毒蛇作篇文章呢？她叫管家僱人做了一些大大的木牌立在園林的顯眼處，上面醒目地寫明：「請注意！你如果在林中被毒蛇咬傷，最近的醫院距此15公里，開車需半小時。」從此以後，闖入她園林的人便寥寥無幾了。

從上面兩個例子中我們可以看出，帕爾曼特推廣馬鈴薯的種植也好，梅普萊禁止遊人進入她的園林也好，「常規性的辦法」已完全無法發揮作用，只有藉助其他方式，迂迴曲折地繞一下遠路，才能用巧妙的辦法解決問題。

對於非常強大的敵人或障礙，如果我們沒有必需的條件和足夠的力量去打垮它，只是一味地直線前進，盲目蠻幹，那是一勇之夫所為，輕則徒勞無功，重則頭破血流，丟盔卸甲，甚至慘敗。但如果我們動動腦筋，轉換一下思路，不直接挑戰強敵，不去觸動和攻擊障礙本身，而是採取避實擊虛、避重就輕的迂迴方式，先去解決與它關係密切的其他因素，最後使它不攻自破或不堪一擊，這樣令「檣櫓灰飛煙滅」，比起硬碰硬的打一仗，豈不更加得意？對於問題，根據實際情況做具體的分析研究，該勇往直前的就義無反顧地衝上去，但面臨一些情況，我們無條件、無力量解決問題時，我們可以理智地避其鋒芒，「繞道而行」，不爭一時之氣。獲得最終的勝利才是根本，笑到最後的才是真正的笑。

培養洞察力，發現機遇

從小事中發現機遇

　　人總是關注遠方而忽視腳下。他們總是抱怨命運不公，沒有給予他們獲得財富的機會，殊不知，財富其實剛剛從他們身邊溜走。每一個想擁有財富的人必須對財富有敏銳的觸角，對財富敏感的最大表現便是具有洞察財富的能力，能快速感知外界的變化，尤其善於掌握每一絲商機。

　　有一個人偶然看到一篇留學生介紹法國留學生活的新聞，其中提到，留學生第一次見房東老太太時，送給她一條抽紗桌布，老太太愛不釋手，把這條美麗的桌布展示給每一位拜訪的客人看，造成了轟動，結果許多人都託這位留學生回國買抽紗產品。這人看了文章後靈光乍現，立刻打電話給一位在法國的朋友，請這位朋友代為尋找市場，自己找了一家有出口執照的公司，再加上一批工藝精良的抽紗廠商，就這樣做起了抽紗出口生意，當年就賺了上千萬。

　　對財富的敏感還包括不忽略「小錢」。許多人總希望一夜暴富，事實上這種機會比被閃電擊中還要小，如果一味等待暴富的機會，那麼最終你將一無所有。

　　有許多成功的案例，都是由現實生活中的小事所觸發靈感引起的。

　　有位女士回到家，想把衣領拿下來，但是領子上的鈕扣卡在洞裡了。她把鈕扣拿出來，說：「我要發明更好的東西可以繫在衣領上。」但這名女士的丈夫卻不支持。

　　當丈夫認為這位女士做不到時，她下定決心要發明更好的衣領鈕扣。

　　正是這位新英格蘭的女士發明了現在隨處可見的暗扣。想要解開衣

服，把扣子拉開就行了。她還發明了另外幾種不同的鈕扣，並且投入了更多的資金。於是，有一些大廠商聞訊後便與她合作生產事宜。

如今，這個女人每年夏天都與她丈夫一起乘坐私人郵輪到各地旅行。

這些事都說明機遇確實離我們很近，可是我們卻從它的上面看過去而忽視了它；這個女人不得不從它的上方看過去，因為她的機遇就在頸下。

如果你對一生的夢想尚未有具體的計畫，那麼，別再等了！當你內心渴望追求目標之時，沒有任何事能阻礙你！別蹉跎歲月，也別期望成功自然發生，當你確定自己所要的是什麼，命運才會同意你的要求，而不是空等就能成功的。

從問題中尋找機遇

一次機遇源於一個發現。在發現問題、解決問題中，有心人就能發現機遇、抓住機遇。

詹納（Edward Jenner）生於西元 1749 年，原本是英國的一位鄉村醫生。他長期在鄉村生活，能深切了解民間疾苦。當時，英國的一些地方爆發了天花疫情，奪走了成千上萬兒童的生命，卻沒有治天花的特效藥。詹納親眼看到許多活潑可愛的兒童染上天花，不治而亡，他心裡十分痛苦。自己作為一名救死扶傷的醫生，眼睜睜看著這些染病的兒童死去，他因此深感內疚，心裡萌生了要制伏天花的強烈願望，時刻留心尋找對付天花的辦法。

培養洞察力，發現機遇

有一次，詹納到了一個牧牛場，發現有一位擠奶女工從牛那裡傳染過牛痘病以後從來沒有得過天花，她照顧天花病人，也沒有受到傳染。詹納聯想到這樣一個問題——可能感染過牛痘的人，對天花具有免疫力。詹納思索到此，不禁在心裡自問：「為什麼感染過牛痘的人就不會得天花？牛痘和天花之間究竟有什麼關係？」他進一步大膽假設：「如果我用人工種牛痘的方法，能不能預防天花？」他隱約感覺到自己已經找到了解決問題的關鍵了。

有了這個想法，詹納開始了大膽的試驗。他先在一些動物身上進行種牛痘的試驗，效果十分理想，這些動物身上沒有不良反應。接下來，就要在人身上進行試驗。在人身上接種牛痘，這是前人沒有做過的事，誰也不敢保證不出問題，要冒很大的風險。那麼，到底選誰來做第一個試驗呢？在這關鍵時刻，詹納表現出可貴的犧牲精神——做試驗的人必須是兒童，詹納便要自己的親生兒子來充當第一個試驗者。他為了讓成千上萬的兒童不再感染天花。承受一切壓力，在當時還只有一歲半的兒子身上接種了牛痘。接種過後，兒子反應正常。但是，為了要證明小孩是否已經產生了免疫力，還要再接種天花病毒。如果孩子身上還沒有產生免疫力，那麼詹納的小兒子也許會因天花失去生命。但是，為了世上千千萬萬兒童能健康成長，詹納把一切都豁出去了。兩個月後，他把天花的病毒接種到兒子身上。幸好孩子安然無恙，並沒有感染上天花。孩子接種牛痘後，對天花確實具有免疫力，試驗成功了！

從此以後，接種牛痘防治天花的方法從英國迅速傳播到世界各地，肆虐的天花遇到了剋星，到1979年，天花已經在地球上絕跡。詹納——這位普通平凡的鄉村醫生的發明拯救了千千萬萬人的生命。18世紀末，在法國巴黎，無限感激的人們為他立了塑像，上面雕刻了人們發自內心的頌

詞:「向母親、孩子、人民的恩人致敬!」

的確,很多人的成功源於專門去發現問題。對他們來說,沒有問題就沒有機遇;發現了問題,就創造了機遇。

日本一家製藥公司找問題的方法,可以給我們啟示:點滴輸液是為衰弱病人補充營養的藥液,以前點滴輸液都是裝在大大的玻璃瓶中,就像一支大號的保齡球瓶。一旦病人需要打點滴,就由醫護人員在玻璃瓶壁上劃開一個小洞,將一根橡皮管插進去,再打點滴。每次都要在玻璃瓶壁上劃開一個洞,非常不容易,使用起來要花上半天時間。但點滴輸液是要輸進病人的血管裡,衛生的要求非常高,千萬不能為圖方便而讓細菌進到輸液中。有沒有一種辦法,既能確保點滴輸液的衛生和安全,又方便醫護人員快速地使用呢?日本一家製藥公司的經理看準了這個「不便之處」,他想:如果能夠在點滴瓶上動點腦筋,一定會受到人們的歡迎。於是,他向全體員工發出命令:「必須做出更便利的點滴瓶。」不久,有位年輕的職員向公司提出了自己的建議:「能否在玻璃瓶的瓶口上加一個橡皮塞,要打點滴的時候,只要把針頭從橡皮塞插進去,滴液就會從瓶中流出來。」公司對他的建議非常感興趣,馬上就把這項提議申請了專利,然後又做出成品,並大量推廣。如今全世界都採用這項小發明,在任何醫院都是用這種「可無菌使用且極其方便」的新式點滴瓶來「掛生理食鹽水」、「掛葡萄糖」。由於這項簡單的專利使用非常廣,產品銷量也非常大,這家醫藥公司因此所獲得的專利收入也非常可觀,在「一夜」之間,由一個鄉下的小公司,發展成日本數一數二的大製藥公司,揚名世界。

很多問題帶給平庸的人麻煩和痛苦,而具有一雙慧眼的人發現的是機遇和希望。

培養洞察力，發現機遇

意外中蘊含機遇

　　生活當中常常有許多意外發生，只要你細心觀察，意外中也蘊藏著很多的機遇。

　　威廉‧佩恩特（William Paimter）從前是個幫鄰居做些雜務、賺取薪資奉養臥病母親的窮小子。有一次，別人送他母親一些瓶裝汽水，但由於蓋子設計不良，打開一看，汽水都酸臭了。他下定決心，埋首研究改良瓶蓋。他蒐集各式各樣的蓋子，苦心研究，竟發明一種成本只有當時汽水瓶蓋三分之二的金屬製王冠瓶蓋。這種墊有軟木墊的王冠瓶蓋，至今仍在飲料食品界廣泛使用。

　　男士們常用的吉列刀片的發明，也緣於一次意外。

　　金‧C‧吉列（King C. Gillette）從小就喜歡動腦筋，只要有趣的事情，都要加以研究。一次，他奉命出差，為了趕火車，他匆匆忙忙地用不銳利的剃刀刮鬍子，結果，把臉刮破了好幾個地方。

　　金‧C‧吉列站在鏡子前面，眼看那鮮血淋漓的臉孔，不禁怒火中燒，但當他跳上火車時，他有了新的想法了。

　　「對啦！就是它，只要把它研究出來，一定會成功！」他像發現了新大陸似的喃喃自語，這時，他腦海中已浮現「保險刀」的發明想法。

　　出差回來之後，他馬上到五金行購買必要的工具。要不傷害臉部，必須使刀片不直接接觸皮膚。他想：最好是用鐵板把薄刀片夾緊、固定它。但是，這樣卻刮不到鬍鬚。怎麼辦呢？對啦，在鐵板上刻個像梳子一樣能夠深入毛髮的溝如何？這是他一再思考後所獲得的結論。

　　經過 6 年不懈的努力，終於完成現在這種優秀的「安全刮鬍刀」。今

天。金・C・吉列的「安全刮鬍刀」可以說已征服了世界。這項發明也使金・C・吉列獲得巨大的財富。

處處留心皆機遇

有很多人抱怨現代社會機遇太少了。「年輕人的機遇不復存在了！」一位法律系學生對丹尼爾・韋伯斯特（Daniel Webster）抱怨說。「你說錯了，」這位偉大的政治家和法學家答道，「最上層總有空缺。」

沒有機遇？沒有機會？在這世界上，成千上萬的孩子最終發財致富，賣報紙的少年被選進國會，出身卑微的人士獲得高位。在這世界上，難道沒有機會？卡內基說，對於善於利用機會的人，世界到處都是門路，到處都有機會。我們未能依靠自己的能力盡享美好人生，雖然這種能力既給了強者，也給了弱者。我們一味依賴外界的幫助，即使本來就在眼前的東西，我們也要看著高處尋找。那些失意的人，那些遭貶斥的人，可能認為永遠失去了機會，自己永遠也站不起來了。

許多人認為自己貧窮，實際上他們有許多機會，只需要他們在周圍和種種潛力中，在珍貴的能力中發掘機會。據統計，在美國東部的大城市中，至少94%的人第一次賺大錢是在家中，或在離家不遠處，而且是為了滿足日常、普通生活的需求。對於那些看不到身邊機會，一心以為只有遠走他鄉才能發跡的人，這不啻是當頭棒喝。不要等待千載難逢的機會，只有抓住平凡的機會才能使之不平凡。

只要你善於觀察，你的周圍到處都存在著機會；只要你善於傾聽，你總會聽到那些渴求幫助的人的呼叫聲；只要你有一顆仁愛之心，你就不會

培養洞察力，發現機遇

僅僅為了私人利益而工作；只要你肯伸出自己的手，永遠都會有高尚的事業等待你去開創。

那些善於利用機會的人在發現機會與把握機會之際如同撒下了種子，終有一天，這些種子會生根──發芽──結果，為他們自己或是別人帶來更多的機會。每一位一步一腳印、踏踏實實工作的人，其實正離知識與幸福越來越近，可供選擇的道路也越來越寬，越來越平坦，也越來越容易往前走。

成功的機會是無限的。在每一個行業中，都有無數的機會去發明產品、改善製造和管理的過程，甚至提供比競爭對手更優質的服務。但是，每個機會都是稍縱即逝的，除非有人抓住它，並善加利用。

每當面對難題時，不妨停下來問問自己：「這個難題之下，可能藏有什麼機會呢？」當你發現了機會，你就超越你的對手了。

克魯姆（George Crum）是位美國印第安人，也是炸洋芋片的發明者。西元1853年，克魯姆在薩拉託加市高級餐廳中擔任廚師。一天晚上，來了位法國人，他吹毛求疵地挑剔克魯姆的菜不夠味，特別是油炸食品太厚，無法下嚥，令人噁心。

克魯姆氣憤之餘，隨手拿起一個馬鈴薯，切成極薄的片，便扔進了油鍋中，結果好吃極了。不久，這種金黃色、具有特殊風味的炸洋芋片，就成了美國特有的風味小吃，至今仍是美國國宴中的重要菜色之一。

生活中有許多隨處可見的機遇，即使是無意中的主意有時也是機遇，當機遇來臨時，你一定要留心，千萬別放過它。

美國大西洋城有一位名叫約翰·彭伯頓（John Stith Pemberton）的藥劑師，煞費苦心研製了一種用來治療頭痛、頭暈的糖漿。配方做出來後，他

囑咐店員用水稀釋，製成糖漿。

　　有一天，一位店員因為粗心出了差錯，把放在桌上的蘇打水當作白開水，沒想到一沖下去，「糖漿」冒氣泡了。這讓老闆知道豈不完蛋，店員想把它喝掉，先試嚐一下味道，結果還蠻不錯的，越嚐越覺得夠味。聞名世界、年銷量驚人的可口可樂就是這樣發明的。

　　有時候，機遇會自己找上門來，就看你能不能發現。

　　日本大阪的豪富鴻池善右是全日本十大財閥之一，然而當初他不過是個四處走賣的小商販。有一天，鴻池與他的傭人發生衝突。傭人一氣之下將火爐中的灰拋入濁酒桶裡（幕府末期日本酒都是混濁的，還沒有今天市面上所賣的清酒），然後就跑走了。第二天，鴻池查看酒時，驚訝地發現，桶底有一層沉澱物，上面的酒竟異常清澈。嚐一口，味道相當不錯，真是不可思議！後來他經過不斷的研究，發現石灰有過濾濁酒的作用。經過十幾年的鑽研，鴻池製成了清酒，這使他後來成為大富翁，而鴻池的傭人永遠不會知道，是他給了鴻池致富的機會。

　　這樣的例子還有很多，只要你善於觀察，勤於思考，就會發現身邊的機會很多。

　　住在紐約郊外的扎克，是一個平凡的公務員，他唯一的嗜好便是滑冰，別無其他。紐約的近郊，冬天到處會結冰。冬天一到，他一有空在郊外滑冰自娛，然而夏天就得去室內冰場，但室內場地需要收費，公務員收入有限，不便常去，但待在家裡又悶得難受。

　　有一天，他百無聊賴時，一個靈感湧上來，「鞋子底面安裝輪子，就可以代替冰鞋了。普通的路就可以當作冰場。」幾個月之後，他和人合作開了一家製造 mller-skate 的小工廠。做夢也沒想到，產品一問市，立即就

培養洞察力，發現機遇

成為世界性的商品。沒幾年功夫，他就賺進 100 多萬美金。

機遇只垂青於那些勤於思考的人。不然，有那麼多人刮鬍子、用鉛筆，而發明安全刀片、帶橡皮頭鉛筆的人卻只有一個。

世事洞悉皆學問，人情練達即文章。金子就在自家門口，你只需勤於思考、勤於尋求，你的未來就不是夢。

學會去挖掘機遇

比爾蓋茲告訴自己的員工：「只要你善於觀察，你的周圍到處都存在機會；只要你善於傾聽，你總會聽到那些渴求幫助的人越來越弱的呼聲；只要你有一顆仁愛之心。你就不會僅僅為了私人利益而工作；只要你肯伸出自己的手，永遠都會有高尚的事業等待你去開創。」、「你見過工作勤奮的人嗎？他應該與國王平起平坐。」孜孜不倦的富蘭克林用他的一生為這句話做了最好的詮釋，他曾經與五位國王平起平坐，曾經與兩位國王共進晚餐。

只要善於觀察，你的周圍到處都存在著機遇；只要你善於傾聽，你總會聽到那些渴求幫助的人越來越弱的呼聲；只要你有一顆仁愛之心，你就不會僅僅為了私人利益而工作；只要你肯伸出自己的手，永遠都會有高尚的事業等待你去開創。出生在這樣一塊充滿機會的土地上，你怎麼能夠悠然地環抱手臂，連聲向上帝索取那些已經給予你的所有必要的才能與力量呢？

世間有無數的工作在等人去做，而人類的本質是那麼的特殊，哪怕是一句令人愉快的話語或是些許的幫助，都有助於別人力挽狂瀾。每個人都

有誠實、堅韌的品格和熱切的渴望,這些都讓人們可能成就自己,而且前方還有無數偉人的足跡在引導著、激勵著人們不斷前行,每一個新的時刻都帶給人們許多未知的機遇。

不要等待機遇出現,而要創造機遇——就像拿破崙在近百種不可能的情況下,為自己創造出了成功。要像戰爭或和平時期所有偉大的領導者一樣,去創造出非常的機遇,直至達到成功。對懶人而言,即使是千載難逢的機遇也毫無用處,而勤奮者則能將最平凡的機遇變為千載難逢的機遇。

被動的等待,是浪費時間、錯失良機的舉動,這亦無異於交由不可知的外力來決定自己的命運。如果你失業,不要希望工作會自動上門,不要期待政府、工會打電話請你去工作,或期待曾把你解僱的公司會重新找你回來,天下沒有這麼好的事情。

太多的人終其一生在等待一個完美的機會自動送上門,讓他們可以擁有光榮的時刻。等到他們懂得,完美的機遇屬於那些主動找尋機會的人,那時已經太晚了!

紐約阿斯特家族財富的創始人約翰・雅各布・阿斯特(John Jacob Astor IV),一個借錢買船票渡過太平洋的身無分文的年輕人,憑藉一條原則創造了阿斯特家族的奇蹟。

他曾經花錢購買了一家嚴重虧損的女帽專賣店,原先的老闆哀嘆生不逢時,遭遇了厄運。而阿斯特卻不這樣認為,他相信機遇,相信「世上無難事,只怕有心人」。

他一個人來到公園,坐在樹蔭下的長椅上。一個女士挺胸抬頭,優雅大方地從他面前走過時,阿斯特就研究她的帽子,憑藉眼力,記住了帽子

的形狀、花邊的顏色和羽毛上的裝飾。於是，他回到商店，對店員說：「按照我的描述來做一頂帽子，擺在櫥窗裡，因為我發現有位女士喜歡這樣的帽子。」然後，他又回到公園，坐在長椅上，繼續觀察來來往往的女士。根據觀察所得，吩咐店員們做出了一頂頂新穎別緻的女帽。過了不久，這間店開始吸引顧客來到店裡，這家商店就是紐約生意最好的女帽和女服專賣店的前身。阿斯特用他的行動證明了這樣一條原則：成功在於發現機遇。把握機遇在於迎合機遇，在於預知機遇。

機遇就在你心中

年輕人總是聽人說：「沒有工作經驗，我不能僱用你。」

「但是我怎麼樣才能累積經驗呢？」對於許多人來說，爭取第一份正式的工作就像守候在老闆家門前，等待他給你一個機會，或者想盡一切辦法引起他的注意，竭盡全力讓人覺得冒險僱用你是值得的。

卡蘿爾・錢寧（Carol Elaine Channing）在本寧頓大學攻讀戲劇專業，她的志向是有朝一日能夠登臺表演。寒假期間，學校鼓勵每個學生走出校園，到「真實」的世界裡去找一份與所學專業相關的工作。卡蘿爾北上紐約，直接找上了全美最知名的演藝公司之一——威廉-莫里斯公司。這類公司通常只為凱瑟琳・赫本（Katharine Houghton Hepburn）之流的大明星安排演出機會，對於沒有實際舞臺經驗的大學生則一律拒之門外。他們甚至不願給卡蘿爾一個嘗試的機會。

然而，公司的女祕書犯了一個錯。卡蘿爾留在會客室裡沒走，像是在等待好運從天而降。她坐在兩個男演員之間，這時女祕書走了進來，用手

一指，說道：「你！」她指的究竟是誰呢？

卡蘿爾心裡明白她指的是另一個人，不過，她靈機一動，先站了起來，自信地走進了經理辦公室。她唱了一首歌，可是經理毫無反應，於是她又唱了一首，這次經理站了起來要送她出去。見此情景，卡蘿爾趕緊又唱起了第三首歌。「等一等，過去我奶奶常唱這首歌給我聽。」就這樣，卡蘿爾被錄用了。

有一個在雪菲德褲襪公司工作的年輕人，他發現該公司的顧客大多以身材比較纖細的女士為主，很少有體型寬胖的女士來購買褲襪。

這種現象引起了他的注意，於是他和幾個同事進行了市場調查。調查的結果顯示，有近40%的婦女因為自己的大臀部而苦惱甚至自卑，調查中還發現這些女人都不穿褲襪，她們認為褲襪無法遮掩大臀部。

於是他向公司提交了一份報告，建議能夠生產適合體形較大的女士穿的褲襪。40%的婦女不穿褲襪是因為市場上的褲襪不適合她們穿。如果開發出一種適合她們的特殊褲襪，絕對會受歡迎。

公司經過進一步的市場調查，認為不能放棄這個市場。決定設計生產一種叫「大媽媽」的新型褲襪。結果，肥胖臀大的婦女穿上這種褲襪後一掃臃腫肥胖的形象，讓她們充滿了快樂和信心。打進市場不到一個月就收到7,000多則肯定的迴響，受到眾多肥胖女士的青睞，銷路一直很好。這個市場的開拓很快奠定了雪菲德公司在特種褲襪業的壟斷地位。

這個有心的年輕人提供了公司一個極為珍貴的建議，不僅大大提高了公司的收益，同時自己也獲得了公司的肯定和別人的讚譽。說穿了，這個年輕人其實也沒有什麼過人的地方，只不過他很注意留心身邊的一舉一動，發現了市場上的需求，從而獲得了成功。

培養洞察力，發現機遇

機遇總是照顧那些有心人，它總是在那些無意留心的人身邊匆匆溜走。當然，有心還要有魄力和決心，假如你覺得這是一個機遇，卻總是瞻前顧後，猶豫不決，生怕失敗了會血本無歸，那麼，你如何期待機遇為你停留都是無濟於事的。有些人認為，一些人之所以無法成功，並不是因為沒有機遇，並不是得不到命運之神的垂青，而是因為他們太大意了。他們的大意使他們的眼光渾濁而呆滯，機遇一次次地從他們的眼前溜走而自己卻渾然不覺。

抓住機遇的關鍵

機遇並不像你想像的那麼堅強，有時候，你只要抓住機遇的竅門，便能輕鬆地「一招搶先」，牢牢地把握住機遇。

斯圖亞特是紐約的一個窮孩子，開始創業時身上只有 150 美分。做第一筆生意，他就賠了 87.5 美分。第一次冒險就失敗的男孩，是多麼不幸啊！他說：「我再也不會在生意上冒險了！」他確實沒有冒第二次險。那 87.5 美分是怎麼損失的呢？把這個故事說給大家聽一聽——他買了一些針線和鈕扣，可是沒有人需要，這些東西賣不出去，白白地賠了錢。他說：「我再也不會像這樣丟一分錢。」然後他挨家挨戶地詢問人們需要什麼，弄清楚之後，他用剩餘的 62.5 美分來滿足這些需求。

無論你做什麼——生意、職業、家務乃至生活中的任何事，都應該研究一下對象的需求，這就是挑戰機遇的奧妙。你必須首先知道對方的需求，才能投資到最需要的地方上。斯圖亞特按照這種原則，賺了 4,000 萬美元。斯圖亞特繼續著他的偉大事業，經營著在紐約成立的商店。他成功

地創造機遇來自於一個重要的教訓：必須將自己的錢投入到人們需要的事物中去。

　　所有的人，所有的廠商和商人，無論是製造商、經銷商，還是工人，他們的工作都應以滿足人們的需求為目的。這條原則適用於全人類。

　　有一個木匠因失業十分窮困，他在家裡懶散度日，直到有一天，妻子要他出去找工作。他聽從了妻子的話，離開家。他坐在海岸邊，把一塊浸溼的木片削成一個小木人。當天晚上，孩子們因小木人爭吵起來，於是他又削了一個讓孩子們安靜。當他正在削第二個小木人的時候，一個鄰居來到他家，饒有興趣地看了一下，對他說：「你為什麼不削玩具去賣呢？絕對能賺錢的。」

　　「噢，」他說，「我不知道該做些什麼。」

　　「為什麼不問問你家的孩子應該做什麼呢？」

　　「那有什麼用呢？」這位木匠說，「我的孩子和別人的孩子不一樣。」

　　但是他還是接受了建議。第二天早上，女兒瑪麗從樓上下來時，他問：「你想要什麼樣的玩具呢？」女兒告訴他，她想要玩具床、玩具臉盆架、玩具馬車、玩具小雨傘。還說了一長串足以讓他做一輩子的東西。就這樣，透過在家裡詢問自己的孩子，他獲得了靈感。他找來燒火用的柴——他沒有錢買木材，削出了那些結實的未塗色的玩具。許多年後，這些玩具傳到了世界各地。這個木匠最初為自己的孩子做玩具。然後按照它們的樣式做更多的玩具，透過他家隔壁的鞋店賣出去。剛開始的時候，他賺了一點錢，漸漸地越賺越多，最後他擁有了 1,000 萬美元。幾十年來，他始終按照同一條原則贏得機遇和財富——一個人可以透過了解自己家的孩子喜歡什麼，從而判斷別人家的孩子喜歡什麼，透過了解自己、

培養洞察力，發現機遇

自己的妻子和孩子而了解他人的內心，這是在商業上通向成功的一條神聖的道路。

有時候，一次機遇就是一個巨大的商機。當一個人下定決心，他就真能做到，並且開始自己動手去與機遇搏鬥，正是不懈地奮鬥才能抓住難得的機遇。

培養發現機遇的能力

現代社會是一個充滿競爭的社會，既向人們提出了挑戰，同時也為人們提供了實現目標的良好機遇。生活在現代社會中的人是幸福的，切不可放過一切美好的機遇。

人們常說「千載難逢」、「天賜良機」就是指機遇，像在野外撿到了鑽石、採藥發現了千年人參、知識分子因為政策而被尊重等，都是機遇。機遇的產生和利用，都需要有其主、客觀條件。相對來說，主觀條件更為重要。

但機遇並不可能總在那裡等著你去撿取，當機遇出現時，需要你的敏銳感覺與當機立斷。一個不能當機立斷的人，一個沒有主見、不善決斷的人。可能暫時在生存著，甚至也能夠取得一點成就，但是，一遇變動他就會方寸大亂，不知所措。成為時代的棄兒、社會的淘汰者。他不可能取得一生的輝煌成就。

機遇處處都有，能不能發現，還要看你有沒有發現機遇的能力。

事實證明，很多機遇的出現並不是直觀的、直接的，而是潛在的、隱晦的，如果不善於想像和聯想就很難發現它，並把它們變成活生生的現實。有時候，我們遇到一件事情，它本身不一定是機遇，但是把這件事情

培養發現機遇的能力

與另一件事情連起來思考，就可能有所發現，就可能轉化成一次很有價值的機遇，從而創造一次財緣。

機遇來了，你能不能發現它，辨識能力的強弱有著關鍵的作用。對機遇的判斷能力表現在：

一是能見微而知著。特別是有些機遇初現時並不明顯，看似平淡無奇或是伴隨性的隱含方式，你應獨具慧眼，能及時加以辨識，看到它的存在及其價值。

二是有很強的機遇敏感性。機遇一旦出現，你能在很短時間內做出辨識判斷，在別人還沒有反應過來的時候，你已經決定了對它的取捨。有的人對於周圍發生的一切漠不關心，視若無睹，這是缺乏判斷能力的表現，他們是很難抓住機遇的。

三是有良好的直覺。在作決定的那一剎那以直覺做出判斷，在兩種或多種辦法之中擇善而從的心理活動過程。有時候人的直覺對於掌握機遇有重要意義。一旦接觸新出現的事情，立即可以感覺到它是不是有價值，值不值得為之一搏。這種直覺能力是以經驗的累積為前提，也是一種難得的辨識能力。

即使是運氣好，讓你遇到了意外情況，可是由於司空見慣，或者沒有聯想到，頭腦敏感度不夠，或者粗心大意，或者雖然注意到特殊現象，但未做進一步研究等等，都會使機遇喪失，錯過發現、發明的機會。

在弗萊明（Alexander Fleming）之前，就有其他科學家發現到青黴素菌能抑制住葡萄球菌的現象；在倫琴以前，已經有物理學家注意到 X 射線的存在；詹納家鄉有不少人（特別是那些擠奶工）都知道感染過牛痘的人，能對天花免疫，但是，由於他們不以為然，而坐失良機。

培養洞察力，發現機遇

機會也許就在你眼前，能否發現，還要靠你過人的洞察力和預見力。有些人可以看到「機遇」，有些人卻只看見「問題」。當我們訓練自己的思想去找尋機遇時，我們會發現，每一天我們生活中的機遇，遠超過我們可以利用的。機遇就在我們四周，機遇會自動上門，而不是靠我們費力地找尋，最大的問題在於：我們如何加以辨識與把握它們。

培養堅忍不拔的力量

今天，當人們談起美洲的時候，總忘不了第一個發現美洲的人——哥倫布。哥倫布從小就嚮往著海上航行，西元 1492 年，哥倫布開始了人類歷史上第一次橫渡大西洋的壯舉。誰也不知道茫茫無際的大西洋上，等待著這批由囚犯組成的船隊的究竟是什麼樣的命運，有太多未知的因素使他們不可能對未來做出預測。而海上的航行生活十分單調而乏味。

就這樣，在海上漂泊了一天又一天，水手們開始沉不住氣了，吵著要求返航。哥倫布是一個意志堅定的人，他絕不會讓他苦心組建的船隊半途而廢，留下終生遺憾。他堅持繼續向西航行，有時候，他甚至不得不拔出寶劍，強令水手們向前，再向前。

在茫茫的大海上苦熬了兩個月之後，哥倫布終於到達美洲巴哈馬群島的華特林島。

哥倫布的故事說明：事業成功的根源在於堅持不斷，以全副精力去從事，不畏艱苦。只要專注於某一項事業，就一定會做出使自己感到吃驚的成績來。

一個電梯工人，他失去了左臂。有人問他是否感到不便，他說：「只

培養堅忍不拔的力量

有在剪指甲的時候才會覺得。」

人在身處逆境時,適應環境的能力非常驚人。可以忍受不幸,也可以戰勝不幸,每個人都有著驚人的潛力,只要發揮它,就一定能度過難關。

小說家達克頓曾認為除雙眼失明外,他可以忍受生活上的任何打擊。但當他 60 多歲,雙眼真的失明後,卻說:「原來失明也可以忍受,人能忍受一切不幸,即使所有感官都喪失知覺,我也能在心靈中繼續活著。」

只要有一線希望,就應堅忍不拔地去奮鬥。

1911 年,英國帆船「天堂」號在太平洋航行時,被一場猛烈的風暴吞沒。當時,年僅 14 歲的見習水兵傑林・皮斯在海上漂流數天後,來到太平洋南部一座荒無人煙的小島上。從此,他就在這荒島上過著漫長的獨居生活。直到 1985 年,一艘船才偶然發現了他。那時,皮斯已經是一位 88 歲的老翁了。

如果沒有強烈的求生欲望和堅忍的意志,很難想像他能活下來。人一生的經歷中會有數不清的打擊和困苦,如何鎮定自若地應付各種突發事件?怎樣才能逢凶化吉?堅忍頑強就是護身的法寶。

許多人在職業生涯遇到挫折時,輕易地放棄了,面對挫折的畏懼和厭倦使他們放棄了希望,那等著他的只有失望。

別人都已放棄,自己還在堅持;別人都已退卻,自己仍然向前;看不見光明、希望,卻仍然堅忍地奮鬥著,這才是成功者的特質。

音樂大師貝多芬在兩耳失聰、窮困潦倒之時,創作出他最偉大的樂章;席勒病魔纏身 15 年,卻寫出了他最著名的作品;為了得到更大的成就和幸福,班揚甚至說:「如果可能的話,我寧願祈禱更多的苦難降臨到我身上。」

培養洞察力，發現機遇

　　許多人最終沒有獲得成功，不是因為能力不足、誠心不夠或沒有對成功的熱望。而是由於缺乏足夠的堅忍。這樣的人做事往往虎頭蛇尾、有始無終。

　　堅忍的人從不會停下來懷疑自己能否成功，他唯一考慮的是如何前進、如何走得更遠、如何接近目標。無論途中有高山、急流還是沼澤，他都會毫不猶豫地去攀登、去穿越，直指自己的最終目標。無論遇到多大的困難和危險，都要堅持自己的信念，堅信成功一定可以實現。

　　身在職場，更需要有堅忍不拔的精神。唯有這樣，你才能戰勝工作中的困難和危機，把握住機遇，成就不凡的業績，並樹立起良好的職場聲譽，使你在職場中更搶手。

有壓力才有動力

　　西班牙人愛吃沙丁魚，但沙丁魚太嬌貴，離開大海以後容易死掉。為便於運輸，當地漁民想了一個有效的辦法，將幾條沙丁魚的天敵──鯰魚放在運輸容器裡，使沙丁魚為躲避天敵而在有限的空間裡快速游動，以保持其旺盛的生命力。沙丁魚因有畏懼感而在新的環境中生存下來。

　　古希臘一位哲學家曾經這樣說過：「人類的一半活動是在危機當中度過的。」感受壓力、消除壓力、化解壓力，是尋求生存發展的空間和機遇，這就是我們善待壓力的動力所在。

　　一個年輕人感到自己的生存壓力越來越大，有點招架不住，他很迷茫。

　　這天，青年路過一片楓樹林，遠處寺廟悠揚的鐘聲吸引了他。於是，他風塵僕僕來到寺廟，看見一長老氣定神閒地打坐，便虔誠地跪了下去，

問道：「不知長老有沒有良方讓我擺脫壓力，輕鬆上路。」長老捋了捋鬍鬚，呵呵一笑說：「談不上良方。這個你帶回家後，每天早晚各看一次，想一遍，癥結自然消解。」說完，長老給青年一塊寫了四個字的白紗布。青年回到家後，早晚各看一次，想一遍自紗布上四個大字，頓時精神為之一振。他的生存壓力仍在，但已感覺不再沉重，更不會招架不住。

長老給青年的四個字是：「懼者生存！」生存不容易，唯懼者勝出。懼者，乃心懷憂患、備感危機之人；唯有懼心相隨，才能讓人有切膚之感，進而發展出生命最原始的活力、最激越的精神、最昂揚的鬥志。

恐懼，確實是一種不良心態，但居安思危使「懼」成為不懼的新起點。懼，是審時度勢的理性思考，是在超前布署前提下的省思，是不敢懈怠、兢兢業業、勇於進取的積極心態。

有奮鬥才會有機遇

奮鬥之心是激發人們對抗命運的力量，是完成崇高使命和創造偉大成就的動力。一個具備了奮鬥心的人，就會像被磁化的指標，顯示出神祕的力量。

許多人就像未被磁化的指標一樣，習慣待在原地不動而沒有方向，他們在自身的奮鬥之心被激發之前，對任何刺激都毫無反應。正是奮鬥之心和意志力——這種永不停息的自我推動力，激勵著人們向自己的目標前進。

向上奮鬥的力量是每一種有生命的物質的本能，這種本能不僅存在於所有動物身上，在地裡的種子也存在著這樣的力量。正是這種力量刺激著

培養洞察力，發現機遇

它破土而出，推動它向上生長，向世界展示美麗與芬芳。

奮鬥之心不允許我們休息，它總是激勵我們為了更美好的明天而永不停息地努力。由於人類的成長是無限的，所以我們的奮鬥心和願望也是無法滿足的。如果以人類歷史來看，我們目前所到達的地步確實是巔峰，但是，如果今日所處的位置和昨日一樣，是無法讓我們完全滿足的，更高的理想和目標不斷地召喚我們。

瓊·菲特說：「信心和理想乃是我們追求幸福和進步的最強大推動力。」

梭羅（Henry David Thoreau）說：「你是否聽說過這樣的事情：一個人窮盡畢生精力向著一個目標努力，竟然會一事無成？一個人始終有所期望、受到持久的激勵，竟然還無法提升自己？一個人以英勇的姿態、寬宏的胸襟、真誠的信念和追求真理的決心去行事處世，竟然沒有任何收穫？──難道這些奮鬥會白費嗎？」答案必定是不會的。奮鬥之心最終會成為一種偉大的激勵力量，會使我們的人生更加崇高。

一位著名的生物遺傳工程專家18歲那年考入一所教會中學，這所中學對數理化、英語課的要求很嚴格，而這幾門功課，他的基礎最差，有的課甚至根本沒學過。當時有人譏笑他：「保證不到3個月，你就得回家種地。」果不其然，第一學期的期末考試，他的總平均成績是45分，依學校規定，總平均成績不及格的人必須退學或留級。

他硬著頭皮去拜託校長，校長最後勉強答應讓他試讀半年。從此，他每天天還沒亮就在路燈下讀英語；晚上熄燈之後，他又在校園的路燈下複習當天的課程。舍監被他的學習毅力打動了，破例允許他在學校熄燈後繼續在路燈下讀書。就這樣，第二學期的考試成績公布了：他的總平均超過了70分，數學還是滿分。

經過刻苦勤奮的學習，他在 28 歲那一年終於以生物系高材生的優異成績去比利時留學。

人們有一種錯誤的觀點，以為天才不需要勤奮與苦幹，這種想法斷送了不少人的大好前程。

英國畫家雷諾茲（Joshua Reynolds）說：「天才除了全身心地專注於自己的目標，進行忘我的工作之外，與常人無異。」

一位作家寫道：「我見過米開朗基羅（Michelangelo），他 60 歲的時候身體已不是那麼強壯了，但他仍然在大理石上飛快地揮舞刻刀，弄得石頭的碎屑四處飛濺，他一刻鐘做的工作比三個年輕人一小時做的都多。他工作起來真是精力充沛、生龍活虎。」

天才的拉斐爾去世時才 38 歲，留下了 287 幅繪畫作品、500 多張素描，每一幅都價值連城。

達文西（Leonardo di ser Piero da Vinci）是個樂觀開朗、幹勁十足又熱情洋溢的人，每天天剛亮就開始工作，直到工作室伸手不見五指，他才離開畫布去吃飯休息。

這些被世人稱之為天才的人，如果只是等著發揮天才的作用，那可能早就被人遺忘了。他們的自強不息、奮鬥不止才是被世人讚嘆的最根本的原因。

一個人一旦形成不斷自我激勵、始終向著更高更好目標前進的習慣，他身上所有的不良品格和壞習慣都會逐漸消失，因為它們缺少相應的環境和土壤。在一個人的個性品格中，只有被鼓勵、被培育的品格才會成長。

對更高更好目標的渴求是我們根除墮落的最佳方法。即使是最微弱的

培養洞察力，發現機遇

奮鬥之心，也會像一顆種子，經過培育和扶植，它就會茁壯成長、開花結果。但是，如果在我們身體和精神的土壤裡，沒有足夠的養分來滋養，求上進、求完善的種子就無法成長，而野草、荊棘和有毒的東西卻會繁殖蔓延。

缺乏奮鬥之心，即使抱持最偉大的雄心壯志，也可能會由於其他原因而受到傷害。拖延的毛病、避重就輕的習慣就會嚴重地削弱一個人的雄心壯志。同樣，影響理想的因素，也會影響一個人的雄心壯志。

人們通常很早就意識到奮鬥之心在敲響自己心靈的大門，但是，如果我們不去開發這種潛能，惰性就會占據我們的心靈，奮鬥之心就會漸漸遠離我們。正如其他未被利用的功能和品格一樣，雄心也會退化，甚至尚未發揮任何作用就消失得無影無蹤了。

宇宙間的所有生命都在努力達到更高的境界。萬物在進化過程中總是向前發展的。毛毛蟲可以變成一隻蝴蝶，但蝴蝶不會退化成一隻毛毛蟲，因為那不合乎進化的法則。

如果你不努力培養和開發這種奮鬥之心，拒絕這種來自內心的向上的力量，這種催你奮進的潛能就會越來越微弱，直至消失。到了那時，你的奮鬥之心也就衰竭了。當來自你的內心深處、敦促你上進的奮鬥之音迴響在你耳邊時，一定要仔細地聆聽它，它是你最好的朋友，指引你走向光明和快樂。奮鬥者永遠是機遇的寵兒，一個只會夢想而缺乏永不停息的奮鬥的人，從來不會被幸運女神眷顧；一個只知奮鬥打拚而不懼失敗的人，肯定將得到機遇天使的青睞。成功的機遇就在前方，衝上去就能贏得勝利。奮鬥，受挫；再奮鬥，再受挫。在失敗中選擇，在選擇中奮鬥，直到抓住機遇走向成功。

機遇拒絕懈怠者，唯有奮鬥才是機遇和成功的寵兒。機遇的確有時候會自動降臨，但絕大部分都需要自己去奮鬥、去努力才能把握。

朋友，請相信吧：只要你永不停息地奮鬥，機遇，還有成功，就在你的前頭！

第一時間行動

我們可以想像，那些精明的、有預見性的人，搶先一步，將進入一個全新的領域。這裡海闊天空，沒有競爭對手，有的是使人興奮不已的資源和商機。在現代經濟中，重要的不再是強者的實力，而是領先者的優勢地位。誰不採取行動，誰就會受害。這叫「先下手為強，後下手遭殃」。的確如此，在商業中更是如此。

美國的蘋果電腦公司首先明白了其中的道理。這家公司成功地發起了一場先發制人的行動，在其他個人電腦銷售商行動之前，他們迅速進入了校園。在這個過程中，他們得到了一個非常忠誠的顧客群。

在現代商戰中，誰先領悟這個道理，誰就占有市場主動權，成為商場中的獲勝者。

梁有山，他的父親是做鐘錶的，自幼跟隨父親來到香港。但不幸的是，善良的父親被人騙去了大筆資金，從此家道中落。後來他不得不放棄學業，用自己的積蓄開設了一家鐘錶行，取名為「梁氏錶行」，初嘗當老闆的滋味。

1960年代中後期，日本經濟起飛，日本人組團旅遊蔚然成風，梁有山看準了日本遊客喜歡購物的特點，便開展針對日本旅行團的業務。由於他

培養洞察力，發現機遇

有良好的信譽和機動靈活的工作方式，很快便贏得了不少旅行社的合作。在這期間，他賺了不少錢。

當時，許多日本遊客常借購買鐘錶之際順便打聽香港珠寶鑽石飾物的行情，這讓梁有山看到了一絲商機，他決定把握住這一機遇，搶先一步占領市場。

於是，他從錶行中另闢一塊專區，展出日本遊客喜愛的各式歐洲名貴飾物和小商品。很快，梁有山的生意越做越大，他憑實力與智慧取得了「勞力士」和「歐米茄」名錶以及歐洲一些著名飾物的香港專賣權，經營進口產品，獲得了豐厚的利潤。至1980年代初，他已擁有了包括8家錶行和一些小飾品專賣店在內的梁氏集團，在香港商界確立了自己的地位。

從那以後，他又向股票市場、石油市場進軍，最後成立了大型綜合性實業集團。從此，梁有山揚起他事業的風帆，踏上成為亞洲頂級富商的征程。

從梁有山的成功經歷來看，作為一個成功的商人，最重要的是搶占先機，第一時間採取行動。

2005年3月12日，美國《富比士》雜誌公布了最新全球富豪排行榜，鴻海集團董事長郭台銘排名第183位，取代了2004年去世的國泰集團董事長蔡萬霖成為「臺灣首富」，身價達32億美元。

郭台銘成功的關鍵，除了他具有高瞻遠矚的眼光和卓越的經營能力外，還有一個不能被人忽略的因素：抓住機會，並在第一時間去做。

一次，海外某公司的一位採購員準備來臺採購一大批電腦方面的產品，為了爭取到這個大客戶，幾家大型的電腦工廠都派出人馬去機場接機。一家電腦工廠的主管親自帶隊，志在必得，一定要把採購員接到自己

的公司。但出乎意料的是，在出關大廳裡，他看見廣達董事長林百里親自出馬，也率領工作人員在這裡等候。看著對方龐大的陣營，這位主管心中嘆道：「沒想到一開始就落人下風，自己已晚了一步。」但他還是硬著頭皮，和林百里一起等待那位採購員，心裡想著至少可以和對方打個招呼。

飛機降落後，各公司派出的接機代表都往入境口湧去，誰都想把這位「財神爺」請回家。然而令眾人跌破眼鏡的是，當那位採購員出現在眾人的視野中時，他身邊卻多了個郭台銘，他倆邊走邊談笑風生，所有的接機人員都愣住了。

原來郭台銘早就掌握了對方的行蹤，並搶在競爭對手之前，在客戶轉機來臺時「巧遇」他，並和他搭上同一班機回臺。郭台銘僅僅比別人領先一步，因為那位採購員和他一起回到了富士康的總部，就為公司爭取到了一大筆訂單。

窮人雖然沒有錢，但要想使自己變得富裕，也必須學會搶占先機。李嘉誠在開始創業的時候非常窮，但是他預料到全世界將會掀起一場塑膠革命，而當時香港還是一片空白，於是他便搶先一步創立了長江塑膠廠。

大家都知道剛上市的蔬菜一般很貴，所以農民總是想盡一切辦法讓自己的蔬菜第一個上市，希望以此先賺一筆。一般懂得搶占先機、做第一個買賣的人，當你盲目追隨，他早轉行賺其他的錢了。所以，生意上總會有人能賺飽飽，而有的人卻常常虧本，就是這個道理。

為了留住任何一個想法，當一個作家產生了新的靈感時，他會立即把它記下來──即使是在深夜，他也會這樣做。對於作家來說，這個習慣十分自然、毫不費力。所以，無論在什麼時候都要搶占先機，第一時間行動。

但也不是所有懂得搶占先機的人都能成功，你還必須懂得其中的規

培養洞察力，發現機遇

則。賽跑的時候，我們經常會發現有人偷跑，這種人是搶占先機，但是他違反了運動的規則。所以，既要懂得搶占先機，也要遵循其中的遊戲規則。

莫浪費時光

「燕子去了，有再來的時候；楊柳枯了，有再青的時候；桃花謝了，有再開的時候。但是聰明的你，告訴我，我們的日子為什麼一去不復返呢？」這是朱自清在〈匆匆〉中所發出的感慨，讀過這篇散文的人都知道，時間在悄無聲息地逝去。所以我們要加倍珍惜生命賜予的每一分、每一秒。

古往今來，許多仁人志士面對時間的流逝，發出了長長的嘆息。「逝者如斯夫！」這是孔子面對奔流不息的河水，想起逝去的時間，發出的千古感嘆。「浪費時間等於謀財害命。」這是魯迅先生的名言。是啊，千千萬萬的人因虛度年華而悔恨，到頭來只能「白了少年頭，空悲切」。這一切的一切，過得那樣快，讓人措手不及。所以，在我們有限的生命裡更應該珍惜時間。

既然時間如此寶貴，那麼就應該好好利用這有限的時間。在古代有許多珍惜時間的故事，像「囊螢映雪」、「頭懸梁，錐刺股」、「鑿壁偷光」等等，都是古人抓緊時間發憤苦讀的典範。

有一位退休的物理學教授，他在退休後的短短五年裡，居然研究出了八項工業新技術成果，其中有多項通過國家級認證，更被多家企業採用並正式量產，創造了很好的經濟效益。

偉大的科學家愛因斯坦一次與朋友約會，他站在橋頭一邊等候，一邊

莫浪費時光

在紙上忙著寫下突然而至的新想法，雨淋溼了衣服，他都不知道。朋友終於來了，滿懷歉意地說：「對不起，我有事來晚了，耽誤了你寶貴的時間。」愛因斯坦卻興奮地說：「我非常有益地度過了這段時間，因為在此時我又得到了一個很棒的想法。」是的，時間對於勤奮的人，無論是什麼時候都能創造效益，但是對於懶惰的人來說，只是白白浪費掉。

愛迪生（Thomas Alva Edison）是舉世聞名的「發明大王」。在他的一生中只上過三個月的小學，他的學問是靠母親的教導和自修得來的。他的成功，應該歸功於母親從小對他的諒解與耐心的教導，才使原本被人認為是智能障礙的愛迪生，成為偉大的發明家。他在紐澤西州建立了一個實驗室，一生共發明了電燈、電報機、留聲機、電影機、磁力析礦機、壓碎機等等共兩千多種新事物。愛迪生強烈的研究精神，使他在改善人類的生活方式方面作出了重大的貢獻。

愛迪生從小就對很多事物感到好奇，而且喜歡親自去試驗一下，直到明白了其中的道理為止。長大以後，他便依照自己的喜好，一心一意從事研究和發明的工作。在他的實驗室裡，他經常說的一句話便是：「抓緊，別浪費時間。」

愛迪生常對助手說：「浪費，最大的浪費莫過於浪費時間了。人生太短暫了，要用極少的時間做更多的事情。」

一天，愛迪生在實驗室裡工作，那時他正在研究燈泡。他讓助手測量燈泡的容量是多少？然後他便又低頭工作了。

過了一會兒，他問：「容量多少？」

可是，這時助手正拿著軟尺在測量燈泡的周長、斜度，並拿了測得的數字趴在桌上計算，還沒有算出準確的數字。

培養洞察力，發現機遇

　　愛迪生不耐煩了。他說：「時間，時間，怎麼浪費那麼多的時間呢？」愛迪生走過來，拿起那個空燈泡，往裡面倒滿水，交給助手說：「裡面的水倒在量杯裡，馬上告訴我它的容量。」

　　助手正在為愛迪生的聰明想法出神呢！愛迪生又說了：「等什麼，馬上告訴我準確的數字。這個測量方法這麼容易，又準確，又節省時間，你怎麼沒想不到呢？白白地浪費時間嗎？」

　　助手紅著臉地低下了頭。

　　愛迪生喃喃地說：「人生太短，要節省時間，才能多做事情啊！」

　　是啊！愛迪生在成名之前是一個窮工人，正是他懂得珍惜時間，不僅為自己也為世界創造了財富。

時間就是金錢

　　富蘭克林（Benjamin Franklin）有一個小故事，就是對「時間就是金錢」最好的闡釋。

　　有一天，在富蘭克林報社前面的書店裡，一位在書架前猶豫了很長時間的年輕人問店員：「這本書多少錢？」

　　「2 美元。」店員回答。

　　「2 美元？」年輕人再一次地看了看書又問，「能不能便宜一點？」

　　「對不起，先生。它的價格就是 2 美元。」店員回答。

　　這位顧客又看了一會兒，然後問：「富蘭克林先生在嗎？」

　　「在，他正在編輯室忙。」店員回答。

「麻煩轉告一下，我要見見他。」這個年輕人的態度很堅決。

過了一會，富蘭克林出來了。

年輕人問：「尊敬的富蘭克林先生，這本書多少錢？」

「2美元25分。」富蘭克林抬頭看了看回答。

「2美元25分？你的店員剛才還說2美元呢！」

「是的，沒錯。不過自從你叫我的那一刻起漲到2美元25分，你知道嗎？我情願拿給你1美元也不願意離開我的工作。」富蘭克林鎮靜地說。

年輕人被富蘭克林的這番話嚇到了，心想趕快結束吧。於是他說：「好，這樣，你說這本書最少要多少錢？」

「2美元50分。」

「啊！你剛才不是說2美元25分嗎？怎麼又變成2美元50分？」

富蘭克林冷冷地說：「對，我現在能出的最低價錢就是2美元50分。」年輕人默默地把錢放到櫃檯上，拿起書出去了。

曾經有一個虔誠的基督教徒問上帝：「一萬年對你來說有多長？」

上帝想了想回答說：「也就是一分鐘。」

基督教徒又問上帝說：「一百萬元對你來說有多少？」

上帝回答說：「像一元。」

基督教徒再問上帝說：「那你能給我一百萬元嗎？」

上帝回答說：「當然可以，只要你給我一分鐘！」

這是上帝開的一句玩笑話，但是他對一分鐘時間的價錢概念卻帶給了人們無限的啟示。

一分鐘，是非常短暫的。對於大多數人來說什麼也不能做。但是正是

培養洞察力，發現機遇

由於大多數人都不重視這樣瑣碎、零星的時間，任其悄然流逝，才使得大多數人都喪失了創造財富的機遇。

霍英東可以說是香港的億萬富翁，在他的身上就曾經有一個與時間和金錢有關的故事。

有一天，他急忙趕赴一個重要的會議，由於走得太快，就在他上車的瞬間一張100元的港幣從口袋裡滑了出來。霍英東其實看見了這張鈔票，但他依然迅速地鑽進了轎車，並命令司機立即出發。

其實，霍英東並不是不稀罕這100元港幣。而是想到了自己彎腰撿起100元港幣所用的時間裡所創造的價值已經遠遠超過了100元港幣，這就是不去撿它的原因。

霍英東之所以能夠取得今天的成就，與他爭分奪秒、惜時如金的作風有很大關係。

請記住，時間就是金錢。如果說，一個每天能賺10,000元的人，他出去玩了半天，或躺在沙發上睡了半天覺，那麼他的經濟損失就很大了。別以為自己僅僅是在娛樂上花費了幾十元而已，實際上你還失去了本應得到的10,000元。記住，錢是能生錢的，雖然不像我們想像的那樣，你放一張10塊錢，會立刻生出另外一張。舉例來說，殺死一頭能生小豬的豬，那就是消滅了牠的後裔，你失去了不僅僅是一頭母豬的錢。時間也是同樣的道理。

做個有準備的人

馬克士威（James Clerk Maxwell）是 19 世紀英國偉大的物理學家、數學家。在他 16 歲的時候，就到愛丁堡大學攻讀數學、物理，後又到劍橋大學深造。當時他博覽群書，盡情地在知識海洋裡遨遊，學習非常刻苦。由於缺乏名師指點，學習上缺乏系統性和計畫性。但機遇總是照顧一些有準備的人。一天，著名數學家霍普金斯教授到圖書館借一本高深的數學專著，卻被告知書被一個叫馬克士威的學生借走了。

教授既驚訝又好奇，因為這本書一般人是看不懂的。他找到了馬克士威，見他正認真地看書，同時也發現了他的弱點，他熱心地指點了馬克士威，並收他做自己的研究生，同時還介紹另一位著名的數學家斯托克斯（George Gabriel Stokes）當馬克士威的導師。馬克士威在兩位導師的指點下，認真學習，學業大大進步，最後成為著名的物理學家。

拉比是位英俊瀟灑的年輕小夥子，剛剛大學畢業的他一時找不到工作，這時他想起老師和同學都說他文筆很好。於是他突發奇想到報社求職。在臨去面試之前，他想現在進入報社也不是件容易的事，如果沒一招半式，他們可不會要一個剛出校門的學生。

第二天，衣著整潔的拉比信心十足地走進了加州一家報社的經理辦公室。他面帶微笑並且彬彬有禮地問：「你好，尊敬的經理先生，請問你們這裡需要一個好編輯嗎？雖然我剛大學畢業，但在大學的時候，我做過三年的大學學報編輯！」他邊說邊拿出隨身帶的由他主編的學報。

報社的經理看了看，悠悠地吐出一口濃濃的雪茄煙，回答說：「不需要。」

培養洞察力，發現機遇

拉比又接著說：「那麼記者呢？在大學的時候，我曾當過記者。」他又連忙送上自己在報紙上發表的文章。

報館經理笑著說：「對不起，這也不需要！」

拉比著急了，又說：「那麼，那麼需不需要印刷工人？雖然我不太懂，但是我可以從頭開始學起啊！」

報社經理又很無奈地搖搖頭，繼續抽他的雪茄：「不，我們現在什麼空缺也沒有！你們可真煩，天天有人找我。」

拉比反倒呵呵笑了：「那麼，我想這個東西，你一定不會拒絕了，親愛的經理先生！」邊說邊從公事包裡拿出一塊精緻的木牌。

這塊木牌攤在了經理的辦公桌上，上面赫然寫著：「額滿暫不僱用。」

這位經理的眼前一亮，似乎覺得這個創意很不錯，說：「這地方失業的人多，找工作的人吵得我焦頭爛額。你的想法很好，對，我確實很需要這個。那你就留下來做宣傳的工作吧！」

被公司拒絕，恐怕是每個人都有過的經歷。大多數人的想法就是：「好，你不要我，我就再換一家。」其實，如果你在應徵之前，做好靈活應對的準備，就有可能像拉比這樣成功。

有時候我們痛恨自己看不到機遇，抓不住機遇，可是一旦你認為這是個機遇，卻發現自己還沒有準備好，那可會令人懊惱。所以，想要機遇能降臨到你的頭上，你就要做好十足的準備。

機遇總是偏愛那些有準備的人。然而這一切的準備都是奮鬥的結果。如果你腳踏實地奮鬥，便可以在奮鬥中累積經驗，鍛鍊魄力，練就敏銳的眼光，才有可能抓住稍縱即逝的機遇，並作為階梯躍向成功的頂峰。

如何第一時間發現機遇

　　有的人總是說機遇難尋，如果你是一個有心的人，其實生活中到處充滿了機遇。例如，報紙上不起眼的一篇文章；人際交往中偶然的電話交談；你在大街上看到的某種現象；工作上的一次突破，甚至你的旅遊經歷等等，所有這些都有可能成為你的機遇，引導你走向成功。現在最重要的問題是，你是否能夠發現這些潛在的機遇。所以，我要告訴那些不得志的人，不要總是說自己沒有機遇，只要你善於發現，機遇就在我們身邊。

　　艾柯遜是一位享譽世界的經營奇才。他的成功與他善於發現機遇有很大關係。他的創業機遇就是在偶然間發現的。

　　某天，艾柯遜在奧地利街頭閒逛，沒有什麼想法，也沒有什麼目的，於是信步走進一家文具商店，他突然看見一支漂亮的鋼筆，便隨口問了問鋼筆的價格，但是一問價格，卻令他大吃一驚，26英鎊。在美國同樣的一支鋼筆只要三英鎊。他連忙問：「為什麼這麼貴呀？」店員說：「因為這些鋼筆都是由德國進口的，而且數量有限。」

　　艾柯遜從商店出來後，覺得這是一個機遇、一個商機。所以，他馬上調查了奧地利的文具市場，結果更是令他興奮不已。鋼筆的價格之所以這麼昂貴，其根本原因是因為戰爭的影響，生產能力有限，貨源奇缺，物以稀為貴，並且奧地利只有一家鋼筆生產廠，才導致鋼筆價格居高不下。

　　艾柯遜當下決定，在奧地利投資成立鋼筆廠。他遊說政府，要求得到鋼筆的生產執照。他的誠懇打動了政府，所以很快就得到了政府的許可。接下來，他立即開始籌劃，他先是來到德國歷史最悠久的鋼筆名城，那裡集中了許多著名的鋼筆生產廠商，他逐一走訪了這些廠商，了解鋼筆的生

培養洞察力，發現機遇

產過程。為了把生產鋼筆的技術學到手，他不惜重金買通了一家工廠的一位技術專家，這位技術專家以到瑞典度假為名，召集了一批技術工人，悄悄來到奧地利。

由於前期周密的計畫，各方面業務進展得非常順利。甚至艾柯遜本人都不敢相信，他的工廠僅以三個月的時間就建成了，而且在投入生產後的八個月，鋼筆生產數量就達到了一億支。創造的利潤在當年就達到了100萬英鎊。到了1926年，這個工廠生產的鋼筆不僅滿足了奧地利的市場，而且先後出口到美國、中國、土耳其等十餘個國家。

正是依靠小小的鋼筆，依靠他敏銳的思維和高效率的行動，在奧地利的土地上，艾柯遜賺到了上百萬英鎊，從此，他的名字享譽全世界。

常言道，人生苦短，猶如白駒過隙。一定要珍惜你身邊每一個來之不易的機會。翻開人類奮鬥的史冊，有的人因為抓住了機遇而摘取成功的桂冠，有的人卻與機遇擦肩而過，從而一無所有，抱憾終生。機不可失，不會再來。讓我們每一個人都有一雙慧眼，善於觀察、發現機遇的靈光，創造自己輝煌的事業。

及時調整人生航向

人生不可能是一帆風順的，總會遇到各式各樣的困難，人的一生也會遇到各式各樣的誘惑。為此，我們只有在第一時間調整人生的航向，才能獲得成功。當然，我們一定要根據各方面的實際情況來及時調整，否則將會與機遇無緣，你也將失去一次發財的機會。

古埃及的一個小山村裡，有兩個窮人世代以撿柴為生，日子過得很

苦，甚至都娶不起老婆。有一天，他們還是像往常那樣一起上山砍柴了。但是正當他們砍著柴的時候，卻意外地發現兩大包棉花，兩人喜出望外。因為他們明白棉花的價格高過柴薪數倍，賣掉棉花足夠讓他們一個月衣食無憂。

於是他們決定不再砍柴了，兩人各自背了一包棉花，便趕路回家了。在回來的路上，其中一個窮人看到山路上扔著一大捆麻布，這對他們來說又是一次選擇的機遇。首先發現這塊布的人，便和同伴商量放下棉花，揹麻布回家。不過，另一個同伴卻認為揹著棉花已走了一大段路，丟下棉花，豈不白白受累了。但是首先發現麻布的窮人卻不這樣認為，自己竭盡所能地背起麻布，繼續前行。

走了沒多遠，忽然，背麻布的窮人望見林中閃閃發光，他跑過去一看，原來地上竟然散落大量的黃金。背麻布的窮人當時樂壞了，趕緊放下自己背上的麻布。心想我發財了，我再也不用撿柴過苦日子了。這位窮人不想一個人獨吞這些黃金。他便趕緊招呼那背棉花的夥伴，讓他把棉花放下，撿些黃金回家。但那人依然不聽勸告，決定還是揹著棉花回家。最後沒辦法他只好自己把黃金全部撿起挑走。

這時，天空忽然轉陰，突降大雨，兩人在空曠處被淋得全身溼透。更糟糕的是，背棉花的窮人背上的大包棉花吸飽了雨水，不能再用。那個窮人只好放棄棉花，空著手回家去，繼續過他的窮苦日子，而挑著黃金的同伴卻因為撿了好多黃金而發大財，從此過上了幸福的日子。

當然這只是個故事，但是它同樣告訴我們了一個深刻的道理：有許多人都在看著這些「機遇」，如果他們不能在第一時間做出決定，很可能無論是棉花、麻布還是黃金，最後哪樣都得不到。人的一生會遇到各式各樣的誘惑，也會遇到各式各樣的選擇。只有我們在第一時間做出正確的判

培養洞察力，發現機遇

斷，我們才能握好人生的方向盤。

選擇的方向錯了，並不可怕，只要能在第一時間修正就行。在科學領域中，很多科學家都投入了畢生的精力，甚至是傾家蕩產。

早年有很多的科學家投入大量的精力研究永動機，結果他們一無所獲，浪費了大量的人力、物力。牛頓早年也是永動機的追隨者，在進行了大量的實驗之後，他很失望，於是在第一時間就決定退出對永動機的研究。這一決定無疑是正確的，事實也是如此。最後，許多永動機的研究者默默而終，而牛頓由於轉而在力學研究中投入更多的精力，最終在這方面脫穎而出。

當然，如果當初牛頓沒有在第一時間做出決定，那麼他可能也會像其他人仍在追隨永動機的研究，最終一無所獲。

任何時候，都應該根據各方面的實際情況，及時做出調整，適時調整自己的目標和策略，放下無謂的固執，冷靜地用開放的思路做出正確的抉擇。每次正確無誤的抉擇都將指引你走向通往成功的坦途。

在現實生活中，有時候人們的失敗，不是他們沒有能力，沒有機會，而是不能在第一時間做出調整。他們一味地堅持，甚至到了可稱為頑固的地步。而那些有大智慧的人則會時刻調整自己的目標，他們不會對什麼事情固執到底。

要掌握時代的脈動

馬爾夫從小生長在一個貧困的家庭。由於父親很早去世，年僅15歲的他不得不中斷學業，為了奉養母親，挑起家庭的經濟重擔，他在紐約華

要掌握時代的脈動

爾街一家名叫馬格斯勒的股票經紀公司當一名小職員。當時他的薪資很低，工作繁重，但年少的馬爾夫卻很有志氣，決心自學成才，在金融界闖出一條自己的路。他晚上在一家金融夜校學習金融知識，同時，在工作中注意吸取別人的經驗，再加上工作努力，他慢慢被老闆看見，很快被任命為債券業務員。由於他的不懈努力，不久後又被提升為這家證券經紀行的副總經理，成為美國金融史上最年輕的高級經管人員之一。

眾所周知，1929年到1933年，西方世界爆發了大規模的經濟危機。華爾街的股票市場與其他地區的股市一樣委靡不振。為此，許多銀行都紛紛破產倒閉，不少金融大廠也不堪負債壓力而破產。但馬爾夫對此卻有獨到的見解，認為世界經濟危機帶來風險的同時也會帶來機遇。於是在1934年，他與別人合作創立了一家經營投資銀行業務的金融公司。

由於大的金融市場一片委靡，加上他多年的經驗及經營有方，公司業務蒸蒸日上，迅速發展成為美國有名的金融公司。為此，馬爾夫也成為這一時期金融界的後起之秀。他的公司在不到五年的時間裡，就發展成為跨國經營的金融大公司。

馬爾夫由一個小職員最後成為跨國經營的金融大公司的董事長，這與他善於運用準確超前的眼光，掌握時代脈動，乘勢而為有很大的關係。世界經濟危機擊垮了無數大的金融大亨，但是也成就了一批像馬爾夫這樣的新秀。

如果能在第一時間抓住時代的脈動，成功就會降臨到你的身上。任何一個企業的經營活動都必須以未來的市場需求為前提，唯有這樣，才能在市場的經濟大潮中立於不敗之地。

比爾蓋茲，世界最大電腦公司的老闆。他在自傳《擁抱未來》(*The Road*

培養洞察力，發現機遇

Ahead) 一書中曾經這樣寫道：「我知道至少有一個將來會成立新的大公司的年輕人，堅信他對通訊革命的洞察是正確的。人們將建立成千上萬的富於創造力的公司，以便開發和利用這些即將到來的變革。」

還在哈佛上大學的比爾蓋茲和艾倫，憑藉自己的學識及掌握時代脈動，決定創辦一家屬於自己的公司。1975 年的他們毅然從哈佛大學提前退學，他們躊躇滿志地對眾人說：「我們要讓世界看到我們的奇蹟。」

首先，他們決定將第一個專案定位為設計一種基本語言即 BASIC 語言給小型電腦，並由此走向成功。這象徵著世界上第一個微型電腦軟體公司從此誕生了，他們隨即把它命名為「微軟」。

從此，他們牢牢地掌握住了時代脈動，在第二年的春天，年僅 19 歲的比爾蓋茲毅然投身創業，開創了他的微軟王國。從此，比爾蓋茲就與微軟一起成長，最後成為獨占鰲頭的世界首富。

比爾蓋茲勇敢地選擇了適應時代潮流而前行的方向，而時代則將他塑造成一個歷史的巨人，這就是時代給予他的回報。

在他們看來，機不可失，失不再來。當機遇來的時候，一定要第一時間抓住它。比爾蓋茲的成功，就是抓住了未來的世界將更為需要微型電腦軟體這一行業的脈動。

古語說：「時勢造英雄。」作為一個渴望成功的人士，無論在什麼情況下，都要以順應時代潮流，掌握時代脈動為己任。高瞻遠矚，掌握時代脈動是強者的本色。當今世界正經歷著日新月異的變化，只有順應時代的發展，第一時間抓住時代的脈動，我們才能在時代大潮中乘風破浪，奮勇當先，立於不敗之地。

時刻留心身邊事

　　仔細觀察每一個在事業上成功的人，之所以能經常抓住成功的機遇，完全是由於他們在生活中處處留心觀察，當機遇來臨，他們就能迅速做出反應，從而把機遇牢牢地抓在自己手中。他們通常對任何事情都極其敏感，能夠從許多平凡的生活小事中發現成功的機遇。

　　羅伯特，美國某電器公司名譽董事長。有一次，他到理髮店去理髮，理髮店為了讓羅伯特消磨時間，便打開電視機。由於他躺在理髮椅上，所以看到的電視畫面都是相反的。羅伯特覺得很彆扭，憑著自己多年在電器這方面的研究，他突然靈機一動，如果能製造出畫面相反的電視機就好了，就不用再這麼難受地看電視畫面了。

　　於是，在整個理髮的過程中，他都在想如何研製並生產這種電視機。有了這些想法之後，他就開始著手實作。回到公司之後，他立刻開會向研發人員說了自己的這個想法，之後就開始組織團隊研製這種電視機。又經過一年的時間，終於研製並生產了第一臺相反畫面的電視機。當時，羅伯特高興極了，並把自己研製出來的電視機放到市場上銷售。

　　起初並沒有什麼顧客光顧，但是羅伯特想到了自己去過的那家理髮店，就免費贈送了他們一臺。這臺相反畫面的電視機很受顧客的歡迎，為此，這個理髮店的顧客也大大增加了。就這樣，一傳十，十傳百，由羅伯特自主研發的相反畫面電視機在沒有做任何廣告的情況下，受到了理髮店、醫院等許多特殊場所的歡迎，獲得了很大的成功。

　　皇天不負苦心人，只要你能夠處處留心，就有很多的機會在向你招手。窮人也是一樣，不要什麼都不做，如果是這樣，那麼機遇是不會降臨到這

培養洞察力，發現機遇

個人身上的。

眾所周知，義大利人對足球十分狂熱。這種狂熱也刺激了啤酒屋和足球俱樂部的興起，但是幾家歡樂幾家愁，一般的餐飲業在足球比賽期間卻受到了嚴重的打擊。因為每到國內足球聯賽或是像世界盃這樣的重大比賽開打時，成千上萬的球迷都閉門不出，坐在電視機前觀看足球比賽。所以，眾多的餐廳老闆都為生意的蕭條而苦惱不已，然而有一位餐廳老闆的生意卻異常地好。他的餐廳之所以生意好，就在於他是一個非常細心、懂得觀察生活的人。

一開始，他也非常苦惱，甚至討厭過義大利的足球賽。但是後來他發現義大利人在球賽時不願意到餐廳來的原因，並不是義大利人每到賽季一開始就變得不願意花錢，真正的原因是義大利人非常愛足球，如果讓他們在美食和足球之間抉擇，他們會毫不猶豫地選擇足球。所以，當他發現這一情況之後，便想了一個兩全其美的方法，他在餐廳的每一個角落都裝上了很大的壁掛電視，這樣顧客既可以在餐廳吃飯，又可以觀看足球比賽。

事實證明，這一方法非常有效果，在眾多餐廳不景氣的時候，他的餐廳卻能顧客滿滿。這位老闆就是一個非常細心的人，能夠抓住機遇，以不變應萬變。所以，在生活中我們應該做一個處處留心的人，只有這樣才能在第一時間掌握到機遇。

也許你會問，我怎麼就沒有發現呢？是啊！這就是人與人之間的不同。當然，並不是你處處留心生活，就能夠抓住機遇了。同樣，抓住機遇是需要一定的知識和技能的。這就是你所疑惑的問題，也是你沒有抓住機遇的癥結所在。所以，我們不必怨天尤人，但是，只要你處處留心，機遇降臨到你頭上的可能性就比那些渾渾噩噩過日子的人的可能性要大得多。

仔細留心你身邊的每一件事，人生的機遇可能會以多種方式降臨到你

的面前。如果想真正地掌握到它,那麼你就要從現在開始留心身邊的每一件事,時時刻刻全身心地準備著去迎接、去擁抱降臨到你身上的每一次機遇。

等待機遇不如創造機遇

曾經有一個窮人,整天躺在床上睡懶覺。有一次,他睡到中午時分,感覺外面空氣非常好,就決定到外面晒晒太陽,於是他便倒在一塊大石頭上半睡半醒地躺著。

就在他似睡非睡的時候,忽然從遠處飄來一樣奇怪的東西,它散發著五顏六色的光,全身長滿了柔軟的腿,輕快地來到了這個窮人的旁邊。其實,它就是機遇。

「喂,你好!朋友。」那機遇問。

這個窮人眼睛半開地看了看,然後沒有說什麼又閉上了眼睛。因為這個窮人很懶,對於他來說,他根本懶得睜開眼睛看看來到他面前的機遇。當然,他也不知道這就是降臨到他身上的機遇。

機遇不死心,便再一次問他:「你躺在這裡做什麼?」

窮人睜開眼睛看了看說:「我也不知道在這裡幹嘛,我在等屬於我的那個機遇。」

「那你等到了嗎?」機遇問。

「嗯,沒有。」窮人說。

「那你知道機遇是什麼樣子嗎?」機遇還在試探他。

培養洞察力，發現機遇

「當然不知道，因為我從來沒見過機遇。」窮人理直氣壯地說。

這個話題似乎引起了窮人的興趣，窮人接著說：「不過，聽他們說機遇是個寶貝。它如果降臨到你身上，你很可能就開始走運，不是升官就是發財什麼的。」窮人想了想又說：「哈哈哈，還有可能娶個漂亮老婆，反正是天下所有的美事都會來到你的身邊。」

「嗨！你真是可笑，你連機遇長什麼樣都不知道，你怎麼等機遇呀？如果你相信我，我帶你去個好地方。」機遇說著就想拉著他一起去，可是窮人說：「你是誰？我才不去呢，我在這裡等我的機遇。」

最後，機遇實在沒有辦法了，無奈地搖搖頭走了。

過了一會兒，一位長髯老人來到窮人面前問道：「你抓住它了嗎？它剛才降臨到你身上了。」

窮人一聽，急了，大聲問：「抓住什麼？是剛才那東西嗎？我也覺得它怪怪的，它是誰呀？」

老人摸了摸鬍鬚，笑了笑說：「你不知道它是誰呀？它就是機遇呀！」

「天哪！我不知道是機遇，我把它放走了。」窮人後悔地說。

「那我現在就把它追回來。」窮人這回可是著急了。

老人說：「讓我來告訴你機遇是個什麼傢伙吧！機遇就是這樣，你不能坐著等它，你要自己去創造。只有這樣，他才會來。」

窮人說：「那怎麼創造機遇呀？」

老人說：「聽我的，首先，站起來，永遠不要等！然後，做你自己能夠做的有益的事情。一直去做，一定不會有錯。只有這樣，才有可能抓住機遇。」

等待機遇不如創造機遇

雖然這是一個故事,但是機遇是什麼樣子,誰都沒有見過。只有我們努力去創造,機遇才會降臨到你的身上。

守株待兔的成語,我想大家肯定都知道。我們一定會覺得那個農夫很可笑,但是還是有很多人在仿效,在等待。僅僅憑著偶爾的一次成功,或者別人這樣做獲得了成功,就認為機會還會一成不變地降臨於自己。實際上,這是一種多麼愚蠢的想法啊!

有一個農民,發現自己生產的水果,如果做成水果罐頭要比直接賣水果多賺很多錢,於是他便大膽嘗試,把自己家的水果做成水果罐頭去賣。結果賺了很多錢,從此走上了發財之路。他的致富方法一傳十,十傳百,後來全村的人都在仿效。當然,當大家都在爭先恐後地做同一件事情時,那到底還能不能賺錢就很難說了。

為什麼炒股總是後下手的人被套牢?

大家應該從中學到些什麼!類似的事情常常發生,可是大家並沒有吸取教訓,事情一再重複,其結局就很難說了,不要再奢望幸運之神會無緣無故地降臨到你的頭上。

機遇就是一個看不見、摸不到的東西。所以最好的辦法就是,等待機遇找上門,不如自己去找它,機遇是可以創造的,創造機遇總比等待機遇要來得快。只要你相信這一點,而且不是懶人,就一定能創造機遇。所以,告訴那些等待的人們趕快行動起來吧!

培養洞察力，發現機遇

注重細節就會發現機遇

日本某品牌內衣生產公司，在 1980 年代初創立，總部設在神戶最繁華的時裝街，公司上下包括經理在內總共只有三個人，是個很小又很辛苦的公司。但是公司的經理非常有信心，處處為顧客著想。

雖然當時在日本各百貨商店和服裝店都設有試衣室，但試穿內衣是一件很麻煩的事情，必須脫外衣，如果試一件不合身接著再試時，多少有些尷尬。經理是個很細心的人，他很快就發現了這一情況。他想，如果能在自己家裡邀集三五位鄰居或女友，一起挑選公司送來的內衣，有中意的樣式當場試穿，這種場合氣氛親切，最適宜婦女購買內衣。於是經理便大膽地決定採取這種方式來銷售內衣。經過一個月的試銷售，銷售量出奇得好。

經理覺得可以在這個原則上再加一些規定：凡是在家庭購買會上一次購買超過一萬日元以上的顧客，就能獲得該公司的「會員」資格，之後購買內衣可享受七五折的優惠。會員如在三個月內發起 20 次以上的家庭購買會，就能成為本公司的特約店，可享受六折優惠。如果在六個月內舉辦 40 次以上家庭購買會，就能加盟到本公司，享受零售價五折的購買優惠。

採取這種銷售方式以後，這家內衣銷售公司獲得了迅速的發展。幾年之後，公司的會員就達到十幾萬人，代理店將近千家，成為日本內衣業的後起之秀，被輿論界稱為「席捲內衣業的一股旋風」。

買衣試穿是一件不起眼的小事，但這家公司的老闆卻從中發現了機會，並以此為契機，進行創新，採取了新的銷售方式，結果大獲成功。

一個烏雲密布的午後，由於瞬間的傾盆大雨，行人們紛紛進入就近的

店鋪躲雨。華爾夫人也蹣跚地走進附近的百貨商店躲雨。店內所有的售貨員見她略顯狼狽的儀容和簡樸的裝扮,都對她不屑一顧。

這時,一個年輕人誠懇地走過來對她說:「您好,夫人!我叫里廉,能為您做點什麼嗎?」華爾夫人莞爾一笑:「不用了,我在這裡躲雨,馬上就走。謝謝您的好意!」華爾夫人隨即感覺很不自在,心想:不買人家的東西,卻借用人家的屋簷躲雨,多不好意思呀。於是,她想不如買個頭髮的小飾品,也算感謝人家讓你躲雨。

正當她猶豫時,那個叫里廉的年輕人又走過來說:「夫人,您不必為難,我幫您搬了一把椅子,放在門口,您坐著休息就是了。」兩個小時後,雨終於停了,華爾夫人向那個年輕人道謝,並向他要了張名片,隨後走出了商店。

幾個月後,這家百貨公司的總經理里廉收到了一封附有採購訂單的信。里廉驚喜不已,大略一算,這一封信所帶來的利益,相當於他們公司一年的利潤總和!

里廉為那位華爾夫人搬把椅子是一件再小不過的事情,但就是這件不起眼的小事為他帶來了無限的商機。所以說注重細節,你就會發現機遇正降臨到你的頭上。

機會隱藏在細節之中。當然,你做好了這些細節,未必能夠遇到平步青雲的機會;但如果你不做,你就永遠也不會有這樣的機會。

培養洞察力，發現機遇

絕境時也不要放棄抓住機遇

盧迪的祖父去世後留給了盧迪一大片美麗的「森林莊園」。可是好景不長，一場雷電引發的火災將其化為灰燼。面對焦黑的樹樁，盧迪欲哭無淚，他失望極了。但是他不甘心祖父的百年基業斷送在他手裡，決心傾其所有也要修復莊園，於是他向銀行申請貸款希望重建家園。但是銀行卻無情地拒絕了他。

他再一次受到打擊，但是他還是不死心，決定向自己的親朋好友借錢，然而依然是一無所獲，所有可能的辦法全都試過了，盧迪始終找不到一條出路，他幾乎是絕望了。他總是在想，這麼好的樹林，怎麼就沒了呢？為此，他閉門不出，茶不思，飯不想，眼睛都熬出了血絲。

一個多月過去了，年已古稀的外祖母獲悉此事，意味深長地對盧迪說：「親愛的盧迪，祖母告訴你，莊園沒有了不算什麼，而你不能總是這樣消沉絕望。如果你總是這樣，你將再也不能發現機遇。」

盧迪在外祖母的勸說下，一個人走出了莊園。他漫無目的地閒逛著，在一條街道的轉角處，他看見一家店鋪的門前萬頭攢動，便下意識地走了過去。原來，是一些家庭婦女正在排隊購買木炭。那一塊塊躺在紙箱裡的木炭忽然讓保羅眼睛一亮，他看到了一線希望。

在接下來的兩個多星期裡，盧迪僱了幾名燒炭工，將莊園裡燒焦的樹加工成優質的木炭，分裝成箱，送到市場上的木炭經銷店。結果，木炭被一搶而空，他因此得到了一筆不菲的收入。

不久，他用這筆收入購買了一大批新樹苗，一個新的莊園又新生了。幾年以後，「森林莊園」再次恢復了以前的模樣。

絕境時也不要放棄抓住機遇

這個故事告訴我們，面對絕境，要靈活地去發現機遇並把握機遇，世上沒有絕境，只有內心的絕望。機遇到處都有，只要你有足夠靈活的頭腦、足夠靈活的慧眼和靈活把握機會的意識。

張女士是位作家，五歲時因罹患脊髓血管瘤，胸部以下完全癱瘓。她沒進過學校，但是年幼的她沒有絕望，從童年起就開始以頑強的毅力自學，先後自學了小學、中學和大學的專業課程。

後來，她又動了癌症手術，術後仍繼續以頑強的精神與命運對抗，她開始學習哲學課程。經過不懈的努力，她完成了論文與論文答辯，獲得了哲學碩士學位。她總是相信，峰迴處總會路轉，柳暗後總會花明，她把艱苦的探尋本身當作真正的幸福。她是身障人士的驕傲，以頑強的毅力克服自身的障礙，為身障人士進入知識的海洋開闢了一條道路。

她的事蹟再一次證明了人世間沒有什麼絕境，有的只是絕望。只要你在困境中也能笑一笑，一切將會變得簡單而易行。

西元 1883 年，富有創造精神的工程師彼特雄心勃勃地意欲建造一座橫跨曼哈頓和布魯克林的大橋。然而，橋梁專家們卻認為這是不可能實現的事情，純屬天方夜譚。彼特的兒子小彼特，也是這方面的專家。他對父親說：「這不是不可能實現的，相信這座大橋可以建成。」父子倆克服了種種困難，在構思著建橋方案的同時，也說服了銀行家們投資該專案。

然而，大橋開工僅幾個月，施工現場就發生了災難性的事故。父親彼特在事故中不幸身亡，小彼特的大腦也嚴重受傷。儘管小彼特喪失了活動和說話的能力，但是他的思維還像以往一樣敏銳，他決心要把他們父子倆費了很多心血的大橋建成。

一天，他腦中忽然一閃，他用那根唯一能動的手指敲擊他妻子的手

培養洞察力，發現機遇

臂，透過這種密碼方式由妻子把他的設計意圖轉達給仍在建橋的工程師們。整整 13 年，小彼特就這樣用一根手指指揮工程，直到雄偉壯觀的大橋最終落成。

絕境時不絕望，只要相信無論黑夜多麼漫長，朝陽總會冉冉升起；無論風雪怎樣肆虐，春風終會緩緩吹拂。面對絕境，如果沒有足夠的自信，也許有人就會放棄生活，放棄機遇，認為命運不公，那就真的到了「絕境」了。

抓住時機,創造可能

　　智者創造時機,強者抓住時機,弱者等待時機,愚者錯過時機。可是有意志的人絕不會找這樣的藉口,他們不等待機會,也不向親友們哀求;而是靠自己的努力去創造機會。

抓住時機，創造可能

機遇可遇也可求

每個人出生時都是一樣的，但是，隨著時間和環境的變化，彼此之間就會出現很大的差別，有些人會很幸運地得到機遇的青睞，進而前途似錦，而大多數人卻沒有那麼幸運，甚至在人生路上經常遭遇山重水複的命運。但是，命運有一半在自己手裡，沒有幸運，我們就去追求幸運，沒有機遇，我們就去創造機遇。

有一個小故事，說的是一個業務員到森林裡去銷售防毒面具的故事。

他找到長頸鹿說：「買一個防毒面具吧！」

「不要。」長頸鹿說。

「你會需要的。」業務員說。

「我們這裡沒有汙染，不會需要防毒面具的。」

「你會需要的！」銷售員說著轉身走了。

一段時間以後，森林裡忽然開始建一座大工廠，也不知道是生產什麼東西的。工廠的大煙囪整天呼呼地冒著煙，很快地，森林裡到處都充滿了難聞的氣味，空氣再也沒有以前那麼新鮮了，森林裡的動物都感覺很難受，大家都說要是有個防毒面具就好了。

長頸鹿找到那個業務員說，我們要防毒面具，而且需要很多，因為森林裡突然有了工廠，也不知道那工廠是做什麼的。

業務員說，沒關係，我們可以供應大量的防毒面具，森林裡的工廠就是我們建的，它就是生產防毒面具的。

財富要靠自己去爭取，機遇要靠自己去創造。

機遇可遇也可求

在日本一個偏僻的山區裡，有一個小山村因山路崎嶇，幾乎與世隔絕，幾十戶人家僅靠少量貧瘠的土地過日子，十分落後，生活極為貧苦。全村人雖然也想脫貧致富，卻一直苦於無計可施。

一天，村裡來了一位精明的商人，他立即感到這種落後的本身就是一種可貴的商業資源，便向村裡的長者獻了一條致富計策。於是，長者馬上召集全村人，對村民們說：「如今都是什麼年代了，村裡的人還過著和原始人差不多的生活，我們深感內疚和痛心！不過，大都市裡的人過著現代化生活的時間長了，一定會感覺乏味。我們不妨乾脆過原始人的生活，利用我們的『落後』，招來許多都市人。我們呢，也可以藉此機會做生意賺錢。」這一主意博得全村人喝采。從此，全村人便開始模仿原始人的生活方式，在樹上搭建房屋，披獸皮，穿樹葉編成的衣服。

不久，那位商人便向日本新聞界透露他發現這個「原始人」部落的祕密，立即引起了社會各界的轟動。從此，成千上萬的人都慕名而至。參觀者絡繹不絕，眾多的遊客為部落帶來了可觀的財富。

有經營頭腦的人來了，他們來這裡修公路，蓋飯店，開商店，將這裡開闢為旅遊景點。小山村的人趁機做各種生意，終於富裕起來了。

每個人一生中都會遇到許多機遇。能力強、水準高的人善於抓住機遇並且充分利用它們，具有高度智慧的人更善於創造機遇。機遇是造就一個人成功的首要因素。機遇往往是突然地或不知不覺地出現，有時甚至不為人所知。或只是在回顧過去時才發現到過去的那件事是個機遇，慶幸抓住了它或者後悔失去了它。

抓住時機，創造可能

如何創造機遇

正如未來的橡樹包含在橡樹的果實裡一樣，機遇也常常包含在奮鬥之中。世界上有許多貧窮的孩子，他們雖然出身卑微，卻能做出偉大的事業來。

只有划水輪的富爾頓（Robert Fulton），只有陳舊的藥水瓶與錫鍋的法拉第（Michael Faraday），只有極少工具的華特耐，用縫針機梭發明縫紉機的霍烏，用最簡陋的儀器開創實驗壯舉的諾貝爾……是他們推動了世界文明的進步。

「沒有機遇」永遠是那些失敗者的託辭。如果你問他們為什麼失敗，他們中的大多數人會告訴你他們之所以失敗，是因為沒有得到像別人一樣的機會，沒有人幫助他們，沒有人提拔他們……他們還會對你抱怨好的位子已經人滿為患，高階的職位已被他人擠占，一切好機會都已被他人捷足先登……總之，他們是毫無機會了。

有骨氣的人從不會為他們的工作尋找任何託辭。他們從來不會怨天尤人，他們只知道盡自己所能，發揮自己的潛力邁步向前。他們更不會等待別人的援助，他們不會去等待機會，而是努力去為自己創造機會。

比爾蓋茲說：「如果讓等待機會變成一種習慣，那真是一件危險的事。」工作的熱心與精力，就是在這種等待中消失的。對於那些不肯工作而只會胡思亂想的人，機會是可望而不可及的。機會只屬於那些勤奮工作的人，因為只有不肯輕易放過機會的人，才能看得見機會。

成功永遠屬於那些富有奮鬥精神的人，而不是那些一味地等待機會的人。機會是可以自己創造的。如果認為個人發展的機會在別的地方，在別

人身上，那麼一定會遭到失敗。凡是在世界上做出一番大事業的人，他們往往不是那些幸運之神的寵兒，反而是那些「沒有機會」的苦孩子。

童年時的林肯住在一間極其粗陋的茅舍裡，既沒有窗戶，也沒有地板。以我們今天的觀點來看，他彷彿生活在荒郊野外，距離學校非常遙遠，既無法閱讀報紙或書籍，更缺乏生活上的一切必需品。就是在這種情況下，他一天要走幾十里路，到簡陋不堪的學校裡去上課。為了進修自己的課業，要走一百多里路，去借幾本要用的書籍，而晚上又靠著燃燒木柴發出的微弱火光讀書。林肯只受過一年正式的學校教育，但是他竟能在這樣艱苦的環境中努力奮鬥，最後一躍而成為美國歷史上最偉大的總統之一。

世界上最需要的，正是那些能夠創造機遇的人。時機雖是超乎人類能力的大自然的力量，但人在機遇面前，不是被動的、消極的。許多成就大事的人，更多的時候，是積極地、主動地爭取機會、創造機會。

沒有機會就去創造

成功永遠屬於那些富有奮鬥精神的人，而不是那些一味地等待機會的人。

世界上最需要的，正是那些能夠創造機遇的人。時機雖是超乎人類能力的大自然的力量，但人在機會面前，不完全是被動的、消極的。許多成就大事的人，更多的時候，是積極地、主動地爭取機會、創造機會。

培根（Francis Bacon）指出：「智者所創造的機會，要比他所能找到的多。只是消極等待機會，這是一種僥倖的心理。正如櫻花樹一樣，雖在靜靜地等待著春天的到來，而它卻無時無刻不在養精蓄銳。」

抓住時機，創造可能

當一個人計劃周詳，考慮縝密，在多種有利因素的配合下，機會常常會來到你的身邊。一個強者，總能創造出契機，常常與機會結緣，並能藉助機遇的雙翼，展翅於事業的長空。

機會是一種重要的社會資源。它到來的條件往往十分嚴苛，且相當稀少難得，它並非能夠輕易得到。要獲得它，需要有極大的「投入」；需要高昂的代價和成本，這就要準備相當充足的實力、雄厚的基本功。機遇相當重「情誼」，你對它傾心，它也會對你鍾情，回報予你。

泰莉是位空姐，很喜歡環遊世界，經常藉著工作之便盡情玩樂；而另一位空姐曉玲，除了喜愛旅遊之外，還希望能擁有自己的事業，而且最好與旅遊相關。

因此，曉玲每到一個地方，總會記下她所經歷的每一件事，特別是當地的旅館和餐廳的情況。此外，她還將自己的旅行經驗熱心地提供給搭機的旅客。

後來，曉玲被轉調到安排旅遊行程的部門工作，由於她在旅遊方面的知識非常豐富，在這個部門工作可以說是如魚得水。在這裡，她有更多的機會掌握世界各大城市的旅遊動態，於是幾年之後，她成立了一家屬於自己的旅行社。

至於泰莉，她仍然是一名空姐，雖然她同樣非常賣力地工作，但卻沒有什麼升遷機會，唯一能改變現狀的事情，大概就只有結婚了。

其實，泰莉和曉玲一樣，都是非常稱職的空中小姐，不同的是，曉玲對人生充滿正向的憧憬，泰莉卻沒有任何生活目標。旅行對泰莉來說，只是在世界各地遊玩而已，她並沒有把它視為具有發展潛力的工作。這個例子說明，一個不懂得發現機會並為自己創造機會的人，一輩子只能在原地打轉。

再來看一個故事。

林志豪是一名消防員，從基層一步步努力，經歷無數次實戰與訓練，終於升為小隊長。然而，他也發現，職場上的競爭極為激烈，若只是按部就班執行任務，很難獲得高層的關注與晉升機會。他一直希望能夠展現自己的實力，讓上級看到他的價值。

某天，消防局接到通知，縣市消防局局長將親自來視察消防演練，這是一場重要的考核與評估機會。林志豪知道，這可能是他突破職涯瓶頸的契機。然而，這場演練不只他一人參與，局內的許多菁英消防員也都會展現標準化的救援技巧，每個人的表現都幾乎無懈可擊，他要如何才能在這群高手中脫穎而出呢？

經過一番深思熟慮，他決定採取一個策略──不只是完成演練，而是要在標準程序內，讓局長與高層看到更高效、更安全的做法。

演練當天，消防隊員們依序展示標準化的救援與滅火技巧，每個人的表現都精準無誤。輪到林志豪上場時，他起初完全依照標準流程進行操作，但在一個關鍵環節，他沒有按照傳統方式，而是運用了一種經過改良的新方法，縮短了救援時間，並讓傷者移動過程更穩定、減少二次傷害。這個變化立刻引起在場指揮官的注意。

演練結束後，局長點名他問話：「你的表現很不錯，但剛才的救援方式似乎和標準流程有些不同，你是怎麼考量的？」

林志豪立正回答：「報告局長，這是我根據多次災害現場經驗改良的救援方式，能在不影響安全的前提下，縮短救援時間30%。如果局長允許，我可以再示範一次，並解釋這個方法的原理。」

局長與指揮官們交換了眼神，然後點頭示意：「好，示範給我們看！」

抓住時機，創造可能

　　林志豪再次進行操作，詳細解說了技術要點。他的方式不僅獲得局長的認可，還引發了現場高層的討論。局長當場指示訓練單位：「這個方法值得研究，若經過進一步測試可行，就納入我們的進階訓練課程。」

　　這場演練後，林志豪不僅獲得了局長的肯定，也被安排進入「消防特種訓練小組」，負責研發更高效的救援技術。幾年後，他憑藉不斷精進的專業能力與創新精神，成功晉升為大隊長，負責消防救援訓練，成為業界的標竿。

　　一個機會可以造就一個人才。在很多人感嘆懷才不遇時，為什麼不找機會盡情展示自己的才能呢？所謂機會，大半是由人們自己把握的，除此以外沒有什麼力量能主宰人們的一切。

什麼機會不是機會

　　在房地產市場，有一位知名的開發商張董事長，他的投資哲學與眾不同。他認為真正的機會並不是那些人人皆知的熱門投資，而是那些在別人眼中被忽視，甚至被認為不可能成功的專案。他總是選擇在市場冷淡時進場，當市場逐漸回暖時，他的投資已經成為先行者，取得了領先地位。

　　1990年代初，房地產市場處於波動之中，許多投資人認為市場充滿不確定性，導致投資趨於保守。然而，張董事長憑藉敏銳的市場觀察，發現都市發展趨勢正在改變，某些都市的精華區域將成為未來高端住宅的核心。他在市場低點時大膽投資，以相對低廉的價格取得優質土地，並開發出符合未來需求的高端住宅專案。幾年後，隨著都市發展與經濟成長，這些物件價格翻倍，使他在業界聲名大噪。

　　進入2000年代，房地產市場逐漸飽和，許多開發商選擇停滯觀望。

然而，張董事長並未隨波逐流，而是洞察到商業與住宅需求正在轉變。他大膽提出「複合型商辦住宅」概念，結合高端住宅與商務辦公的需求，打造出當時市場少見的多功能建築。當時許多人質疑這樣的模式是否能夠成功，但隨著企業進駐、商業活動增長，這種新型態的房產模式迅速受到市場青睞，讓他再一次領先業界。

隨著房地產市場逐漸成熟，張董事長並未滿足於現狀，而是將目光投向國際市場。他開始在澳洲與東南亞進行房地產開發，運用過去在市場累積的成功經驗，打造符合當地需求的優質住宅與商業案。透過精準的市場預測與靈活的經營策略，他的企業大獲成功，還拓展至全球市場，成為國際化的地產集團。

張董事長的成功並非來自於運氣，而是來自於他對市場的敏銳觀察與大膽決策。他的經驗告訴我們，機會並不是顯而易見的，而是隱藏在不確定性與挑戰之中。當市場悲觀時，他看到未來的希望；當別人猶豫時，他選擇果斷行動。正是這種敢於挑戰傳統、創造機遇的精神，讓他在競爭激烈的市場中脫穎而出，成就了今日的輝煌事業。

在這個快速變遷的時代，成功並非偶然，而是來自於智慧、勇氣與行動力。我們不僅要等待機會，更要積極創造與爭取機會，才能真正掌握未來的成功。

怎樣才能遇到大機會

有的人總是直觀地認為路邊的小店價格便宜，餐廳必定昂貴，其實不然。就算小店單價確實便宜，但如果毫不節制地亂點一通，最後結帳也是

抓住時機，創造可能

一筆不小的數字。何況小店價格並不一定便宜。不要以為店小，老闆就善良，其實餐廳反而更講規矩，更重信譽。

所以，不妨壯起膽子走進餐廳，先問清價格，如果不行，不吃就是，又沒什麼損失，何必自己憑空想像，自絕於更好的機會？

做一個大生意和小生意，花的精神、心力往往一樣，不要認為小生意好做就選擇它，很多時候兩者花的工夫一樣多。做一件事，選擇的標準不應是大小，而是看自己是否適合。

事業和事情，只是一字之差，但兩者在時間、空間和性質上，都截然不同。

如果有人投資讓你去開一間雜貨店，你選擇做還是不做？

從做事情的角度考量，開雜貨店用不著風吹日晒雨淋，除了進貨，大部分時間都是坐著，可以閒聊，可以看報，說得上輕鬆。錢呢，也有得賺，積少成多地一個月下來，衣食至少無憂。為什麼不做？

但換一個角度想，開了雜貨店，你就開不成百貨公司、餐飲店、書店、鞋店、時裝店，總之，做一件事的代價就是失去了做別的事的機會。人生幾十年，如果不想在一個小小的雜貨店裡度過，你就得想要做什麼更有前途。從事業的角度，你要考慮的不是輕鬆，也不是一個月的收入，而是它未來發展的潛力和空間到底有多大。

當然可以開雜貨店，而是看你的態度及想法。如果把它當作一件事情來做，它就只是一件事情，做完就結束。如果是一項事業，你就會設計它的未來，把每天的每一步都當作一個連續的過程。

作為事業的雜貨店，它可以不斷擴展外圍，也可以改變性質。如果別的店只有兩種醬油，而你的店卻有十種，你不僅買一送一，還送貨到家，

免費鑑定，傳授知識，讓人了解什麼是化學醬油，什麼是釀造醬油，你就為你的店賦予了特色。如此一來，店的口碑越來越好，漸漸地就會有人捨近求遠，專程來你的店裡買醬油。你的店就有了品牌，有了無形資產。如果你的規模擴大，你想擴大店面，或者用連鎖的方式，或者採取特許加盟，你的店又有了概念，有了進一步運作的基礎。

因此，一件事不是不能去做，而是看怎麼去做，以什麼樣的心態去做。一般人的眼光往往只盯在一件事的直接收益上，無休止的具體工作耗光你的精力，事情永遠還是那件事情，不能跨出目前的層次。

有人曾經提出過一個不值得定律，意思是說：不值得做的事情，就不值得做好！這個定律似乎很簡單，但人們卻時時忽略其重要性。不值得定律反映人們的一個心理，一個人如果從事的是一份自認為不值得做的事情，往往會敷衍了事，不僅效率低，而且即使把事做完了，也無法獲得成就感。

人應該有一種眼光，事業應該有一個大的參照物。雖然很多人知道登高望遠天高地闊，但許多人現實地把目標定在半山腰。然而要想獲得事業成功，目標，就一定要在登高望遠處。

人生的目標不妨定得高遠些，即使經過全力打拚，未能實現，至少也比目標定得過低的人更有價值。

聯邦快遞的創辦來自於史密斯先生的一個奇想，他曾參加過越戰，也立過戰功，退伍後，他異想天開地打算成立一個用飛機運送包裹的郵遞公司，加快郵遞業務的運送速度，希望在一天之內將包裹送達世界各地的客戶。

這項前所未有的創舉，不是每個人都做得到，除了智慧與膽識以外，

抓住時機，創造可能

還需要大量的資金支持。在公司創立之初，人們對它的了解很少，業務無法提升，即使有一些零散的貨單，每一趟所花費的成本遠遠超過所收取的費用，造成嚴重的虧損。當史密斯花了父親幾百萬美元，貸款的金額也接近2,000萬美元時，隨時面臨著傾家蕩產的窘境，而且為了得到銀行200萬的貸款，他曾偽造文件，這已構成犯法行為，隨時可能被抓進監獄度過永無出頭之日的餘生。

就在史密斯生命最黯淡的時刻，他幸運地遇上了某銀行主席麥克亞當斯。麥克亞當斯原諒了他的行為，而且挺身而出為其在法庭作證，使史密斯得以無罪釋放。之後，由於這一事件被公之於眾，「聯邦快遞」反而名聲大噪，從此業務不斷激增，前景一片光明。

1989年，聯邦快遞收購了已經有50年歷史的飛虎航空貨運公司，因此獲得了亞洲21個國家和地區的航權，進而在全球經濟發展中占據了重要地位。現在，聯邦快遞在全球有20萬員工、600餘架飛機和4萬輛貨車，每日平均運貨量300萬件，日平均空運量9,344.16噸，它的快遞業務年營業額已高達50億美元，每天郵遞的物件，幾乎占了全球該行業的3/4，成為名副其實的王中之王。

由此可見，做一筆大生意和做一筆小生意，花費的精力往往是一樣的，結果卻大不相同。

人生如同一場戲，既然都是演戲，都要花費同樣的力氣，還不如選個大舞臺、好角色，痛痛快快演一場。

思維的力量

　　思維是人腦對客觀事物間接或概括反應的能力。思維藉助語言來表達，是揭示事物本質特徵及內部規律的理性活動。人們常說的「思考」、「判斷推理」、「反省」、「深思熟慮」或「眉頭一皺，計上心來」等都是指人們的思維活動。

　　人們在生活中的每一天都離不開思維。唯一不需要動用思維的時候，應該只有睡覺的時候。

　　思維能力對人們的生活非常重要，因此，人們更非常重視。如果大腦不能將大量資源分配給思維能力，人們就無法從大量判斷和選擇當中做出決定，甚至無法生存。

　　人的大腦猶如是一部超大型的電腦，它不僅控制了思想，還掌控了感覺、情緒以及身體的各種反應，這不可思議的能量資訊系統主宰著我們一生的發展。如何正確地輸入和有效地提升我們這部超大型的電腦工作程式，讓我們的功能得以發揮，這是你創造機會的關鍵！

　　許多成功的人之所以能夠實現他們的夢想，主要是因為他們將渴望和想法具體化、形象化，他們具有良好的思考問題的習慣。

　　英國著名物理學家拉塞福（Ernest Rutherford），有一天晚上走進實驗室（當時時間已經很晚了），他看見一個學生仍坐在實驗桌前，便問道：「這麼晚了，你還在做什麼？」

　　學生回答說：「我在工作。」

　　「那你白天在做什麼呢？」

　　「也在工作。」

抓住時機，創造可能

「那麼你早上也在工作嗎？」

「是的，教授，早上我也工作。」

於是，拉塞福提出了一個問題：「那麼，你什麼時候思考呢？」

學生無言以對。

古今中外，凡是取得重大成就的人，在其攀登人生高峰的路途中，都會為思考留一段時間。愛因斯坦狹義相對論的建立，就經過了「10 年的沉思」。他說：「學習知識要善於思考、思考、再思考，我就是靠這個學習方法成為科學家的。」偉大的思想家黑格爾（Hegel）在著書立說之前，曾緘默 6 年，在這 6 年中，他以思考為主，專門研究哲學。很多哲學史家認為，這 6 年是黑格爾一生中最重要的時刻。牛頓從蘋果落地這一現象發現了萬有引力定律，有人問他這有什麼「訣竅」？牛頓說：「我並沒有什麼訣竅，只不過是對於一件事情做長時間地思索罷了。」

著名昆蟲學家柳比歇夫（Alexander Alexandrovich Lyubishchev）說：「沒有時間思索的科學家（指的不是很短的時間，而是一年、兩年、三年），那是一個毫無指望的科學家；他如果不能改變自己的日常生活作息，擠出足夠的時間去思考，那他最好放棄科學。」

這些名言告訴我們這樣一個道理：正面思考是一個人成功的最重要、最基本的心理素養。所以，養成正面思考的習慣，是想創造機會，取得成功的人所必備的條件。

有人說，能夠假設的東西，都能成為現實。今天，我們所享受的千百種發明，不都是思想的結果嗎？

所有計畫、目標和成就，都是思考的產物。你的思考能力，是你唯一能完全控制的東西，你可以以智慧，或是以愚蠢的方式運用你的思想，但

無論如何運用它，它都會產生一定的力量。

懶惰平庸的人往往不是不動手腳，而是不動腦筋，這種習慣綁住了他們擺脫困境的能力。相反的，那些成功者都養成了勤於思考的習慣，善於發現問題、解決問題，不讓問題成為人生難題。可以說，任何一個有意義的構想和計畫都出自思考，而且思考過程越辛苦，收益就會越大。

人人都會思想，但並不是人人都會正面思考為自己創造出機會來。如果你腦子裡經常有一閃而過的點子，這種點子在一般人眼裡只是過眼雲煙，根本引不起注意，而你若能抓住別人不能抓住的點子，說不定會是一次驚天動地的創造呢！所以說思維就是創造力。有思維的人本身就是不斷為自己創造機會的人。每給他一個思考的機會，他都能創造出一個機會來，而且每一個機會，他都會運用得十分得當。不是嗎？

機會只降臨在那些自覺思考的人的身上。

換一個思路看問題

有一則寓言──

小猴子每天都很開心，似乎沒有什麼事情能讓他難過和傷心。有一天，一隻老猴子和他開玩笑，說：「小猴子，大家都說你很聰明，我今天要考考你，你能用這個竹籃子幫我去裝水嗎？」

小猴子當時沒有多想，就蹦蹦跳跳地拿著竹籃子出去了。但是，竹籃子怎麼能裝水呢？當小猴子把竹籃子從水中提出來時，水當然全漏掉了。小猴子十分生氣，心想，這老猴子，分明是在捉弄我。小猴子有點洩氣。

過了一會，小猴子向周圍看了看，又高興起來，這有什麼困難呢？他

抓住時機，創造可能

想，我一定不能讓老猴子小看我。小猴子計上心頭，他來到河邊摘了張大荷葉鋪在竹籃底，裝了滿滿一籃子水。

當小猴子用竹籃子提著水回來，放在老猴子面前時，老猴子看呆了。好一會才回過神來說：「哎，誰說竹籃打水一場空？只要肯動腦筋，竹籃子也能裝水啊！」

如果我們像寓言中的小猴子一樣，總是保持良好的心態，正面的態度，遇到事情多動動腦子、換個角度思考問題，即使看起來不可能解決的問題也會迎刃而解。

對待機會也是如此，要創造機會，就需要充分地運用自己或他人的智慧，否則，即使我們有較強的能力和很好的方法，也往往會由於錯誤的判斷，造成不應有的損失。

福勒出生於美國黑人家庭，他有7個兄弟，家裡相當貧窮，他決定做生意改善生活，他決定經營肥皂生意。

於是，他挨家挨戶出售肥皂，長達12年之久。後來向他供應肥皂的那個公司即將拍賣，售價是15萬美元。

他決定買下這家公司，但他在這12年中，積蓄只有2.5萬美元，而這只能作為保證金，然後在10天的限期內必須付清剩下的12.5萬美元，如果他不能在10天內籌到這筆錢，不但會喪失購買權，而且還會損失預付的保證金。

福勒在當肥皂商的12年中，獲得了許多同行的尊敬和讚賞。他從私交不錯的朋友那裡借了一些錢，還從貸款公司和投資集團那裡獲得了援助。

在第10天的前一晚，他籌集了11.5萬美元，也就是說，還差1萬美元。

福勒回憶說：「當時我已用盡了我所知道的一切借款來源。」那時已是

沉沉深夜。

晚上 11 點鐘，福勒開車沿芝加哥第 61 號大街駛去。駛過幾個街區後，他看見一所承包商事務所亮著燈光。

他走了進去。

在那裡，一張辦公桌旁坐著一個因深夜工作而疲憊不堪的人。

福勒意識到自己必須勇敢些。

「你想賺 1,000 美元嗎？」福勒直截了當地問道。

這句話把那位承包商嚇了一跳。

「是吶，誰不想發財呢？」他答道。

「那麼，請開給我一張 1 萬美元的支票，當我奉還這筆錢時，我將另付 1,000 美元利息。」福勒對那個人說。

他把其他借款給他的人的名單給這位承包商看，並且詳細地解釋了這次投資風險的情況。

那天夜裡，福勒在離開這家事務所時，口袋裡已裝了一張 1 萬美元的支票。

以後，他不僅擁有那家肥皂公司，而且在其他七家公司，包括四家化妝品公司、一家襪類貿易公司、一家標籤公司和一間報社，都獲得了控制權。

很多人抱怨沒有創業資本，於是徬徨無計，終日坐臥不安。殊不知每一個成功的人士在創業之初都面臨同樣的問題，唯一不同的是，他們總是能利用某種機遇成事，這也許就是他們之所以能夠成功的祕訣之一吧。

要敢為天下先

「敢為天下先」，就要敢為常人所不敢為。想想我們曾經錯失過的機會，會不會從心底感嘆：那時，就差一個「膽」字啊。有勇有謀者必能成事，有勇無謀者或許可以成事，而有謀無勇者必不能成事。

老子曰：「我恆有三寶：一曰慈，二曰儉，三曰不敢為天下先。」雖然這古訓備受推崇，但實際不過是一張「護身符」。「不敢為天下先」，就是不敢勇挑大梁，不敢銳意創新。我認為，在這騰飛的新時代，人人都要敢為天下先！

歷史告訴我們：先知先覺是機會者，後知後覺是行業者，不知不覺是消費者。

先知先覺是成功的必要條件。

那麼什麼是先知先覺？先知就是要發現新的潛在的商業機會，創造並把握商業機會。大多數企業家都有比他人更能感知並把握商業機會的能力，企業家必須有超人的眼光，才能獲得令人可喜的成功。

所以，創造機會需要勇氣和膽略，敢想多數人不敢想的問題，敢做多數人不敢做的事情。

2001年5月20日，美國一位名叫喬治‧赫伯特的業務員，成功地將一把斧頭推銷給了小布希總統（George Walker Bush）。布魯金斯學會得知這一消息後，把刻有「最偉大業務員」的金靴子贈予了喬治‧赫伯特。這是自1975年該學會一名成員把一臺微型錄音機賣給尼克森以後，又一成員獲得如此殊榮。

布魯金斯學會以培養世界上最傑出的業務員著稱於世。它有一個傳

要敢為天下先

統,在每期學員畢業時,設計一道最能體現業務員能力的實習題,讓學生去完成。柯林頓當政期間,他們出了這麼一個題目:將一條三角褲推銷給現任總統。8年間,有無數個學員為此絞盡腦汁,但最後都無功而返。柯林頓卸任後,布魯金斯學會把題目換成:將一把斧頭推銷給小布希總統。

鑑於前8年的失敗與教訓,許多學員都知難而退,有學員甚至認為,這道畢業實習題會和柯林頓當政期間一樣毫無結果,因為現在的總統什麼都不缺,再說即使缺少,也用不著他親自購買。

然而,喬治‧赫伯特卻做到了,並且沒有花多少工夫。一位記者在就此事訪問他的時候,他是這樣說的:我認為,把一把斧頭推銷給小布希總統是完全可能的,因為小布希總統在德克薩斯州有一個農場,裡面有許多樹。於是我寫了一封信給小布希總統,說:有一次,我有幸參觀你的農場,發現裡面長著許多矢菊樹,有些已經死掉,木質變得鬆軟。我想,你一定需要一把小斧頭,但是從你現在的體格來看,新小斧頭顯然太輕,因此你需要一把不甚鋒利的老斧頭。現在我這裡正好有一把這樣的斧頭,很適合砍伐枯樹。假若你有興趣的話,請按這封信所留的信箱,給予回覆,最後小布希總統就匯來了15美元。

喬治‧赫伯特成功後,布魯金斯學會在頒獎時說,金靴子獎已26年未頒出。26年間,布魯金斯學會培養了數以萬計的業務員,造就了數以百計的百萬富翁,這雙金靴子之所以沒有授予他們,是因為我們一直想尋找這麼一個人,這個人不因有人說某一目標不能實現而放棄,不因某件事情難以辦到而失去自信。你要永遠引領市場,永遠領先對手,你就一定要有創新:產品的創新、服務的創新、經營的創新。

無怪乎胡雪巖說:「世界上只有想不到的事,沒有辦不成的事。」

美國史密森尼天文物理研究所在編寫出版星象目錄時,對尚未正式命

> 抓住時機，創造可能

名的 25 萬顆小星星有了新想法。這類只有編號，沒有命名，肉眼根本看不到的小星星能做什麼文章呢？有，在創新的想法下，一個驚天動地的創意產生了：該所做起了專售星星的生意。他們的廣告稱：「您想讓您的名字永垂宇宙嗎？您想讓您的愛侶芳名輝映星空嗎？您想讓您的親友英名永駐天際嗎？只要 250 美元便能讓您如願以償。」任何人只要花 250 美元就可以得到「星象命名公司」的一張星座圖，知道天上哪顆星星屬於自己，而且還有一份正式的文件，真是天大的誘惑。由此可見，創新即是財富。

世界鉅富比爾蓋茲在一次演講中說道：可持續競爭的唯一優勢來自超過競爭對手的創新力！

彼得‧杜拉克（Peter Ferdinand Drucker）說得更直接：要麼創新，要麼滅亡！

「創新思維」一詞近年來成為最流行的詞彙之一，廣泛地應用在人們的生活和工作中。

可以說，現在的人類社會已步入創新時代，人類的創造力正比以往任何時期都更快速地發展著。全球經濟一體化、資訊時代的到來，「知識爆炸」，新的職業、新的經營方式以前所未有的速度不斷產生，人類的思維方式、經營方式和工作方式也隨之發生變化。無論是個人，還是團體，在這個充滿變化、日新月異的社會中都將面臨生存的考驗。

如何發展創新思維，直接關係到我們的事業是「死」或「活」，因為只有創新才能「救活」自己的非常思維和才智，從而啟用自己全身的能量。

只有創新思維，才能把握在工作過程中所遇到的新機會，才能對舊有的問題拿出新的解決方案。

善於抓住市場的空缺

  1980 年代，零售市場仍以傳統雜貨店為主，消費者購物習慣較為固定，且多依賴鄰里商家。然而，一位男士卻敏銳察覺到，隨著都市化發展，越來越多的上班族、學生與家庭開始追求更便利的購物方式。他意識到，市場上缺乏一家能夠 24 小時提供多樣化商品與即時服務的店鋪。

  當時，不少人對便利商店模式持懷疑態度，認為消費者習慣光顧傳統雜貨店，便利商店的營運成本高、利潤空間小，並不具備長期發展的優勢。然而，他並未被市場的質疑聲音所動搖，他決定引進國際便利商店模式，並進行本土化調整，以貼近消費者的需求。

  他不僅強調門市選址策略，將店面開設於商業區、學區與交通要道，更積極導入新型態的服務，如代收帳單、熱食區、取貨服務等，讓便利商店不只是零售場所，更成為人們日常生活中不可或缺的一環。隨著消費習慣的轉變，他的品牌迅速崛起，並在短短幾年間拓展至全臺各地，成功填補了零售市場的空缺。

  再舉另一個例子。隨著社群媒體的興起，人們對即時互動內容的需求日益增長。然而，在短影音與靜態圖文佔據市場的時候，很少有人關注「即時影像直播」的潛力。王創辦人則洞察到，未來的網路趨勢將朝向更高互動性、更真實的視覺體驗發展，因此，他決定投入開發一個全新的即時直播平臺。

  在初期，這個概念並未受到投資者青睞，許多人認為直播市場難以變現，且技術門檻高，流量成本驚人。然而，王創辦人並未因此放棄，他持續提升技術，讓直播畫質更好，並透過創新的社交功能，如即時評論、粉

> 抓住時機，創造可能

絲互動與商業合作，讓內容創作者能夠在平臺上獲得收益。

當手機網路速度提升，智慧型手機普及後，直播市場開始爆發，這個平臺迅速成長，成為許多品牌、藝人與內容創作者的重要宣傳工具。如今，該平臺已成為亞洲最具影響力的直播平臺之一，並透過多種商業模式獲取穩定收益。

無論是便利商店的創新服務，還是即時影像直播的興起，這些成功案例都顯示了一個共同點——在市場尚未成熟時，勇敢投入，填補市場的空缺。真正的商機往往存在於不確定性之中，唯有能夠洞察趨勢、提前佈局的企業家，才能真正掌握市場先機。

市場永遠在變，消費者需求也在不斷演進，企業的成敗往往取決於能否精準掌握這些變化，並在關鍵時刻果斷行動。對於想要在競爭激烈的市場中脫穎而出的企業家而言，不僅要看見市場的機會，更要有勇氣去開創新的市場空間，這才是真正立足於商界的關鍵。

別墨守成規

哲學告訴我們：新事物必定戰勝舊事物。

許多人做事都遵循一套傳統的處世風格，循規蹈矩，墨守成規。而在於抓住機會的人身上，找不到迂腐的氣息，他們敢為天下先，做一般人想都不敢想的事。

西元前 206 年，漢朝建立。漢王朝與匈奴透過聯姻維持和平，雙方沒有發生大規模的戰爭。但是後來匈奴單于聽信了挑撥，跟漢朝絕交。西元前 158 年，匈奴發兵侵犯漢朝邊境，殺人擄掠，邊境的烽火臺都放起烽火

來示警,遠遠近近的火光,在國都長安也望得見。

有一句諺語叫:一頭羊率領的獅群打不過一頭獅子率領的羊群,說明戰爭中將領的重要。漢文帝深諳這個道理,於是他選派三位將軍帶領三路軍隊去對抗。為了保衛國都長安,另外派了三位將軍帶兵駐紮在長安附近:將軍劉禮駐紮在灞上,徐厲駐紮在棘門,周亞夫駐紮在細柳。

有一次,漢文帝親自到這些地方去慰勞軍隊及視察防務。他先到灞上,劉禮和部下將士一見皇帝駕到,就以盛大的禮儀迎接。漢文帝的車隊開進軍營,沒有受到任何阻攔。漢文帝慰勞了一陣就走了,將士們忙不迭地歡送。接著,漢文帝一行又來到棘門,受到的迎送儀式也是一樣隆重。最後,漢文帝來到細柳。周亞夫軍營的前哨看到遠遠有一隊人馬過來,立刻報告周亞夫。將士們披盔戴甲,弓上弦,刀出鞘,完全是準備戰鬥的樣子。漢文帝的先遣隊到達了營門,守營的崗哨立刻攔住,不讓進去。

先遣的官員威嚴地喝了一聲,說:「皇上馬上駕到!」

營門的守將毫不慌張地回答說:「軍營中只聽將軍的軍令。將軍沒有下令,不能讓你們進去。」

官員正要和守將爭執,漢文帝的車駕已經到了。守營的將士照樣擋住。漢文帝只好命令侍從拿出皇帝的符節,派人向周亞夫傳話說:「我要進營慰勞軍隊。」周亞夫下命令打開營門,讓漢文帝的車駕進來。護送漢文帝的人馬一進營門,守營的官員又鄭重地告訴他們:「軍中有規定,軍營內不許車馬奔馳。」侍從的官員都很生氣。漢文帝卻吩咐大家放鬆韁繩,緩緩地前進。

到了中營,只聽周亞夫說:「我盔甲在身,不能下拜,請允許按照軍禮朝見。」漢文帝聽了,大為震動,也扶著車前的橫木欠了欠身,向周亞

抓住時機，創造可能

夫表示答禮。接著，又派人向全軍將士傳達他的慰問。慰問結束後，漢文帝離開細柳，在回長安的路上，漢文帝的侍從人員都憤憤不平，認為周亞夫對皇帝太無禮了。但是，漢文帝卻讚不絕口，說：「啊，這才是真正的將軍啊！灞上和棘門兩個地方的軍隊，鬆鬆垮垮，如果敵人來偷襲，不做俘虜才怪呢。像周亞夫這樣治軍，敵人怎敢侵犯他啊！」漢文帝在這一次視察中，認定周亞夫是個軍事人才。

第二年，漢文帝得了重病。臨終的時候，他把太子叫到跟前，特地囑咐說：「如果將來國家發生動亂，叫周亞夫統率軍隊，準錯不了。」

漢文帝死後，太子劉啟即位，就是漢景帝。因為新立的皇帝年輕，以吳王劉濞為首的七個諸侯王就陰謀趁機叛亂，奪取皇位。漢景帝任命周亞夫平叛。面對七王強大的聯合攻勢，周亞夫採取只守不攻的策略。有幾次漢景帝下詔要他主動攻擊叛軍，他都拒絕執行命令。周亞夫深知叛軍雖然強盛，但因為起兵不義，絕對無法持久。果然，時間稍久，叛軍便急不可耐，先是多次挑戰，周亞夫堅壁不應，繼而又聲東擊西，又被周亞夫識破。

最後，叛軍被迫撤退，周亞夫乘機派精兵追擊，大破叛軍。

七王之亂的平定，維護了西漢王朝的統一，加強了中央集權，從而造就了中國歷史上一個輝煌的歷史時期。

周亞夫這個武夫，遵循自己的處世原則，不被世俗的原則牽制。做常人不敢做的事，如此的桀驁不馴，他才被世人接受，贏得讚賞。

中國歷史上，敢為天下先者比比皆是。神農氏冒生命危險，嚐遍百草，創亙古未有之事，使後世子孫享福延壽；蘇軾不拘前人，創立了遒勁的「豪放派」詞風，使宋詞大放異彩；歐陽脩曾仿效白居易的散文，卻有創見，終獨成一家，相反，他的詩雖有白詩的意味，卻少自己的風格，只

能「泯然眾人矣」。可見,「新」賦予一切事物以生命力,只有創新,才能順應時代,順應規律。

現如今是一個商品經濟的時代,是一個人才之爭的戰場。只有不斷提升自己、提高自己的水準,才能處於社會的前端,不被遺忘!

逆流之中的機遇

人們常說,要順應潮流,似乎只能順著潮流才有活路。而實際上,順著潮流者往往只能隨波逐流,真正成功者,很多恰恰是反潮流的。

辯證法有一條基本原理 —— 事物是螺旋式上升,波浪式前進的。社會經濟也難免有高峰和谷底的週期。一個潮流來了,翻起無數的泥沙和泡沫,看上去熱鬧,而實際上魚龍混雜,風險極大。

股市上人人都知道低買高賣,但指數越是走到高點,追買的人越多,為什麼?因為他們認為上升已經成為趨勢,漲了還會再漲,他們認為這就是潮流。但每次被套得最慘的,總是那些在高點入市的人,也就是順應潮流的人,潮流一旦到了頂端,就會跌向深谷了,只是什麼時候開始轉折,並不是每個追趕潮流的人能夠看清的。

事物都有一個孕育和發展的階段,否極泰來,盛極而衰。上升的初期是最具潛力的,但常人卻無法得知,等到達了頂點,到處沸沸揚揚的時候,形勢也就該急轉直下了。追趕潮流的人,往往是追到了這樣的節骨眼上,等你好不容易站上頂點,卻是泡沫破裂一場空。

縱使形勢沒有這樣慘烈,但隨著參與的人增多,競爭擴大,平均利潤下降,後加入的人也是沒有好結果的。

抓住時機，創造可能

潮起之時，一般人很難追趕得上。同樣潮落之時，浪中之人也很難掌握大局。

經濟低潮了，生意難做了，大多數人還是選擇隨波逐流，要麼繼續做，以不變應萬變。要麼乾脆關門不做，休養生息，以為熬過了這一關，經濟形勢好轉，自然會回到以前的美好狀態。

其實「波浪式前進」只不過是描繪事物的一種運動週期，而運動的主體時刻在變的，波峰當然還會來，但這波早已不是那波，每一個時期經濟的特點都不一樣，你如果死守著舊有的經營模式，即使等來了新的經濟高潮，但經濟的成長點和運作模式都已發生變化，你仍然抓不住機會，仍然賺不到錢。

曾經風光的只是歷史，如果你在社會經濟低潮中不能積極地調整自己，超越自己，走到潮流前端，那麼即使社會經濟高潮到來，你的處境也不會有所改變。

長江後浪推前浪，儘管潮流在不停地前進，但每一波都會淘汰一大批人，下一個浪潮就換由新人主宰了。而這些新人，正是那些先於潮流甚至是逆潮流而動者。

勇於異想天開

不要小看了一些不切實際的想法，它們可是你創造機會的「法寶」。

「陛下，給我一條帆船出海一戰吧，讓我把英國佬打得落花流水。」1916年，少校盧克納爾（Felix Graf von Luckner）對德皇威廉二世（Wilhelm II）如是說。

此話一出，所有人都很驚訝。

假如這是在中世紀，這樣勇於挑戰大不列顛的軍官固然有些魯莽，但至少會獲得勇敢剛毅的美名。但此時已經到了 20 世紀，帆船早已成為一種古董，不可能作為戰船來使用。

盧克納爾從小富有反叛精神，膽大心細，善於獨出心裁，想別人不敢想，做別人不敢做的事情。

盧克納爾向威廉二世解釋道：「我們海軍的軍官們認為我瘋了，既然我們自己人都認為這樣的計畫是天方夜譚，那麼，英國人一定想不到我們會這樣做的吧？那麼，我認為我可以成功地用古老的帆船給他們一個教訓。」

這段話充分體現了盧克納爾獨特的思維，如果他是一個受過正統軍事教育的軍官，相信他是很難想出這樣的主意的。而他這樣的奇思妙想讓他與眾不同，正因為這樣冒險的想法才成就了他的一次成功，成就了人生的榮耀。

威廉二世被說動了，他同意了盧克納爾的計畫，讓盧克納爾用一條帆船去襲擊英國人的海上航線。

盧克納爾經過千辛萬苦終於找到一條廢棄的老船，取名「海鷹號」。在他親自設計監督下，開始這艘船古怪的改造工程。

12 月 24 日平安夜，「海鷹號」出擊了，順利突破英國海上封鎖線，抵達冰島海域，大西洋航線已經在望。

此時，「海鷹號」和英國的「復仇號」狹路相逢。

「海鷹號」的火力只有兩門 107 公釐炮，而「復仇號」卻是一艘大型軍艦，硬拚顯然不是對手。盧克納爾靈機一動，主動迎上去讓英國檢查，

抓住時機，創造可能

「復仇號」上的檢查員見是一條帆船，看也不看，就放過了這艘暗藏殺機的帆船。

1917年1月9日，「海鷹號」到達英國海域後，在盧克納爾的指揮下，「海鷹號」突然發動攻擊，全殲英國船隻，獲得了巨大的勝利。

盧克納爾這種不切實際的想法為他贏得了勝利，也正因為這種不切實際的做法讓敵人處於輕敵的狀態，使「海鷹號」輕而易舉地攻入敵方的心臟，從而獲得戰爭的勝利。

戰場上需要我們有敢想的膽識，而在競爭激烈的社會中，我們更需要具備這種品格，從而在競爭中勝人一籌。

盧克納爾的成功在於他們想常人不敢想，從而開闢了一條通往成功的康莊大道。拉開歷史的帷幕就會發現，凡是世界上有重大建樹的人，在其攀登成功的高峰的路途中，都能靈活地進行思考，並能夠將某種「不切實際」的想法付諸實際，從而成就偉業。

能夠出奇制勝

孫子說：「凡戰者，以正合，以奇勝。」

從策略的角度來看，正就是基礎實力，連年揮軍作戰，沒有堅實的基礎是無法想像的。項羽、黃巢、李自成雖能問鼎江山，卻失之交臂，就是他們都缺乏策略基礎，沒有持久戰的基礎。相反，劉邦、李世民、朱元璋等都在未取得天下時，就致力於策略基礎的建設。

如果把「正」比作基礎，那麼「奇」就是枝葉。

「奇」，是戰事策略的一個重要範疇。出奇制勝，是戰事策略的一個重

要思想。提到「奇」,似乎不難理解,通常是指「稀有」、「罕見」、「怪異」等方面的意思。但細細思索起來,尤其是從策略角度分析和研究,「奇」字有著深層的含義,反映著某種規律性的東西,表達了戰事策略強調的某種超越常規和「反其道」的致勝理念。

西元 1213 年,成吉思汗率領蒙古大軍,向金國的中都發動攻勢,連克德興、懷來(今河北懷來)、縉山,進逼居庸關。居庸關有南北兩個關口,北稱北口,即今居庸關;南稱南口,即今南口。兩口相距四十里,其間有兩山夾峙,中為深澗,懸崖峭壁,堪稱絕險。金軍依靠居庸關要隘,冶鐵把關門封錮起來,並布鐵蒺藜百餘里,派精兵防守。成吉思汗率兵進至懷來,無法前進,便向曾多次出使金朝、對金國情況十分熟悉的扎八兒詢問破敵之策。扎八兒建議說:「從此地向北黑樹林中有條小路,可騎行一人。我以前曾經走過。若勒兵銜枚以往,終夕可至。」成吉思汗大喜,立即奇正互換,留下一部分主力於居庸北口與金軍對峙,自率大軍西行,繞出紫荊關,並遣出哲伯一部,以扎八兒為前導,從小道突襲居庸關南口。紫荊關位於紫荊嶺之上,山路崎嶇,易於防守,是太行山出入河北平原的重要關口之一。成吉思汗進展十分順利,當紫荊關金軍前來迎戰時,他已越過通往紫荊關的隘道,並在五回嶺大敗金軍,通過紫荊關進至中都西南。從小道突襲居庸關南口的哲伯部,「日暮入關,黎明,諸軍已在平地,疾趨南口」。等南口金兵發覺,蒙古軍已衝至陣前。蒙古軍奪占南口之後,從南北兩口進行夾擊,一舉奪取了居庸關。金國的中都失去屏障,被蒙古軍團團圍住,陷入挨打的境地。

在策略實踐中,「奇」與「正」是密切連繫在一起的。離開了「奇」,無所謂「正」,也不能產生和展現出「正」;離開了「正」,也無所謂「奇」,也不能出「奇」。如劉勰在《文心雕龍・定勢》篇中所說的「執正以馭奇」。

抓住時機，創造可能

在中國古代兵書《握奇發微》中有一段話比較清楚地講述了這一道理：「知陣者之於戰也，以正合，以奇勝。有正無奇，正而非正。有奇無正，奇而非奇。奇則出之以正，奇亦正也；正而出之以奇，正變奇也。奇正之道，虛實而已矣，虛實之道，握機而已矣。」這段話的意思是說，凡知道用兵策略的人，都尋求以「正」求合，以「奇」致勝。只有「正」而沒有「奇」，「正」就不是真正的「正」；只有「奇」而沒有「正」，「奇」也不是真正的「奇」。以正常的方式出「奇」，「奇」實際上是「正」；以奇特的方式出「正」，「正」也就變成了「奇」。奇正的道理實際表現在虛實上，虛實的道理實際表現在把握機會上。在大量的策略運用例子中，也可以發現這樣一些現象：當把「奇」顯示出來之後，或者說被人們知道之後，「奇」也就不「奇」，而變成「正」了，這就是戰略所說的「奇示之後而謂之正」。還有，在人們都認為應該以奇特方式處理事情的時候，決策者卻以正常的方式處理事情，也會達到出奇制勝的效果，這就是戰略所說的「以正制正而謂之奇」。

一場戰役的成功通常不僅僅是戰術上的勝利，更是一種心理戰的成功。指揮官利用敵軍的慣性思維，打破常規，實現了「出其不意，攻其不備」的作戰原則，充分體現了兵法中的「攻敵之所不備，出敵之所不意」。在戰爭史上，戰術的靈活運用往往決定了勝敗的關鍵，尤其是對於以小搏大的戰役，更需要運用「奇」與「正」的辯證關係來達到出奇制勝的效果。

在現代戰爭與商業競爭中，這種策略同樣適用。當對手認為你不會重複相同的策略時，反其道而行往往能創造新的優勢。例如，在市場競爭中，企業通常不會在同一市場重複使用相同的行銷戰略，但若能巧妙調整策略，使競爭對手鬆懈，則有機會再次獲得市場優勢。透過對「奇」與「正」的轉換，成功打破敵軍的預期，最終取得壓倒性的勝利。

做事能搶得先機

　　商場上，誰能搶在前面，搶到市場先機，誰就能先富。這其實是一個搶時間的競爭。商界中流行的「搶灘」一詞，也正是這個意思，透過搶時間來搶占市場。

　　某電器公司有一句著名的廣告詞，即：「領先一步，某某電器。」這恐怕是商界最早的關於「搶灘」的金玉良言了。

　　凡在商海中打拚過來的人，都明白這個道理：領先一步，你想不發財都難！跳舞熱、服裝熱、旅遊熱、釣魚熱、撞球熱、電子遊戲熱、電腦熱、保齡球熱⋯⋯這些流行之熱，不知塞滿了多少老闆的荷包！舉凡第一家飯店、第一間咖啡屋、第一家桌球教室、第一個炒股⋯⋯用他們的話講：開張就有錢，彎腰就見錢。

　　在市場競爭中，能夠搶占先機往往決定了一個企業的成敗。許多成功的企業家正是因為看準趨勢、快速行動，在市場尚未飽和時率先布局，從而取得了巨大的成功。所謂超前行動，關鍵一個「搶」字，搶在第一占領當地市場。透過這個典型的事例，不難看出：搶灘實際上是搶時間，時間就是金錢啊！

　　在國際市場上的競爭，更是以時間差作為賺錢的第一手段。善於運用時間，巧妙利用機會，因「時間差」而成功的商人更比比皆是了。時間差，可以說是機會，而機會屬於那些積極發掘的人。

　　香港假髮之父劉文漢，就是靠著餐桌上的一句話而發跡的。在此之前，劉文漢只不過是一個默默無聞的小商人。

　　1975 年，劉文漢在美國旅遊時，有一天和兩個美國人共進午餐。當說

抓住時機，創造可能

到在美國做什麼行業可以賺錢時，其中一個人說了一句「假髮」，並拿出一個長的黑色假髮表示說，他有意購買 13 種不同顏色的假髮。就是這樣一次普通的談話，具有「搶灘」意識的劉文漢嗅出了發財的氣味。他經過深入調查，果然發現美國正在興起戴假髮的熱潮。那時，反對越戰的學生運動在美國風起雲湧，與美國黑人爭取平等權利的抗爭匯成一股巨大的洪流，出現了以長髮為象徵的一代青年。戴假髮也就成了一種時尚。劉文漢抓住這一有利時機，迅速在香港成立假髮生產工廠，1990 年，外銷總值達 10 億港元，在香港輸出產品中占第四位。劉文漢很快成為香港一大富豪，並當選為香港假髮製造商會主席。

可以這樣斷言：抓住時間就有錢賺，耽誤時間就要賠錢。當一個新市場尚未飽和時，勇於率先投入，並在市場趨於競爭激烈時適時轉向，這才是成功創業的關鍵。

改變創造機遇

聰明人不應只等待機遇，更要為自己創造機遇。

有一個大師，一直潛心苦練，幾十年練就了一身「移山大法」。

有人虔誠地請教：「大師用何神力，得以移山？我如何才能練就如此神功呢？」

大師笑道：「練此神功也很簡單，只要掌握一點：山不過來，我就過去。」

我們知道世上本無什麼移山之術，唯一能夠移動的方法就是：山不過來，我就過去。

改變創造機遇

工作中有太多的事情就像「大山」一樣，是我們無法改變的，至少是暫時無法改變的。

如果顧客不願意購買我們的產品，是因為我們還沒有生產出足以令顧客滿意的產品。

如果我們還無法成功，是因為還沒有找到成功的方法。

要想讓事情改變，首先得改變自己。只有改變自己，最終才會改變別人；只有改變自己，才可以最終改變屬於自己的世界。所以，如果山不過來，那就讓自己過去吧！我們不要做一個守株待兔的蠢員工，要積極行動起來，不斷為自己創造時機，只有這樣，才能在工作的競賽中獲勝。

太陽升起的時候，非洲草原上的動物就開始奔跑了。獅子知道，如果牠追不上最慢的羚羊就會餓死。對羚羊來說，牠們也知道，如果自己跑不過最快的獅子，就會被吃掉。

我們每個人剛出生時都是一樣的，隨著環境的變化，時間的推移，有的會變成「獅子」，有的會變成「羚羊」。然而，在這個世界上，每個人所面對的競爭和求生的挑戰都是一樣的。因此，你一定要有跑贏別人的智慧和勇氣。否則不是餓死，就是被吃掉。要想獲得生的機會，就要時時地調整自己，不斷改變自己的位置。這就是物競天擇、適者生存，也是行動創造命運的自然法則。

成功與不成功只差在一些小小的動作：每天花 5 分鐘閱讀、多打一通電話、多一個微笑。偉大的哲學家馮·海耶克（Friedrich August von Hayek）說：「如果我們多設定一些有限定的目標，多一分耐心，多一點謙卑，那麼，我們能夠進步得更快且事半功倍；如果我們自以為是地認為我們這一代人具有超越一切的智慧及洞察力並以此為傲，那麼我們就會反其道而行

抓住時機，創造可能

之，事倍功半。」

如果在人生中的各方面都照這個方法做，持續不斷地每天進步1%，一年便進步了365%，長期下來，你一定會有一個高品質的人生。

不必一次大幅度的進步，一點點就夠了。不要小看這一點點，每天小小的改變，會有大大的不同，很多人一生當中，都不一定做得到一點進步。人生的差別就在這一點點之間，如果你每天與別人差一點點，幾年下來，就會差一大截。

前洛杉磯湖人隊的教練帕特‧萊利（Pat Riley）也清楚這一法則，他在湖人隊處於低潮時，告訴球隊的12名隊員說：「今年我們只要每人比去年進步1%就好，有沒有問題？」球員一聽：「才1%，太容易了！」於是，在罰球、搶籃板、助攻、抄截、防守一共五方面都各進步了1%，結果那一年湖人隊居然得了冠軍。

有人問教練，為什麼這麼容易得到冠軍呢？教練說：「每人在五個方面各進步1%，則為5%，12人一共60%，一年進步60%的球隊，你說能不得冠軍嗎？」

你每天也應遵循這個法則，將這個信念用於企業、銷售、家庭、愛情、個人成長、身體健康或經濟收入上，一定會有180度的大轉變。

所以說，成功就是每天在各方面持續不斷地改變。每天進步一點點是卓越的開始，每天創新一點點是領先的開始，每天多做一點點是成功的開始。成功與失敗往往只差這麼一點點，告訴自己：只要我能每天這麼做，我就不會被失敗擊倒。每天多做一點點，慢慢地，你會發現自己離金字塔頂端已經不遠了。

人生就是一個追求卓越的過程，你只需要今天比昨天進步 1%，每天改變一點點，就已踏上卓越之路了。

想像創造機遇

想像是打開機遇之門的金鑰匙，它無處不在，無時不在。俗話說：不怕做不到，就怕想不到。只要勇於想像，並將之付諸於實際行動中，你就有可能創造出機遇。

電視機現在對我們每個人來說只是一件再平常不過的家用電器，但你或許並不了解，電視機的發明最初就源於一個人的想像。

那是 1922 年，美國一個年僅 16 歲的中學生費羅（Philo Taylor Farnsworth）在黑板上畫著一幅莫名其妙的草圖，老師問他畫的是什麼，他指著那幅草圖說，他要發明一個能透過空氣來傳輸影像的東西。老師聽了之後目瞪口呆，要知道在當時即使是無線電收音機，對於人類而言也還是十分驚奇的東西，而 16 歲的費羅竟然異想天開地想發明傳播影像的東西，這樣的想像力確實讓人感到難以理解。然而 4 年之後，費羅在一個實業家的資助之下，開始為實現自己妙不可言的想像而專心工作，並且不久以後，他果然發明了電視機。

這裡講述費羅的故事，是想告訴人們想像和我們一刻也不曾分離，機遇就在你的眼下等你去創造。費羅所具備的天賦條件並沒有特別過人之處，他也只是一個普通人，但他憑著自己的想像，並將之付諸於行動，終於創造了成功人生的機遇。那麼你呢？你並不一定就比費羅差，說不定可能還比他強一點，你為什麼就不能有一個妙不可言的想像，然後以自己的決

抓住時機，創造可能

心和信心將它實現，從而創造出成功的機遇，攀登上人生事業的巔峰呢？

愛因斯坦說過：「想像力比知識更重要，因為知識是有限的，而想像力概括著世界的一切，推動著進步，並且是知識進化的泉源，嚴格地說，想像力是科學研究中的實在因素。」愛因斯坦如此推崇想像，是因為他知道想像力是一個人做好工作的基本要求，想像力是人類進步的主要動力，沒有了想像，人類將永遠停滯在野蠻落後的狀態之中。

想像力可以讓你創造機遇，並且利用這個機遇，使你獲得別人所沒有的成就。

有這樣一個例子，非洲島國模里西斯大櫨欖樹絕處逢生，就是得益於科學家豐富的聯想。在這個國家有兩種特有的生物——渡渡鳥和大櫨欖樹，在16、17世紀的時候，由於歐洲人的入侵和射殺，渡渡鳥已經滅絕，而大櫨欖樹也開始逐漸減少，到了1950年代，只剩下13棵。

1981年，美國生態學家坦普爾來到模里西斯研究這種樹木。他測定大櫨欖樹的年輪時發現，它的樹齡是300年，而這一年，正是渡渡鳥滅絕300週年。也就是說，渡渡鳥滅絕之時，也就是大櫨欖樹絕育之日。這個發現引起了坦普爾的興趣，他找到了一隻渡渡鳥的骨骸，伴有幾顆大櫨欖樹的果實，這說明了渡渡鳥喜歡吃這種樹的果實。

一個新的想法浮上了坦普爾的腦海，他認為渡渡鳥與種子發芽有莫大的關係，可惜渡渡鳥已經在世界上滅絕了，但坦普爾轉而想到，像渡渡鳥那樣不會飛的大鳥還有火雞仍然沒有滅絕，於是他讓火雞吃下大櫨欖樹的果實，幾天後，被消化了一層外殼的種子排出體外，坦普爾將這些種子小心翼翼地種在苗圃裡，不久之後，種子長出了綠油油的嫩芽，這種瀕臨滅絕的寶貴樹木終於絕處逢生。

聯想創造機遇，發揮聯想，充分調整自身意識的積極度，這既可以汲取無盡的知識營養，又可以進一步發展聯想能力，在聯想中產生飛躍式的意識，進而創造出機遇。

勤奮創造機遇

勤奮是走向成功所必備的品德。歷史上許多的傑出人物，他們都是靠勤奮走向成功的。

英國首相瑪格麗特・柴契爾夫人（Margaret Hilda Thatcher）具有過人的精力，她是一個靠自己奮鬥獲得成功的女士。她很少休假，每天睡眠不超過五個小時。她從低微的基層工作開始做起，經歷了漫長的過程，成為歐洲歷史上第一位女首相。由此可見，勤奮工作可以使一個人由平凡走向偉大，從而創造卓越。

在這個人才輩出的時代，要想使自己脫穎而出，你就必須付出比以往任何時代更多的勤奮和努力，擁有積極進取、奮發向上的精神，否則你只能由平凡轉為平庸，成為一個毫無價值和沒有出路的人。

華勒是堪斯亞建築工程公司的執行副總，幾年前他是被堪斯亞一支建築隊應徵進來的一名送水人員。華勒並不像其他的送水工那樣把水桶搬進來之後，就一面抱怨薪資太少，一面躲在牆角抽菸，他幫每個工人的水壺倒滿水，並在工人休息時請他們講解關於建築的各項工作。很快，這個勤奮好學的人引起了建築組長的注意。

兩週後，華勒當上了計時員，華勒依然勤懇地工作，他總是早上第一個來，晚上最後一個離開。由於他對所有的建築工作比如打地基、壘磚、

抓住時機，創造可能

刷泥漿等非常熟悉，當建築隊的負責人不在時，工人們總喜歡問他。現在他已經成了公司的副總，但他仍然專注於工作，從不說閒話，也從不參與任何紛爭中。他鼓勵大家學習和運用新知識，還常常擬計畫、畫草圖，向大家提出各種好的建議。只要給他時間，他可以把客戶希望他做的所有的事做好。

華勒沒有什麼驚世駭俗的才華，他只是一個窮苦的孩子，一個普通的送水工，但是憑著勤奮工作的美德，他得到了機遇的垂青，並一步一步地成長。

華勒的故事就發生在現在，就發生在這個充滿了機遇和挑戰的競爭時代。

所以，不管你現在所從事的是怎樣的工作，不管你是一個水泥工人，還是一個優秀的菁英，只要你勤懇地努力工作，你就會成功，就會得到上司的認可，你就會找到合適的機會。因為，你的勤奮帶給公司的是業績的提升和利潤的成長，帶給自己的是寶貴的知識、技能、經驗和成長發展的機會，當然跟隨機會到來的還有財富。

如果一個人只想著如何少做工作多玩樂，那麼他遲早會被職場淘汰。享受生活固然沒錯，但最應該考慮的，是如何成為老闆眼中有價值的員工。一個有頭腦的、有智慧的人絕不會錯過任何一個可以提升他們的能力，展現他們才華的工作。

正確了解你的工作，勤勤懇懇地努力去做，才是對自己負責的表現。

機遇青睞有勇氣的人

要善於爭取機遇。多一次機遇，成功的可能性就提高一些。每一次機遇的來臨，都要努力。機遇不會平白無故地降臨到你身上，無論如何，只要有一絲希望，就要努力去爭取。只有具有這種精神，機遇才能垂青於你。爭取機遇還必須有堅定的信心，勇於接受各方面挑戰的大無畏勇氣和不怕失敗、百折不撓的精神。只要你勇於向機遇敞開你的大門，勇敢地去接受它，機遇就會投入你的懷抱。

某些機遇在出現時，宛如巨石擋道、大山阻川，好像無法把握，其實，這時考驗的正是你的勇氣。

從前有一個國王，他想委任一名官員擔任一項重要職務，於是就召集了許多聰明機智和文武雙全的官員，想看看他們誰能勝任。

國王說：「我有個問題，想看看誰能解決它。」國王帶著這些人來到一座大門——一座誰也沒見過的巨大的門前。

「你們看到的這扇門，不但是最大的，而且是最重的。你們之中有誰能打開它？」

許多大臣見到大門搖頭擺手，有的走近看看，有的則無動於衷。只有一位大臣，他走到大門前，用眼睛和手仔細檢查，然後又嘗試著各種方法。最後，他抓住一條沉重的鏈子一拉，巨大的門開了。

國王說：「你將在朝廷中擔任要職！」

其實，大門並沒有完全關死，任何人只要仔細觀察，再加上有膽量去試一下，就能輕易地打開——機遇青睞有勇氣的人。

抓住時機，創造可能

不為退縮找藉口

「沒有任何藉口」使許多成功人士養成了毫不畏懼的決心、堅強的毅力、完美的執行力、以及在限定時間內把握每一分每一秒，去完成任何一項任務的信心和信念。「沒有任何藉口」還表現出一種完美的執行能力。

尋找藉口唯一的好處，就是掩飾自己的過失，把應該自己承擔的責任轉移給社會或他人。這樣的人，在企業中不會是稱職的員工，也不是企業可以期待和信任的員工，在社會上不是大家可信賴和尊重的人。這樣的人，注定只能是一事無成的失敗者。

有許多人把寶貴的時間和精力放在如何尋找一個合適的藉口上，而忘記了自己的職責和責任！

萊恩是一個身心障礙的青年，腿腳不方便，在工廠裡當普通的操作人員。在一般人來看，萊恩根本不適合做這種工作，因為這個工廠是生產線的模式，每一個員工都要非常迅速地掌握操作過程，熟練地把產品的插板焊接一個零件，然後按動按鈕送到下一個人操作。如果稍有怠慢，就會影響整個工廠的工作，生產線路堵車會造成很大的損失。剛開始萊恩應接不暇，產品一個接一個在他的工位前停下來，他急得滿頭大汗。由於他的行動不方便，拿焊接機的手不穩定，甚至無法用力，無法把螺絲準確地鎖在合適的位置上，主管對他發脾氣，同事對他不滿意，有的人還諷刺他說：「你本來就不是做事的料，乾脆回家休息！」

萊恩不認輸，他決心用行動證明自己能做好這項工作，不但要做好，而且還要比同事更好。雖然自己腳不方便，但他認為自己沒有任何藉口向上司和同事要求特殊待遇。頑強的鬥志促使他付出加倍的努力來證明自己的價值。

於是他比任何人都用心工作，早上上班前，他就拿著生產線模式的操作說明書，下班後，他一人仍然在研究這條生產模式的原理。同事說：「你只管自己做好就好了，還看其他的工作幹嘛，真是傻瓜！」但是萊恩不聽勸告，他知道只有勤奮地工作，每天多做一點點，每天多學習一些新東西，自己才會超越別人，千萬不要為退縮找藉口。

在一年後的夏天，工廠由於產品的銷路不好，宣布裁減人員並應徵新的廠長上任，重新調整廠內組織。大家一看工廠門口的海報都愣住了，因為萊恩不但沒有被辭退，而且被提升為廠長，讓他分管廠內事務。

一些人總是藉口說沒有機遇，他們總是喊：機遇！請給我機遇！其實，每個人生活中的每時每刻都充滿了機遇。

無論你是健全的還是身體有缺陷的，對任何工作都要盡心盡力，沒有任何藉口地追求卓越，你才能成功，因為企業老闆不會因你的缺陷或能力有限而另眼看待，讓你少做事，多給薪水，只有你自己拯救自己，方能走向成功。

機會就是主動出擊

機會不是等來的，要靠我們自己主動去創造，唯有創造機會的人，才能建立轟轟烈烈的事業。

電影巨星史特龍（Sylvester Stallone），父親是個賭徒，母親是個酒鬼，從小在父母的暴力下長大，直到二十歲的時候，他才決心要做一個演員，改變自己的命運。

抓住時機，創造可能

於是，他來到好萊塢，找明星，找導演，找製片……找一切可能使他成為演員的人，四處哀求：

「給我一次機會吧，我要當演員，我一定能成功！」

他一次一次被拒絕，但是他並不氣餒，他把每一次拒絕當成一次學習的機會，他堅信自己一定能成功。兩年時間，他被拒絕了 1,000 多次。

在經過 1,000 多次拒絕後，他想出了一個「迂迴前進」的方法：先寫劇本，如果導演看中劇本，再要求當演員。一年後，劇本寫出來了，導演也認可了，但是，讓他當演員的願望還是無法實現。

終於，在他遭到 1,300 多次拒絕後的一天，一個曾拒絕過他 20 多次的導演對他說：「我不知道你是否能演好，但至少你的精神令我感動：我可以給你一次機會，但我要把你的劇本改成電視連續劇，同時，先只拍一集，就讓你當男主角，看看效果再說。如果效果不好，你便從此斷了這個念頭吧！」

為了這一刻，他已經做了三年多的準備，終於可以一試身手。機會來之不易，他自然拚盡全力、全身心地投入其中。第一集電視劇創下了當時全美最高收視紀錄 —— 他成功了！

史特龍的健身教練哥倫布醫生這樣評價他：「史特龍做每一件事都百分之百投入。他的意志、恆心與堅持都令人驚嘆。他是一個行動家，他從來不呆坐著讓事情發生 —— 他主動地讓事情發生。」如果史特龍當初只是「想」成功，在茶餘飯後做做明星夢，消遣一下，他就絕不會有今天。如果只是那樣的話，他就不會付出，不會拚命。大多數機遇不是偶然的，而是自己努力追求的結果。

考取電影學院是張先生命中一次至關重要的機遇，也是他人生的轉捩

機會就是主動出擊

點。張先生在這一關鍵時刻所表現出來的智慧、意志和技巧，頗值得我們深思。

當時電影學院在招生，張先生知道期盼多年的機遇已經來臨，這是千載難逢的一次機會，他一定要試一試。

張先生帶著自己精心挑選的攝影作品，找到了電影學院的招生辦公室。他的作品所表現出來優秀的藝術素養令老師們大加讚賞，但是，學校規定招生的最高年齡是 22 歲，而張先生當時已經 27 歲了。受限於規定，年齡一項就把張先生阻擋在門外，張先生雖然多方奔走，終無結果。

張先生失望但未絕望，他是只要還有一點點可能和機會便會緊緊抓住不放的人，他要創造自己的命運。他聽從一位朋友的建議，寫了一封言詞懇切的信給素昧平生的文化部長，還附上了幾張能代表自己攝影功力的作品。

最終，信輾轉到了部長手中，頗通藝術的部長認為張先生才華難得，遂寫信給電影學院，終於使電影學院破格錄取了張先生。

然而，在張先生讀完二年級的時候，校方以他年齡太大為由要求他離校，而此時力薦張先生的部長已經離位。向誰去求助呢？

張先生意識到，千里馬常有而伯樂不常有，不能把自己的命運寄託在伯樂身上。自己已進入而立之年，更應該自己掌握自己的命運。而所謂命運，無非就是機會和抓住機會的能力。他硬著頭皮寫了一封態度誠懇的信給學校主管，強烈地表達了自己要求繼續讀書的願望。再加上愛才的老師多說好話，校方終於同意讓他繼續上學。此後，張先生又連連主動出擊，把握自己的人生機遇，終於成為今日享譽中外的知名導演。

絕不坐等機遇，而是主動地去尋找機遇、創造機遇、嘗試種種掌握機

> 抓住時機，創造可能

遇的辦法，直至成功，這是一種成功者的機遇觀。對於那些沒有出眾的人生資本，又總想坐等好運到來的人，縱有抓住機遇的心願，機遇最終也不會眷顧他。

用信心征服機遇

美國有一位著名的潛能開發大師席勒，由於採用激勵的效果極佳而且內容豐富，受到學員的喜愛，並且受邀到世界各地去巡迴演講。

席勒有一句招牌話：「任何一個苦難與問題的背後，都有一個更大的祝福！」他常常用這句話來激勵學員正面思考。由於他時常將這句話掛在嘴上，連他唯一的女兒，才念小學時就可以琅琅上口地說這句話。他的女兒是一個非常活潑可愛的小女孩。

有一次，席勒受邀到韓國演講，就在課程進行中，他收到一封來自美國的緊急電報：他的女兒發生了一場意外，已經送到醫院進行緊急手術，有可能切除小腿！他心慌意亂地結束課程，火速地趕回美國。到了醫院，看到的是躺在病床上，一雙小腿已經被切除的女兒。這是他頭一次發現自己的口才完全不見了，笨拙地不知如何來安慰這個熱愛運動、充滿活力的天使！女兒好似察覺父親的心事，告訴他：「爸爸！你不是時常說，任何一個苦難與問題的背後，都有一個更大的祝福嗎？不要難過呀！」他無奈又激動地說：「可是！你的腳……」

女兒又說：「爸爸放心，腳不行，我還有手可以用呀！」兩年後，小女孩升上中學，並且再度入選壘球隊，成為該聯盟有史以來最厲害的壘球選手。

用信心征服機遇

　　信心是戰勝不幸遭遇的法寶。在不幸面前，發揮人性的優勢戰勝不幸帶來的影響，隨之幸運就會來到你的面前，為你生活帶來機會和生機。

　　海倫‧凱勒（Helen Adams Keller）是位全世界都知道的盲人，她是如何站在信念的天平上的呢？換句話說，當她生理上和生存上開始面臨不幸的時候，她是如何成就大事的呢？

　　海倫剛出生時，是個正常的嬰孩，能看、能聽，也會啞啞學語。可是，一場疾病使她變成既盲又聾的小孩——那時她才19個月大。

　　生理的劇變，令小海倫性情大變，稍不順心，她便會亂敲亂打，野蠻地用雙手抓食物塞入口裡；若試圖去糾正她，她就會在地上打滾亂喊亂叫，簡直是個「小暴君」。父母在絕望之餘，只好將她送到波士頓的一所啟明學校，特別聘請一位老師照顧她。

　　所幸的是，小海倫在黑暗的悲劇中遇到了一位偉大的光明天使——安妮‧蘇莉文（Anne Sullivan Macy）女士。蘇莉文也有著不幸的經歷。她10歲時，和弟弟兩人一起被送進孤兒院，在孤兒院的悲慘生活中長大。由於房間不足，幼小的姐弟倆只好住進放置屍體的太平間。在衛生條件極差的環境中，幼小的弟弟6個月後就夭折了，她也在14歲得了眼疾，幾乎失明。後來，她被送到帕金斯啟明學校學習點字和指語法，便做了海倫的家庭教師。

　　從此，蘇莉文女士與這個蒙受多重痛苦的女孩之間的抗爭就開始了。洗臉、梳頭、用刀叉吃飯都必須一邊和她奮鬥一邊教她。固執的海倫以哭喊、怪叫等方式全力反抗嚴格的教育。然而最後，蘇莉文女士究竟如何以一個月的時間就和生活在完全黑暗、絕對沉默世界裡的海倫溝通的呢？

　　答案是信心與愛心。

抓住時機，創造可能

關於這件事，在海倫·凱勒所著的《我的生活》（*The Story of My Life*）一書中，有感人肺腑的深刻描寫：一位年輕的復明者，沒有多少「教學經驗」，將無比的愛心與驚人的信心，灌注在一位全盲、全聾、全啞的小女孩身上——先透過心靈的溝通，靠著身體的接觸，為她們的心靈搭起一座橋。接著，自信與自愛在小海倫的心裡產生。將她從痛苦的孤獨地獄中解救出來，透過自我奮發，發揮潛意識那無限能量，走向光明。就是如此：兩人手攜手，心連心，以愛心和信心作為「藥方」，經過一段不足為外人道的掙扎。喚醒了海倫那沉睡的意識力量。一個既聾又啞且盲的少女，初次領悟到語言的喜悅時，那種令人感動的情景，實在難以語言表述。海倫曾寫道：「在我初次領悟到語言存在的那天晚上，我躺在床上，興奮不已，那是我第一次希望天亮——我想再沒其他人，可以感覺到我當時的喜悅吧。」仍然是失明，仍然是聾啞的海倫。憑著觸覺——指尖去代替眼和耳——學會了與外界溝通。她10歲多一點時，名字就已傳遍全美，成為身障人士的模範——一位真正由弱轉強的模範。

西元1893年5月8日，是海倫最開心的一天，這也是電話發明人貝爾博士值得紀念的一日。貝爾博士這位成大事者在這一日成立了國際聾人教育基金會，而為會址動土的正是13歲的小海倫。

若說小海倫沒有自卑感，那是不正確的，也是不公平的。幸運的是她自小就在心底裡建立起顛撲不破的信心，超越了自卑。小海倫成名後，並未因此而自滿，她繼續孜孜不倦地接受教育。西元1900年，這個20歲學習了指語法、凸字及發聲，並透過這些手段獲得超過常人的知識的女孩，進入了哈佛大學拉德克利夫學院讀書。她說出的第一句話是：「我已經不是啞巴了！」她的努力沒有白費，興奮異常，不斷地重複說：「我已經不是啞巴了！」4年後，她作為世界上第一個受到大學教育的盲聾啞人，以優

異的成績畢業。

　　海倫不僅學會了說話，還學會了用打字機寫書和寫稿。她雖然是位盲人，但讀過的書卻比視力正常的人還多。而且，她寫了 7 本書，比「正常人」更會欣賞音樂。

　　海倫的觸覺極為敏銳，只需用手指頭輕輕地放在對方的唇上，就能知道對方在說什麼；把手放在鋼琴、小提琴的木質部分，就能「欣賞」音樂。她能以收音機和音箱的振動來辨明聲音，又能夠利用手指輕輕地碰觸對方的喉嚨來「聽歌」。

　　如果你和海倫‧凱勒握過手，5 年後你們再見面握手時，她也能憑著握手來認出你，知道你是美麗的、強壯的、體弱的、滑稽的、爽朗的，或者是滿腹牢騷的人。

　　這個克服了常人「無法克服」的障礙的「改造命運之人」，其事蹟在全世界引起了震驚和讚賞。她大學畢業那年，人們在聖路易博覽會上設立了「海倫‧凱勒日」。她始終對生命充滿信心、充滿熱忱。她喜歡游泳、划船，以及在森林中騎馬。她喜歡下棋和用撲克牌算命。在下雨的日子，就以編織來消磨時間。

　　海倫‧凱勒，一個三重障礙的人，憑著她那堅強的信念，終於戰勝自己。她雖然沒有發大財，也沒有成為政界偉人，但是，她所獲得的成就比富人、政客還要大。

　　第二次世界大戰後，她在歐洲、亞洲、非洲各地巡迴演講，喚起了社會大眾對身心障礙者的注意，被《大英百科全書》稱頌為有史以來身障人士中最有成就的人。美國作家馬克‧吐溫（Mark Twain）評價說：「20 世紀中，最值得一提的人物是海倫‧凱勒。」身受盲聾啞三重痛苦，卻能克服

> 抓住時機，創造可能

它並向全世界投射出光明的海倫‧凱勒及其她的老師莉蘇文女士的事蹟，說明了什麼問題呢？答案是：請學會培養自己成大事的能力！如果沒有信心這樣做，那麼你就無法實現自我的價值。

用誠信之心贏取機遇

在阿拉斯加地區極其偏遠的一個地方，有一對夫婦和他們的兩個兒子住在自己搭建的小木屋裡。家裡還包括他們養的兩匹狼。當初牠們的母親被開槍打死，兩隻嗷嗷待哺的小狼只有死路一條。這家人從狼窩中把牠們抱回了家。

一天，夫婦倆正在離家約一英哩處伐木，這時一個孩子不小心打翻了家裡一盞煤油燈，熊熊大火開始吞噬小木屋。由於驚嚇，屋裡的兩個小男孩呆住了，被困在裡面。這時，兩匹狼立即向木屋衝進去，把兩個孩子拖到屋外的安全地帶。兩匹狼卻被大火嚴重燒傷了。

這則小故事說明了狼對群體的忠誠。忠誠，對個人和組織來說都是極其寶貴的財富。

西元1835年，摩根先生成為伊透納火災保險公司的股東，摩根先生當時沒有現金，但這家小公司不用馬上拿出現金，只需在股東名冊上簽上名字即可成為股東。然而不久，有一家投保的客戶家中發生了火災。按照規定，如果完全付清賠償金，保險公司就會破產。股東們一個個驚慌失措，紛紛要求退股。摩根先生認為自己應該為客戶負責。於是他四處籌款並賣掉了自己的房產，並以低價收購了所有要求退股人的股份，將賠償金如數理賠給投保的客戶。

一時間，伊透納火災保險公司聲名鵲起。已經幾乎身無分文的摩根先生瀕臨破產，無奈之中，他打出廣告，凡是再加入伊透納火災保險公司的客戶，保險金一律加倍收取。不料客戶卻是蜂擁而至，因為在很多人的心目中，伊透納公司是最講信譽的保險公司。伊透納火災保險公司從此在保險業崛起。

許多年後，摩根先生的孫子 J. P. 摩根（John Pierpont Morgan）主宰了美國華爾街金融帝國。其實成就摩根家族的並不僅僅是一場火災，而是比金錢更有價值的信譽，也就是對客戶的忠誠。還有什麼比讓別人都信任你更寶貴的呢？有多少人信任你，你就擁有多少次成功的機會。信譽是無價的，信譽獲得成功，就像用一塊金子換取同樣大小的一塊石頭一樣容易。

忠誠守信的人不吃虧，忠誠、守信能幫助你的人生之舟在波濤洶湧的大海上穩步航行，能讓你得到更多成功的機會。

忠誠對於客戶來說，就是誠實守信。一個業務員每天按照經理的吩咐對顧客介紹產品的優點，他厭倦了這種工作方式。一天，當有顧客光臨的時候，他在介紹產品優點的同時也開始介紹產品的缺點，顧客聽完後沒說什麼就走了。經理非常生氣，決定解僱他。正當這個業務員要離開公司的時候，原本的那位顧客又回來了，他還帶了一些人，這些人都準備買他的東西——這些人是衝著業務員來的，就因為他是個誠實的人。

只要以誠待人，必定能贏得對方的好感，也能及早察覺對方的心意。

有些人不擅辭令，由於不擅辭令而吃虧的時候，與其希望改善說話的技巧，還不如以自己的誠懇態度去打動對方。因為，愈是為說話焦慮，愈是無法完美地表達自己的意思。不善於言辭者，或許會略顯笨拙，但是卻給人一種值得信賴的真誠感，只要你能盡量地利用肢體語言輔助傳達自己

抓住時機，創造可能

的熱誠，不但能彌補不善辭令的缺點，還更能夠傳達你的熱情，更具說服力，明瞭自己的弱點，是獲得利益的捷徑。

用創業之心擁抱機遇

偉大的成功和業績，永遠屬於那些創造機會的人，而不是那些一味等待機會的人們。應該牢記：良好的機會完全在於自己的創造。

弗雷德克少年時期便夢想成為一個成功的商人，由於沒有什麼太好的機遇，他的心中也時常顯得焦躁不安。

在一個很偶然的機會裡，他觀察到人們在一般情況下只是在酒吧或者飲料店裡喝茶或酒，到了夏天天氣炎熱的時候，這些酒吧生意都不如預期，老闆也煩惱不已。他立即敏銳地發現如果在氣候炎熱的夏季，人們能喝上冰涼的冷飲該是多麼開心的事情。

弗雷德克由此看到了一個潛在的商機。於是，他開始不斷地實驗。他試著利用冰塊做各式各樣的冷飲，並將冰塊加入各種飲料中調出各種口味的飲品。經過反覆試驗，他終於試做出適合於多數人飲用的冷飲。

因為這些冷飲在炎熱天氣下有解暑降溫的作用，經冰鎮過的各種液體又會變得十分可口，這些飲品立即在各個地方，尤其是那些氣溫高而又缺水的地區率先風靡起來。一時間，喝冷飲蔚然成風，並逐漸在全國各地廣泛地流行。

冷飲的風行大大地帶動了冰塊的銷售，一切都如弗雷德克所預料的那樣，冰塊的銷售業務獲得了巨大的發展，並為他帶來了巨大的財富。

弗雷德克是一個勤奮的人，他能想到冰塊帶來商機的同時，一次又

一次地去驗證自己想法的正確性。他相信自己的判斷，更不想錯過這個機會。

抓住機遇就意味著成功，但是，創造機遇並非一蹴而就，它需要人們以百倍的勇氣和耐心在崎嶇的道路上慢慢摸索；機遇又往往在險峰之間，它只鍾情於那些不畏艱難困苦的人。一個少年時的夢想使弗雷德克在灰色的現實中破冰而出。

世界上許多事業有成的人，不一定是因為他比你聰明，而僅僅因為他比你更懂得創造機遇。美國著名成功學大師安東尼·羅賓認為，成功取決於一系列的決定。成功的人能迅速地做出決定，並且不會經常改變；而失敗的人做決定時往往很慢，而且經常改變決定的內容。

決定彷彿是一股無形的力量，在你人生的每一個時刻導引你的思想、行動和感受。

用智慧打開機遇之門

一對猶太父子在美國休士頓做銅器生意。一天，父親問兒子 1 磅銅的價格是多少，兒子答 35 美分。父親說：「對！整個德克薩斯州都知道每磅銅的價格是 35 美分，但作為猶太人的兒子，你應該說 3.5 美元。你試著把 1 磅銅做成門把看看。」

20 年後，父親死了，兒子獨自經營銅器店。他做過銅鼓，做過瑞士鐘錶上的簧片，做過奧運會的獎牌，他甚至曾把 1 磅銅賣到 3,500 美元的天價。後來，他成了麥考爾公司的董事長。

然而，真正使他揚名的是紐約州的一堆垃圾。1974 年，美國政府為清

抓住時機，創造可能

理翻新自由女神像產生的廢料公開招標。但好幾個月過去了，沒人投標。正在法國旅行的他聽說後，立即飛往紐約，看過自由女神像下堆積如山的銅塊、螺絲和木料，未提任何條件，當下就簽了字。

很多同行私下嘲笑他的舉動，認為他的行動是愚蠢的。因為在紐約州，垃圾處理有嚴格的規定，搞不好會受到環保組織的檢舉。就在一些人要看這個德克薩斯人的笑話時，他開始請工人分類廢料。他讓人把廢銅熔化，鑄成小自由女神像，他把木頭加工做成底座，廢鉛、廢鋁做成紐約廣場的鑰匙。最後，甚至是自由女神像上的灰塵都被掃下來，包裝起來賣給花店。不到3個月的時間，他讓這堆廢料變成了350萬美元。每磅銅的價格整整翻了1萬倍。

一些有益的體驗可以增加我們生命的分量，也可以成為生活智慧的一部分，巧妙地運用就能幫助我們解決不少問題。

西班牙一名5歲的女童梅洛迪，在上學途中被3名匪徒擄走。數小時後，梅洛迪的家人接到電話，匪徒勒索1千萬美元。

梅洛迪的父親納卡恰安是西班牙的富商，在埃斯特波納開設夜總會。他說：「我只能籌到300萬美元。時間越長，我越擔心女兒的安全。」

幸好納卡恰安急中生智。他想起歌星妻子的最新唱片，那唱片封套上妻子照片中的眼睛，反映出攝影師的影像。於是，他再次接到匪徒電話時，立即要求他們拍攝女兒的照片，證實她無恙。納卡恰安收到女兒的照片後，交給警方，由警方的攝影專家利用精密儀器，將梅洛迪的眼睛放大，果然從中看出匪徒的相貌。探員認出其中一名綁匪是慣犯，而且知道他平日出沒的地點。於是，為時12天的綁架案得到突破性進展，警方根據這個線索，破了此案，救出了梅洛迪。

納卡恰安就是運用生活中的這一點經驗使女兒獲救的。

不滿足就能發現機遇

　　張博從小酷愛讀書，為了做到博聞強記，凡是所讀的書一定要親手抄寫，抄寫朗誦一遍，就把它燒掉，又重新抄寫，像這樣要抄六、七次直到能背誦時，方才作罷。由於經常抄寫，他右手握筆管的地方長出了老繭。冬天手指裂開，每天要在熱水裡浸泡好幾次才能屈伸，他把自己的書房叫做「七錄齋」。勤奮學習，堅持不懈，終於使他成為明末著名的文學家。張博寫作思路敏捷，一般人向他索取詩文，他從來不打草稿，都是當著來客的面，一揮而就，因此，名噪一時。

　　梅蘭芳在剛學戲的時候，因為眼皮下垂，迎風流淚，眼珠轉動不靈活而煩惱。「巧笑倩兮，美目盼兮」，唱旦角的眼睛不好，唱戲時無法表達神情。後來，他偶然發現飛翔的鴿子可以使眼珠變靈活，於是他每天一早起來就放鴿子高飛，盯著牠們一直飛到天際，並仔細地辨認哪隻是別人的，哪隻是自家的，終於練就了舞臺上那一雙神光四射、精氣內涵的秀目。

　　對許多人來說，要想成功，笨鳥先飛是最好的方法。只要多付出，不怕苦，一樣可以做得很好，關鍵在於能否持之以恆。

　　永不滿足於已有的成就，以更大的熱情去獲得更大的成功，不斷地給自己壓力，不斷給自己機會去創造成功，永遠不讓引擎熄火，才能使自己的生命之車開到盡可能遠的奇境。

　　齊白石本是個木匠，靠著自學，成為畫家，榮獲世界和平獎。然而，他始終不滿足於已經取得的成就，不斷吸取歷代名畫家的優點，改變自己作品的風格。他 60 歲以後的畫，明顯地不同於 60 歲以前。70 歲以後，他的畫風又變了。80 歲以後，他的畫風再度有了變化。據說，齊白石一生

抓住時機，創造可能

中，畫風至少變了五次。即使他已 80 高齡，還每日揮毫不已。有時，來了客人或身體不適，不能作畫，之後也一定補畫。齊白石在成名之後仍然每日勤奮作畫，所以他晚年的作品比早期的作品更為成熟，形成了獨特的流派與風格。

美籍中國物理學家丁肇中教授，因發現「J」粒子而獲得 1976 年度的諾貝爾物理學獎。他繼續突破瓶頸，於 1979 年又獲重大成果——發現了「膠子」。他為什麼能接連獲勝呢？這是因為他在獲獎後不但沒有放鬆自己，反而更加自我要求。他每天只睡四至六小時，騰出更多時間在科學研究上，不因獲獎而放慢前進的步伐。

面對現實，自暴自棄，甘居人後，還不如來個「先飛」、「多練」，由勤而熟，由熟而巧，透過以勤補拙，成為「巧鳥」。

突破自己才能創造奇蹟

世界上萬事萬物都有自己的規則，正所謂沒有規矩，不成方圓。但是，過於沉溺於規則中，就容易形成一種定性思維模式，固守在一個小圈子裡出不來，離機遇和成功也就越來越遠。所以，我們有時需要突破一下自己，改變一下自己的思維，換一個角度看問題，你會發現，不可能的一切都變成了可能。

大象能用鼻子輕鬆地將一噸重的行李抬起來，但我們在看馬戲表演時卻發現，這麼巨大的動物，卻安靜地被拴在一個小木樁上。

因為牠們自幼小無力時開始，就被沉重的鐵鏈拴在木樁上，當時不管牠用多大的力氣去拉，這木樁對幼象而言，實在動也動不了。不久，幼象

長大,力氣也變大了,但只要身邊有樁,牠總是不敢妄動。

這就是定性思維模式。長大後的象,可以輕易將鐵鏈拉斷,但因幼時的經驗一直留存在心裡,所以牠習慣地認為(錯覺)「絕對拉不斷」,所以不再去拉扯。從人類來看也是如此——雖被賦予「頭腦」這一最強大的武器,但因自以為是而不加以使用,於是徒然浪費「寶物」,實是愚蠢之人。

由此可知,不只是動物,人類也因未排除「固定觀念」的偏差想法,而只能以常識性、否定性的眼光來看事物,理所當然地認為「我沒有那樣的才能」,終於白白浪費掉大好良機。除了這種默默地看待自己的錯誤外,用僵化和固定的觀點接觸外界的事物,有時也會帶來危害。比如,通常我們都知道,海水是無法飲用的,但如果抱定了這種想法,也可能犯下嚴重的錯誤。

一次,一艘遠洋輪船不幸觸礁,沉沒在汪洋大海裡,倖存下來的9名船員拚死登上一座孤島,才得以活命。但接下來的情形更加糟糕,島上除了石頭,還是石頭,沒有任何可以用來充飢的東西。更為要命的是,在烈日的曝曬下,每個人都口渴至極,水成為了最珍貴的東西。儘管四周是水——海水,但誰都知道,海水又苦又澀又鹹,根本不能用來解渴。現在9個人唯一的生存希望是老天爺下雨或別的過往船隻發現他們。

他們等了很久,沒有任何下雨的跡象,除了一望無邊的海水,沒有任何船隻經過這個寂靜的島。漸漸地,他們支撐不下去了。8個船員相繼渴死,當最後一位船員快要渴死的時候,他實在忍受不住,撲進海水裡,「咕嚕咕嚕」地喝了一肚子海水。船員喝完海水,一點也感覺不出海水的苦澀味,相反地覺得這海水非常甘甜,非常解渴。他想:也許這是自己渴死前的幻覺吧,便靜靜地躺在島上,等著死神的降臨。他睡了一覺,醒來後發現自己還活著,船員覺得非常奇怪,於是他每天靠喝海水度日,終於

抓住時機，創造可能

等來了救援的船隻。

後來人們化驗這裡海水，發現這裡由於有地下泉水的不斷湧出，海水實際上是可口的泉水。習以為常、耳熟能詳、理所當然的事物充斥著我們的生活，使我們逐漸失去了對事物的熱情和新鮮感。經驗成了我們判斷事物的唯一標準，存在的變成了合理的。隨著知識的累積、經驗的豐富，我們變得越來越循規蹈矩，越來越老成穩重，於是創造力喪失了，想像力萎縮了。思維定式已經成為人類超越自我的一大障礙。

標新立異者常常能突破人們的思維常態，反常用計，在「奇」字上下功夫，拿出出奇的招數，贏得出奇的效果。

亨利‧蘭德平日非常喜歡為女兒拍照，而每一次女兒都想立刻得到父親為她拍攝的照片。於是他告訴女兒，照片必須全部拍完，等底片捲回，從照相機裡拿下來後，再送到暗房用特殊的藥品顯影。而且，在副片完成之後，還要照射強光使之映在別的像紙上面，同時必須再經過藥品處理，一張照片才算完成。他向女兒做說明的同時，內心卻在問自己：「等等，難道沒有可能製造出『同時顯影』的照相機嗎？」對攝影稍有常識的人，在聽了他的想法後都異口同聲地說：「怎麼可能？」並列舉各項理由說：「簡直是一個異想天開的夢。」但他卻沒有因受此批評而退縮，終於不畏艱難地研究完成了「拍立得相機」。這種相機的作用完全依照女兒的希望，同時，蘭德企業就此誕生了。老觀念不一定對，新想法不一定錯，只要打破心理枷鎖，突破定性思維，你也會像蘭德一樣成功！

相信機遇就在前面

想要出人頭地，不僅要勇於挑戰擋在自己面前的「巨人」，而且要積極應對別人對自己的挑戰。挑戰使人奮發，讓人成長；挑戰帶來痛苦，也帶來歡樂。

成功創造於不斷的挑戰，挑戰自然，挑戰他人，更要挑戰自我。

有競爭的環境，才能激發人的競爭意識，才能激發人的生理和心理的潛能。如果員工在自己的工作中，不敢挑戰企業的「大廠」，那他永遠只配當別人的下屬：不敢挑戰自我，那他永遠也沒有變化，終究有一天他會被淘汰出局。工作需要挑戰，只有在挑戰中，才能帶來企業和個人的發展。

兩個同班同學外出打工，一個去紐約，一個去洛杉磯。但在等車時，各自都改變了主意。因為他們聽到鄰座人議論說，紐約人精明，連問路都要收費；洛杉磯人老實，見到沒飯吃的人不但給食物，還給衣服。原打算去紐約的人想，還是去洛杉磯好，賺不到錢也不會餓著，他慶幸自己還沒有出發；原打算去洛杉磯的人則想，還是去紐約好，幫人帶路都能賺錢，還有什麼不賺錢的工作嗎？他慶幸自己還在車站。於是他們互換了地點，原準備去紐約的去了洛杉磯，原準備去洛杉磯的去了紐約。

去洛杉磯的發現，洛杉磯果然好。他初到洛杉磯的一個月裡，什麼事也沒做，竟也沒餓著，不僅銀行大廳裡的開水可以免費喝，而且大商場裡歡迎試吃的點心也可以免費吃。

去紐約的人發現，紐約果然是可以發財的地方，做什麼都可以賺錢，擦皮鞋可以賺錢，幫人裝盆水洗臉也可以賺錢。憑著對泥土的深厚感情和

抓住時機，創造可能

獨特感受，他在建築工地上搬了10包含有沙子和樹葉的土，以「花盆土」的名義向愛養花的紐約人兜售，一天就賺了五、六百元美金。一年後，他憑出售「花盆土」竟在紐約有了一間小小的店面。後來，他又發現，清洗公司原來只負責清潔樓層不負責清潔招牌。他立即抓住這機會，買了梯子、水桶和抹布，成立了小型清潔公司，專門負責清潔招牌。如今他的公司已經有150多名員工，業務由紐約發展到各地。

不久後，他去洛杉磯考察清潔市場。半路上，一個撿垃圾的向他要空瓶子時，雙方都愣住了，因為五年前他們換過一次車票。

面對挑戰，強者會迎難而上，在挑戰中激發自己的潛能，創造發展的機會；弱者卻會選擇逃避，樂於接受平庸，安於享受暫有的一切。面對挑戰，你又會做出哪種選擇？

如何結識機遇

環境相對於個人的力量來說是強大的，不同的人在一生中面臨的環境不同，有好有壞，有高有低，但環境的好壞高低只能表示命運的起點，而不是命運的整個過程。

周圍的環境是愉快的還是不和諧的，身邊的朋友是經常激勵你還是經常打擊你，都關係到你的前途。大多數人體內都蘊藏著巨大的潛能，它酣睡著，它一旦被外界的東西激發，就能做出驚人的事情來。可以激發一個人潛能的事情往往是微不足道的，也許是一句格言，也許是一次講演，也許是一則故事，也許是一本書，也許是朋友的一句鼓勵……

在這裡，我們應該進一步明白，適應環境其實並不是我們利用環境資

如何結識機遇

源的最佳方式。適應環境大多是我們在無法改變現狀情況下的一種無奈選擇，比如我們年幼時，是無法改變家庭環境的；作為普通人，我們是無法改變大的時代環境的。而事實上，在你能夠選擇的範圍內，積極主動地選擇對個人有利的發展空間才是掌控環境資本的最高境界。

李斯是秦朝的丞相，輔佐秦始皇統一並管理國家，立下汗馬功勞。但鮮有人知，李斯年輕時只是一名小小的糧倉管理員，他的立志發奮，竟然緣於一次上廁所的經歷。

那時，李斯26歲，是楚國上蔡郡府裡的一個看守糧倉的小文書。他的工作是負責記載糧倉貨物進出，將一筆筆糧食的進出情況認真記錄清楚。日子就這麼一天天過著，李斯也沒覺得有什麼不對。直到有一天，李斯到糧倉外的一個廁所方便，就這樣一件極其平常的小事竟改變了李斯的一生。李斯進了廁所，尚未動作，卻驚動了廁所內的一群老鼠。這群老鼠個個瘦小乾枯，探頭縮爪，且毛色灰暗，身上又髒又臭，讓人噁心之極。李斯看見這些老鼠，卻忽然想起了自己管理的糧倉中的老鼠，一個個吃得腦滿腸肥，皮毛油亮，整日在糧倉中大快朵頤，逍遙自在，與眼前廁所中這些老鼠相比，真有天壤之別啊！

人生如鼠，不在倉就在廁，環境不同，命運也就不同。自己在這個上蔡都市這個小小的倉庫中做了八年的工作，從未出去看過外面的世界，不就和這些廁所中的小老鼠一樣嗎？整日在這裡掙扎，卻全然還不知有糧倉這樣的天堂。

李期決定換一種生活，第二天他就離開了這個小城，去投奔一代儒學大師荀況，開始了尋找「糧倉」之路。20多年後，他的家就在秦都咸陽丞相府中。「人生如鼠，不在倉就在廁」這句流傳千古的名言不知改變了多少人的命運。人的命運有好有壞，生於倉的命運自然要好過生於廁的命運；

抓住時機，創造可能

如果生於廁的安於現狀，得過且過，那麼在廁的也就注定只能永遠在廁了。但是也有其中不安分者，他們認為可以改變命運，所謂「山不過來，我就過去」，透過抱持一種改變命運的理想信念，並且努力實踐，最終把自己從壞的命運中拯救出來。在人生命運轉折的關鍵處，每一個人都應該問自己，現在所處的環境，是在倉還是在廁？

坐井觀天，你只能做井底之蛙；只有那些勇於跳出井底的人，才有希望擁抱一片燦爛的天空。

天下的路是相連的，世上的事是相通的。一個人的成功，最初往往是從固有想法的改變開始。小小的改變，結果大大不同！

勇於夢想機遇

成功學大師拿破崙・希爾（Oliver Napoleon Hill）說：「一切的成就，一切的財富，都源於一個意念。」如果一個人決心要擺脫貧窮，那麼富裕一定不會遠。沒有夢想，可能變成不可能；有了夢想，就能把不可能變成可能。

請你立即給自己一個夢，請你從現在開始一定要預設：今天是我新生命的開始，我一定會成為改變自己、家族、團隊、民族、人類命運的人，我說到做到，我的未來必定輝煌。

美國著名影星、加利福尼亞州州長阿諾・史瓦辛格（Arnold Alois Schwarzenegger）曾在大學與學子「面對面」分享他人生的酸甜苦辣。他演講的主要內容為「堅持夢想」，精彩的演講引起了聽眾的強烈迴響。

史瓦辛格說：「不管你有沒有錢或工作，不管你是否受過短暫的挫折

和失敗，只要你堅持自己的夢想，就一定會成功！」史瓦辛格說，自己小時候體弱多病，後來竟然喜歡上舉重，最初也受到一些人的嘲諷和質疑，但他苦練後練就了一副強壯的體格，並贏得了世界級比賽的健美冠軍。而在隨後的從影、從政過程中，外界的質疑也從未中斷過，但他沒有動搖，最後還是將夢想一個個地實現了。

「你們應該走出去，大膽地實現自己的夢想，為了你們的學校，為了世界！」他告訴聽眾。

是的，有夢想才會成功，有夢想才會有機遇，天上永遠不會掉禮物下來。只有自己奮鬥，才能得到又大又香的禮物。

本田汽車公司的創始人本田宗一郎從小就有偉大的夢想。他從小家境非常貧困，由於父親是鐵匠兼修腳踏車，在耳濡目染中，他對機車產生了興趣。小時候，當他第一次看到機車時，簡直著了迷，他回憶道：我不顧一切地追著那部機車，我深深地受到震動，雖然我只是個小孩子，我想就在那個時候，有一天我要自己製造一部機車的念頭已經產生了……

1950年代初期，本田宗一郎推動公司進入本已飽和的機車工業，五年內，他成功地擊敗了機車工業裡的250位對手。他「夢想」中的機車在1950年推出，實現了兒時製造更好的機器的夢想。在1955年，他在日本推出「綿羊」系列產品，1957年這種產品在美國推出，這種不同以往的產品，加上創意新穎的廣告口號：「好人騎本田」，使本田機車立刻成為暢銷的熱門產品，也改變了已經奄奄一息的機車工業。到了1963年，本田機車幾乎在世界各個國家都變成了機車工業裡最主要的產品，打敗義大利的機車和美國的哈雷機車。

而蓋茲有一個這樣的夢想：將來，在每個家庭的每張桌子上面都有一

抓住時機，創造可能

臺個人電腦，而在這些電腦裡面執行的則是自己所編寫的軟體。正是在這一偉大夢想的催生下，微軟公司誕生了，也正是在這個公司的推動和影響下，軟體業才從無到有，並發展到今天蓬勃興旺的地步。

偉大的夢想造就了天才，並促使這些天才們努力追逐自己的夢想。最終走向成功。

只要你想，並為之奮鬥，你就可能做成任何事。請給自己一個夢吧，哪怕這個夢想一開始並不大。

一位記者採訪一位企業家時，這位農民出身的企業家思維跳得很快，時不時會從現實回憶到年少時，說年少時的種種苦處。採訪結束，他站在自己剛裝修完的辦公室的落地窗前說：「如果鄰居還在世的話，也許會為自己的話感到羞愧。」

這裡面有一個故事。這位企業家少時貧困，家徒四壁，三個弟兄一季裡只有一件衣服可以換，白天汗水浸溼了，晚上脫下來洗，放在火爐上烤乾，第二天早上再穿上。收割晚稻的時候，他到鄰居家借一輛腳踏車，鄰居卻對他一陣數落：「怎麼窮得連個腳踏車也買不起，到底在幹嘛？」這句話幾乎把他擊倒。他沒有借到車，也買不起腳踏車。晚稻收割完後，他執意離開家，到外地去打工。

他走的時候只有一個願望，就是賺足買一輛車的錢和一家人衣料的錢。

到了外地後，他很快就有了這筆錢。但他希望能像鄰居家裡一樣有漂亮的家具。於是，他又做了幾年，那時他擁有的錢可以買一套漂亮的家具了。但他又有了新願望，他想建造和鄰居一樣的房子，想擁有鄰居那樣的車子……他在外地生活了六年，回鄉的時候，他擁有的財富超過了鄰居。

他用那筆錢成立一個小型的建築公司,幾年之間他的業務就越來越大。他適時遷到城市,藉著房地產熱,又賺了大錢。現在他已不是那個買不起腳踏車的窮小子了,他還擁有一輛價值不菲的進口轎車。

他成功了,有誰知道促成他成功的只是當初的一輛腳踏車呢!

大成功者是大夢想家,大夢想家一定是大磨難者。偉大的成功需要偉大的理想,在現實生活中。許多偉大夢想的成長往往又源於微小的理想。像比爾蓋茲最初的夢想並不是想當世界首富,他只是想從事自己喜歡的電腦行業而已。

微小的理想也是一種動力,即使真的很微小也千萬不要嘲笑。微小的理想有時候就是一棵柔弱的小樹苗,你可以嘲笑現在,卻不能嘲笑它的將來,因為它還有很多的時間可以成長。只要它生長的方向是對的,那麼它未來的世界就是對的。

抓住時機，創造可能

善用機遇,開創未來

在致富的這條道路上,致富的能力和本領是最基本的。既要注意「充電擴能」,學習新知識、建立新觀念、掌握新技能,又要注重實踐探索,在搏擊風浪、努力創業的過程中不斷提高自己致富的道理。

善用機遇,開創未來

終身學習到底

古代著名的大音樂家師曠有一天為晉平公演奏,忽然間聽到晉平公發出一聲嘆氣後說:「我現在已 70 多歲,但還有很多東西我還不知道,現在再想學恐怕也太遲了吧!」

師曠笑著答道:「不晚,那您立刻就點蠟燭吧。」

晉平公有些不高興:「你說這話是什麼意思?難道求知和點蠟燭有什麼關係嗎?答非所問!你不是故意在戲弄我吧?」

師曠趕緊解釋:「我怎敢戲弄大王呢!我只是聽人說,少年時學習,就像走在朝陽下;壯年時學習,就好像在正午的陽光下行走;老年時學習,那便是在夜間點起蠟燭小心前行。燭光雖然很微弱,比不上陽光,但總比摸黑瞎撞好吧。」

晉平公聽了,點頭稱是。

是啊!人的一生是需要不斷學習的。只有終身學習的人,才有可能成功。

這是美國東部一所大學期中考試的最後一天。在教學大樓的臺階上,一群工程學系的高年級學生擠成一團,正在討論幾分鐘後就要開始的考試,他們的臉上充滿了自信。這是他們參加畢業典禮和就業之前的最後一次考試了。

一些人在談論他們現在已經找到的工作,另一些人則談論他們將會得到的工作。帶著經過四年的大學學習所獲得的自信,他們感覺自己已經準備好了,並且能夠征服整個世界。

他們知道,這場即將到來的考試很快會結束,因為教授說過,他們可

以帶他們想帶的任何書或筆記。要求只有一個，就是他們不能在測驗的時候交頭接耳。

他們興高采烈地衝進教室。教授發下試卷。當學生們注意到只有五道申論題時，笑得更開心了。

三個小時過去了，教授開始回收試卷。學生們看起來不再自信了，他們的臉上有一種恐懼的表情。沒有一個人說話。教授手裡拿著試卷，面對整個班級。

他俯視著眼前那一張張焦急的面孔，然後問道：「有多少人完成五道題目？」沒有人舉手。「完成四道題的有多少？」仍然沒有人舉手。「三道題？」學生們開始有些不安，在座位上扭來扭去。「那一道題呢？」

整個教室仍然很沉默。

「這正是我期望得到的結果，」教授說，「我只想讓你們留下一個深刻的印象，即使你們已經完成了四年的工程學系課業，關於這項科目仍然有很多的東西你們還不知道。這些你們不能回答的問題是與每天普通的生活相連繫的。」然後他微笑著補充道：「你們都會通過這個考試，但是記住──即使你們現在已是大學畢業生了，你們的學習仍然還只是剛剛開始。」隨著時間的流逝，教授的名字已經被遺忘了，但是他教的這堂課卻沒有被遺忘。

從古到今，凡是成功者都是不滿足於現狀，而不斷地為下一次的成功做準備。

對學習不感興趣，或是「忙得沒功夫看書」的人，終會被時代的激流所淘汰。學如逆水行舟，不進則退。今日的努力是美好明天的基礎，因此你片刻都不可放棄學習，若有浪費，即使是片刻也可能帶來終身遺憾。

善用機遇，開創未來

早已成為亞洲首富的李嘉誠雖然獲得了令人矚目的成就，但是他還是孜孜不倦地學習。睡前是他專用的看書時間，他喜歡看人物傳記，無論在醫療、政治、教育、福利每一方面，對全人類有所幫助的人他都很佩服，都心存景仰。李嘉誠一天工作十多個小時，仍然堅持學英語。

對你來說，利用空餘時間學一些對工作有利及提高工作效率的知識，利用目前可供自己自由思考的時間來保證你將來成功，這既是投資，也是保險，更是將來的利潤。富人尚且如此，何況窮人呢？

相信這個世界上，再沒有人比亨利·布萊頓（Henry Brighton）更忙碌的了。這個大忙人雖然年僅30歲出頭，但他既是美國 Senro 公司的總經理，又是當今美國為數不多的飛彈專家之一。布萊頓依然學習不輟，一天辛勤的工作之後，晚上他還上夜校繼續進修，這次他選擇的科目是素描。

他為什麼要去學素描呢？針對這點，亨利的回答使人非常感動：「因為素描可以有效地將我的創意傳遞給我的下屬及技術人員。」

功成名就的他，並沒有把當下認為是人生努力的終點。社會一直在發展，時代不斷在進步，若想跟上時代，就應該不斷地努力學習。

因此，在晚上的空閒時間，他學習打字、雷達技術、西班牙語、管理學、演講學等。凡是對他的事業有幫助的他都學。事實上，他也真的能學以致用，並且收到很好的效果。

一個真正成功的人，即使每天工作再多再累，他也絕不埋怨，並且還能騰出時間來進修。這也正是成功的祕訣之一，因為他們相信知識的力量是無窮的，學無止境。

從每個可能的地方努力攝取知識，這是使人知識廣博的唯一方法。廣博的知識可以使你遠離狹隘、鄙陋，開闊你的胸襟。這樣的人才能夠從多

方面去接觸人生、領會人生，而他的趣味也是深厚的，他的人品將是寬厚的、仁慈的。

過於看重大學教育的人往往是不曾受過大學教育的人，因家境困難或身體原因而無緣進入大學讀書的人，往往認為他們遭受的損失是不可補救的。他們認為不管日後再怎樣學習，也無濟於事。但事實並非如此，世間最有學問、最有知識、最有效率的人物中，有不少是從未受過大學教育的，有的甚至也沒讀過中學。但這並未阻礙他們向著自己的目標邁進。他們不但實現了自己的志向，而且用自己的知識改變了世界。

汽車大王福特（Henry Ford）年少時，曾在一家機械商店當店員，週薪只有 2.05 美元，但他每週都要花 2.03 美元來買機械方面的書。當他結婚時，除了一大堆五花八門的機械雜誌和書籍，沒有其他值錢的東西。就是這些書籍，使福特向他嚮往已久的機械世界邁進，開創出一番大事業。功成名就之後，福特曾說道：「對年輕人而言，學得將來賺錢所必需的知識與技能，遠比存錢來得重要。」

由此可見，學無止境。只有不斷地為自己「充電」，你的生命力才會更加強大，你的「能量」才會不斷地得到補充，才能讓生命更有意義，讓生活更加美好。

有句話是這樣說的：「成績只能說明過去，努力才有未來。」一個總是滿足於過去成績的人是不會有什麼大發展的。如果不繼續努力的話，將來一樣會被淘汰。因此，讀書便顯得尤為重要，而終身學習則是每一個人都應該牢記的。學習是心靈的加油站和充電器。

善用機遇，開創未來

要學會適應環境

許多人都有過這樣的經歷，到一個陌生環境裡吃不好，睡不好，有的甚至還會生病。還有一些人因為總是拘泥於以前的狀況，無法覺察到新發生的一切。這是對新環境的不適應所造成的。

因為每一個地方有其習慣和風俗，如果想到一個新地方去發展，千萬不要輕視了這一點。

舉個淺顯的例子，假如你想在義大利開一家餐廳，如果你決定賣夜市小吃，例如滷肉飯、蚵仔煎、鹽酥雞，你覺得當地人會買單嗎？或許有一些到亞洲旅遊過的義大利人會感興趣，但大部分當地消費者對這些食物並不熟悉，甚至可能不習慣它們的口味或吃法。這樣的餐廳，很可能因為市場接受度低而難以經營。

所謂入境隨俗，就是要適應不同的生活環境，從而開創好局面。而要做到這一點，首先就要多讀書。到一個地方之前，先找出與當地人生活習慣相關的書籍來讀。其次是要多走動，俗話說，讀萬卷書，行萬里路，走的地方多了，見識自然就多，有些東西是書本上學不到的，必須實地行動才能有所收穫。最後就是多向別人請教，不知者不罪，千萬不要不懂裝懂，礙於「面子」和自己過不去，不懂裝懂的人遲早會碰壁。

擁有了知識，還要有謙虛的心態、真誠的感情方可立於不敗之地。

史書上記載，楚國人范蠡到山東做生意時，把賺得的錢分給了當地的百姓，結果他的生意越做越好，乃至「日進萬金」。范蠡為何要這樣做，這正是他獲得成功的關鍵。相信大家都有過這樣的經歷，到了一個陌生的環境，剛開始總容易受到冷落。

要學會適應環境

因此，如果你想在陌生的環境裡有所作為，最好要有幾個本地朋友並與他們打成一片，他們不但可以及時地回饋訊息給你，更重要的是告訴你一些在此地發展的注意事項。再加上你的謙虛與謹慎，成功就離你不遠了。

血氣方剛，鋒芒畢露，有時候也不是好事。到一個新環境做事還是先應該藏起自己的鋒芒，咄咄逼人只會替自己添麻煩。

每個地方都有一些地方勢力，鋒芒太露會危及他們的利益，當然會引起當地人的不滿，因此真正聰明的人還要懂得有所保留，慢慢取得他人的信任。

要記住及時收斂自己的盛氣，學會適應生活環境以及環境的變化。如果對周圍生存環境變化不夠敏感，這也會嚴重地影響事業的拓展。

只有居安思危、未雨綢繆，才能順利地達到自己的目標，實現自己的追求。

程麗在大學畢業後進了一家不錯的公司，總覺得自己還不錯，因此便有了安於現狀的想法，後來上司告訴她，上司說假如她無法提升自己便是後退，在這個競爭的年代裡，後退的結果就是遭到淘汰，因此她才決心進一步深造。

成功的人生總是不斷進取與創造的人生，未雨綢繆、居安思危應該成為我們的座右銘，並把追求成功當成一種信仰。

只有把成功作為一種信仰、時時不忘成功的人才能不斷進取，才不會受制於生活環境的變化，讓自己更快地邁向成功。

要想擺脫貧窮，就應想盡一切辦法去克服生活中的不利因素，並對可能發生的變化採取積極可行的防範措施，而不是消極等待。這樣的人生道路一定越走越寬，這樣的人也一定會成為富人。

善用機遇，開創未來

要學會善於識人

有錢人和他人合作前，往往會先了解對方的性格、身分、地位和興趣，然後投其所好，避其所忌，攻其虛，得其實，這樣合作起來才能遊刃有餘，成功有望。窮人則做不到這一點，往往會出師不利，逢事受挫，一招錯後滿盤輸，致使本應能辦成的事也弄砸了。

1. 了解對方的性格好辦事

人各有其情，各有其性。有的人喜歡聽奉承話，說上幾句好聽話，他就會使出渾身解數幫你辦事；有的人則不然，你說了好話，反而引起了他的戒心，以為你是不懷好意；有的人剛愎自用，你用激將法，才能讓他把事辦好；有的人脾氣暴躁，討厭喋喋不休的長篇大論，跟他說話辦事就不宜拐彎抹角。

所以，與人辦事一定要弄清這個人的性格，依據他的性格，投其所好，或投其所惡才能對辦事有好處。

春秋時期，齊國有田開疆、古冶子、公孫捷三勇士，很得齊景公寵愛。三人結義為兄弟，自稱「齊國三傑」。他們挾功恃寵，橫行霸道，目中無人，甚至在齊王面前也以「你我」相稱。亂臣陳無宇、梁邱據等乘機收買他們，陰謀奪取王位。

相國晏嬰眼見這股惡勢力逐漸擴大，危害國政，暗暗擔憂。他明白奸黨靠的是武力，三勇士就是王牌，屢次想把三人除掉，但他們正當得寵，如果直接行動，齊王一定不依從，反而會弄巧成拙。

有一天，鄰邦的魯昭公帶了司禮的臣子叔孫來訪問，謁見齊景公。景

公立即設宴款待,也叫相國晏嬰司禮;文武官員全體列席,以壯威儀;三勇士也隨駕奉陪,威武十足,擺出一副不可一世的驕態。

酒過三巡,晏嬰上前奏請,說:「眼下御園裡的金桃熟了,難得有此盛會,可否摘來宴客?」

景公即派掌園官去摘取,晏嬰卻說:「金桃是難得的仙果,必須我親自去監看,這才顯得莊重。」

金桃摘回,裝在盤子裡,每個有碗一般大,香濃紅豔,清芳可人。景公問:「只有這麼幾個嗎?」

晏嬰答:「樹上還有三、四個未成熟,只能摘六個!」

兩位大王各拿一個吃了,味美可口,互相讚賞一番。景公乘興對叔孫說:「這仙桃是難得之物,叔孫大夫賢名遠播,有功於邦交,賞你一個吧!」

叔孫跪下答:「我哪裡及得上貴國晏相國呢,仙桃應該給他才對!」

景公便說:「既然你們相讓,就各賞一個!」

盤裡只剩下兩個金桃,晏嬰復請示景公,傳諭兩旁文武官員,讓各人自報功績,功高者得食此桃。

勇士公孫捷挺身而出說:「從前我跟主公在桐山打獵,親手打死一隻吊睛白額虎。解主公之圍,這功勞大不大呢?」

晏嬰說:「擎天保駕之功,應該受賜!」

公孫捷很快把金桃吃下肚裡去,傲眼橫掃左右。古冶子不服,站起來說:「虎有什麼了不起,我在黃河的驚濤駭浪中,浮沉九里,斬驕龜之頭,救主公性命,你看這功勞怎樣?」

善用機遇，開創未來

景公說：「真是難得，若非將軍，一船人都要溺死！」於是把金桃和酒賜給他。可是，另一位勇士田開疆卻說：「本人曾奉命去攻打徐國，俘虜五百餘人，逼徐國投降，威震鄰邦，使他們上表朝貢，為國家奠定盟主地位。這算不算功勞？該不該賞賜？」

晏嬰立刻回奏景公說：「田將軍的功勞，確比公孫捷和古冶子兩位將軍大十倍，但可惜金桃已賜完了，可否先賜一杯酒，待金桃熟時再補？」

景公安慰田開疆說：「田將軍！你的功勞最大，可惜你說得太遲。」

田開疆再也聽不下去，按劍大嚷：「斬龜打虎，有什麼了不起？我為國家跋涉千里，血戰功成，反受冷落，在兩國君臣面前受辱，為人恥笑。我還有什麼顏面立於朝廷上？」說完便拔劍自刎而死。

公孫捷大吃一驚，亦拔劍而出，說：「我們功小而得到賞賜，田將軍功大，反而吃不著金桃，於情於理，絕對說不過去！」手起劍落，也自殺了。古冶子跳出來，激動得幾乎發狂道：「我們三人是結拜兄弟，誓同生死，今兩人已亡，我又豈可獨生？」

話剛說完，人頭已經落地，景公想制止也來不及了。齊國三位武士，無論打虎斬龜，還是攻城掠地，確實稱得上勇敢，但他們只是匹夫之勇。兩個桃子殺了三個勇士。晏嬰就是抓住了他們不能忍耐自己驕悍之勇的性格，而達到自己的目的。

對方的性格，是我們與其合作的最佳突破口。投其所好，便可與其產生共鳴，拉近距離；投其所惡，便可激怒他，使其行為按我們的想法進行。無論跟什麼樣的人合作，我們都應首先摸透他的性格，依據其性格「對症下藥」，就很容易「藥到病除」，辦事成功。

2. 了解對方身分，地位好辦事

　　無論在哪個國度、哪個年代，地位等級觀念都是很強的。對方的身分、地位不同，你說話的語氣、方式以及做事的方法也應有異。如果不明白這一點，對什麼人都是一視同仁，則可能會被對方視為沒大沒小、無尊無賤。對方是身分、地位比自己高的人，會認為你這樣做沒有教養，不懂規矩，因而他不喜歡聽你的話，不願意幫你的忙，或者有意為難你，這樣就可能阻礙你辦事的路，使事情一波三折。

　　宋朝知益州的張詠，聽說寇準當了宰相，對其部下說：「寇準奇才，惜學術不足爾。」這句話一語中的。張詠與寇準是多年的至交，他很想找個機會勸勸老朋友多讀些書。因為他身為宰相，關係到天下的興衰，理應更多讀些書。

　　恰巧時隔不久，寇準因事來到陝西，剛剛卸任的張詠也從成都來到這裡。老友相會，格外高興，寇準設宴款待。在郊外送別臨分手時，寇準問張詠：「何以教準？」張詠對此早有所慮，正想趁機勸寇公多讀書。可是又一思索，寇準已是堂堂的宰相，居一人之下，萬人之上，怎麼好直截了當地說他沒學問呢？張詠略微沉吟了一下，慢條斯理地說了一句：「《漢書‧霍光傳》不可不讀。」當時寇準不明白張詠這話是什麼意思，可是老友不願就此多說一句，言訖而別。回到相府，寇準趕緊找出《漢書‧霍光傳》，從頭仔細閱讀，當他讀到「光不學無術，諫於大理」時，恍然大悟，自言自語地說：「此張公謂我矣！」（這大概就是張詠要對我說的話啊！）是啊，當年霍光擔任過大司馬和大將軍的要職，地位相當於宋朝的宰相，他輔佐漢朝立有大功，但是居功自傲，不好讀書，不明事理。這與寇準有某些相似之處。因此寇準讀了《漢書‧霍光傳》後很快明白了張詠的用意，感到

> 善用機遇，開創未來

從中受益匪淺。

寇準是北宋著名的政治家，為人剛毅正直，思維敏捷，張詠讚許他為當世「奇才」。所謂「學術不足」，是指寇準不大注重讀書，知識面不寬，這就限制了寇準才能的發揮，因此，張詠要勸寇準多讀書加深學問的意思既客觀又中肯。然而，說得太直，對於剛剛當上宰相的寇準來說，面子上不好看，而且傳出去還會影響其形象。張詠知道寇準是個聰明人，給了一句「《漢書·霍光傳》不可不讀」的贈言讓其自悟，何等婉轉曲折，而「不學無術」這個連常人都難以接受的批評，透過教讀《漢書·霍光傳》的委婉方式，使當朝宰相也愉快地接受了。「借他書上言，傳我心中事」，張公辭令，高雅至極！

聰明人都是懂得看對方的身分、地位來做事的，這也是自己做事能力與個人修養的表現，平常我們所說的「某某人很會獻殷勤」，表示他「見什麼人說什麼話」。這樣的人不只是當主管的器重他，做同事的也不討厭他，這樣的人做事的成功率當然要高。

3. 了解現實狀況好辦事

有一天，你去找你的主管請他出面幫忙你辦某件事。

平常你的主管身體健康，精力充沛，在工作上也頗得心應手，公司裡的人都認為他很有前途。可是這一天，他卻顯露出悲傷的神色，很可能是家中發生了事情。

他雖沒說出來，一直在努力地壓抑自己，但還是不自禁在臉上流露出苦惱的表情。對這位主管來說，這實在是有些尷尬，為了不讓部下知道，表面上裝得若無其事。你注意到他這種微妙的臉色和表情的變化，你應盡

你最大的設想,找出主管真正苦惱的原因,並對他說:「科長,家裡都好嗎?」以假裝隨意問候的話,來打開他的心靈。

「不!我正傷腦筋呢,我太太突然病倒了!」

「什麼?你太太生病了!我怎麼一點都不知道?現在怎麼樣?」

「其實也不需要住院,醫生讓她在家中療養。太太生病後,我才感到諸多不便。」

「難怪呢!我覺得科長你的臉色不好,我還以為你有什麼心事,原來是你太太生病了。」

「想不到你的觀察力這麼敏銳,我真佩服你。」

他一面說著,臉上流露出整天都未有過的笑容,你成功了。在一個人脆弱的時候去安慰他,這是當部下的人應有的體諒和善意。主管因為悲傷,因而心靈呈現出較脆弱的一面。此時更不應再去刺激他,而應該設法讓他悲傷的心情逐漸淡化。主管的苦惱,在他人仍不知道前,自己應主動設法了解,相信你的這份善意,任何人也會受感動的。自然,這以後,主管會心甘情願地幫你辦事。

視對方的現實狀況做事,還有重要的一點是不能犯忌,如果犯了所求對象的忌諱,恐怕該成的事也難辦成了。

對性格外向、愛好交際的人,在辦公室裡與他談話,一般不會有什麼副作用;而對性格內向、膽小怕事和敏感多心的人則容易產生副作用。此時,就應該換個環境,在室外、院子裡隨意談心,才容易達到說服的目的。

託人辦事時只一味地談自己的事,並不停地說「請你幫忙,請你幫忙」之類的話,會讓人感到嫌惡和不耐煩。

假如想向對方說明自己的請求,就應該先擺出願意聽取對方講話的姿

善用機遇，開創未來

態來，有傾聽別人言談的誠意，別人也才會願意聽你說話。

談話的話題應該視對方的情形而定，再好的話題，若不能符合對方的需求，就無法引起對方的興趣。最好是想辦法引出彼此共同感興趣的話題來，才能聊得投機，然後再設法慢慢地把話題引入自己所要談論的範圍裡。

在日常談話中，一般人都是說些身邊瑣事，這或許是想向對方表示親切。在正式交談中，則盡量不要把家人當作談話的內容，否則總不免給人不務正業的感覺。

談話先從政治、經濟等比較嚴肅的題目開始，然後再涉獵到文學、藝術和個人的興趣方面等比較輕鬆的話題。總之，將自己的觀點、見解說出來，使得彼此都能有共同的思考，才是最好的談話。

一個善於託人辦事的人，一定很注重禮貌，用詞考究，不致說出不合時宜的話，因為他知道不得體的言辭往往會傷害別人，即使事後想再彌補也來不及了。相反，如果你的舉止很穩重，態度很溫和，言詞中肯動聽，雙方自然就能談得投機，託辦的事自然也容易辦成。

所以要使對方對你產生好感，必須言語和善，講話前先斟酌思量，不要想到什麼說什麼，這樣會讓別人不高興，自己卻還不知道為什麼。那些心直口快的朋友平時要多培養一下自己深思慎言的作風，千萬不可隨便脫口而出，那樣會影響到自身的形象和辦事的效果。

4. 了解對方心理好辦事

透過對方無意中顯示出來的態度和姿態，了解他的心理，有時能掌握到比語言表達更真實、更微妙的內心想法。

例如，對方抱著手臂，表示在思考問題；抱著頭，表明一籌莫展；低

頭走路，步履沉重，說明他心灰意冷；抬頭挺胸，高聲交談，是自信的流露；女性一言不發，揉搓手帕，說明她心中有話，卻不知從何說起；真正自信而有實力的人，反而會探身謙虛地傾聽別人講話；抖動雙腿常常是內心不安、苦思對策的舉動，若是輕微顫動，就可能是心情悠閒的表現。

懂得心理學的人常常透過人體的各種表現，揣摩對方的心理，達到自己辦事的目的。

推銷員在星期天做家庭訪問，必定會注意受訪夫婦翹腿的順序。如果是妻子先換腳，然後丈夫跟著換，可以認為是妻子比較有權力，只要針對妻子進行進攻，90%可以成功；若情形相反，是丈夫比較有權力，這就需要針對丈夫進行進攻了。

心理學家研究顯示，一般在初次見面時，首先轉移視線者，被認為具有積極的性格。根據某評論家所言，能否控制對方，即決定於最初見面的30秒鐘。換句話說，兩人眼睛對望，先把視線轉開的人會獲得控制權，因為你把眼睛轉開了，對方就會擔心你的想法；由於開始費心思，以後他會更注意你的視線，當然也就任由你擺布了。

許多有經驗的人，經常透過握手來看出對方微妙的心理狀態。這一奧妙在於透過掌心的潮溼情形來判斷。人類在遭遇到恐懼、驚訝的事情而發生感情變化時，自律神經會與自己的意識發生作用，造成呼吸混亂，以及血壓升高與脈搏加速，或是汗腺的興奮（神經式發汗）等，這是大家都知道的。我們看比賽時，常說關鍵時刻手掌心會出汗，也是由此而來。所以如果你和對方握手，得知對方手心出汗，即表示其人情緒高昂，心理已失去平衡。

曾有個經驗豐富的警察，提議在詢問嫌疑犯時找理由與他輕輕握手。開始問話前就先握一次手，在說到核心問題時，再輕握一下對方的手，這

善用機遇，開創未來

時，如果原本乾燥的手掌冒出了很多汗，即可大致知道案件的真相了。

最好的例子是電視連續劇《神探可倫坡》中，可倫坡警探個子雖然不高，但握手時他一定是把眼睛抬起來直視對方，凶手一旦被這雙銳利的眼睛所凝視，內心必會感到不安，何況他的手掌大而有力。這時，兇手會發現自己一開始即處於不利的立場，只要讓兇手陷入這種心理狀況，再加上可倫坡警探巧妙的推理能力，案子很快就會迎刃而解了。

辦事之前，透過察言觀色掌握住對方的心理，理解他的微妙變化，有助於我們掌握事態的進展。所以，窮人在與他人打交道的時候，一定要學會識人的本領。只有這樣，才能有助於我們辦成事情。

做事要有點冒險的精神

什麼人能在事業上獲得成功，答案是「具有冒險精神的人」。

當你喝著可口可樂時，你可知道，這個巨大的飲料帝國的財富和影響力，乃是從一個年輕店員——阿薩・坎德勒（Asa Griggs Candler）的冒險觀念中滋生而來的。

許多年以前，一位年邁的鄉下醫師駕著馬車來到美國的某個小鎮上。他拴好了馬，便悄悄地從藥房的後門進去，開始與一位年輕的店員談生意。在配方櫃檯的後面，這位老醫師與那位年輕店員低聲交談了一個多小時，然後走了出去，到他的馬車上取出一只舊式的茶壺及一把小木板（用來在壺裡攪拌），把它們放在藥店後面。店員檢查了茶壺之後，便從自己的口袋中取出一卷鈔票，遞給醫師，整整 500 美元，這是年輕店員的全部積蓄。

做事要有點冒險的精神

那醫師又遞過一張紙捲,上面寫的是一個祕密配方,這小紙捲上的配方和文字,現在看來價值應相當於當時一個皇帝的財富,那上面記載著燒開這舊壺裡的液體的方法。可是當時的醫師和店員,誰都不知道從壺裡流出來的,將是令人難以相信的財富。

老醫師很高興他那一套物品賣了500美元,年輕店員則冒了很大的風險,他把畢生的儲蓄都花在這一小紙捲和一只舊壺上了。

當年輕店員把一種新成分與祕密配方混合以後,舊壺的價值終於開始出現,並逐漸形成一個龐大的財富帝國。它僱用了與陸軍一樣多的職員,影響遍及世界各地,而這個帝國的所有者就是阿薩·坎德勒。

成功的人都清楚地了解到人生路上的風險是在所難免的,但他們仍充滿信心地在風險中爭取著事業的成功。

按部就班難以成為鉅富。有時,大冒險可以獲得大收益。不過,冒險不能盲目,要組織嚴密,不打無準備之仗,不打無把握之仗。

我們的生活是複雜的,也是多變的。有時風平浪靜,有時驚濤拍岸;有時麗日晴空,有時風雨雷電;有時鮮花盛開,有時滿路荊叢。

面對多樣的生活,如何唱出成功的主旋律?成功者的回答是:只要活著,就應該去創造和開拓。

如果我們的生活總是四平八穩,千篇一律,這樣生活一百年和生活一天有什麼分別?如果今天總是重複著昨天的故事,每天完全一樣地生活著,一百歲的老壽星和夭折的嬰兒有什麼分別?我們希望長壽,希望過好日子,希望不遠的將來有全新的局勢出現。只有打破陳規陋習,生命才有意義。

我們不知道未來是什麼樣子,但至少了解,未來存在著成功的可能性,也存在著不成功的可能性,未來就好像一個無知的黑洞,靠我們去打破

善用機遇，開創未來

它，讓它充滿陽光和希望。打破黑洞不容易，這需要有冒險的精神。

康德（Immanuel Kant）說：「人的心中有一種追求無限和永恆的傾向。這種傾向在理性中的最直接表現就是冒險。」

因此，有人把世界看成是上帝安排的一個賭場，把世界看成是冒險家的樂園。

不經過無數次的冒險，人類不可能從茹毛飲血的社會，進化到今天能夠坐在中央空調的房子裡品嚐咖啡的時代。

哥倫布發現新大陸，鄭和七下西洋，諾貝爾發明炸藥，哥白尼（Nicolaus Copernicus）創立天體運動論，這些歷史上的著名事件，都始於冒險。

沒有冒險精神，人類就沒有創造，就沒有社會改革。只有帶著沉重的風險意識，勇於懷疑並打破過去的秩序，透過冒險而贏得勝利後，才能享受到成功的喜悅。

在我們身邊，隨時隨地都要冒險。如果你想騎馬趕路，就得拋開可能發生任何意外的想法。因為要避免從馬背上摔下來，跌斷腿的危險。

但為了趕路，你只有冒險，除非用兩腳徒步，否則別無他法。然而走路也有跌傷的時候，也有因疲憊而摔倒的情形。

有人認為，這種情形只是當馬是唯一的交通工具的時代所抱的樂觀想法。

殊不知，在我們這樣發達的社會，出門更是危機重重，假如你因恐懼於交通事故的頻繁而不敢出門的話，就只有終日沉悶地待在家裡了。

但是，待在家裡，除了有糧食缺乏的危機之外，並沒有獲得絕對的安全。隨著活動方式的增加，危險性也就成比例地產生。這麼說來，難道就不能活動了？打破沉悶，尋求新奇刺激，這是現代人的共同呼聲。現代人

再也不安心過著平平庸庸、千篇一律的生活了，古語「君子不近危處」的說法，完全不再適用於現代社會了。

歌德年輕時希望成為一個世界聞名的畫家，為此他一直沉溺於那變幻無窮的藝術世界中而難以自拔。40歲那年，歌德遊遍義大利，看到了真正的造型藝術傑作後，他終於恍然大悟，放棄繪畫，轉攻文學。經過不斷地學習和摸索，歌德終於成為一名偉大的詩人。

晚年的歌德在回顧自己的成長過程時，曾現身說法，告誡那些頭腦發熱的青年，不要盲目相信興趣。

縱觀古今中外名人的成功史，似乎大多數人早期的自我設定都帶有一定盲目性：馬克思曾經想當詩人，魯迅曾去日本學醫，安徒生想當演員，高斯曾想當作家，但他們比常人高明的地方在於，他們能及時地調整自己的方向。

那麼如何辨識盲目的自我設定呢？最有效的鑑別方法是：價值。歌德就是在意識到十多年的付出毫無價值後才斷定自我設定錯誤。這需要一個過程，甚至是一個痛苦的、付出了艱辛代價的探索過程。歌德感慨道：「要發現自己多不容易，我差不多花了半生光陰。」他又說：「這需要很清楚的神智，只有透過歡喜和苦痛，才能學會什麼是應該追求和什麼是應該避免。」

這裡不是堆砌故事，而實在是覺得，在我們身邊，確有不少人，他們被偏見與迷信的桎梏束縛著，他們盲目到不知自由，反而說別人不自由。

冒險與危機具有深層次的關聯。

危機就是危險之中蘊藏著機遇。常人的機遇、常人的成功，往往存在於危險之中。你想要美好的機遇嗎？你想要事業的成功嗎？那就要敢冒風險，投身危險的境地，去探索、去創造，不要瞻前顧後，不要害怕失敗。

善用機遇，開創未來

失敗是成功之母。正常的規律是，無數的失敗換來一次成功，無數人的失敗換來一人成功。害怕失敗，不冒風險，求穩怕亂、平平穩穩地過一輩子，雖然可靠、平靜，雖然生活得「比上不足比下有餘」，但那是多麼的無聊。

冒險，並不一定會成功，但冒險失敗遠勝於安逸平庸。與其平平庸庸、碌碌無為地過一輩子，不如**轟轟**烈烈地過一場。失敗是成功之母，成功只是無數失敗中的一個分子。在成功的旅程上，有些路段常常存在著風險，那些膽小如鼠、出門都怕被砸死的人，是很難通過這段路的，自然他們也摘取不到前邊樹上那誘人的果實了。而只有那些勇於冒險的人，才會嘗到成功的甘甜果實。

條條大路通羅馬

小凡在一家歷史研究所工作，所裡的大部分人都是研究生，他立志要當歷史方面的研究生。這方面的權威資料幾乎被他翻爛了，可是連考數年都未考上。然而，在這期間不斷有朋友拿一些古錢向他請教，起初他還能耐心解釋，不厭其煩。後來，問的人實在太多了，他想不如自己編一本這方面的書，一是為了發揮所學的知識，二是為了提供朋友方便。年底時，他的書完成了，但是他仍然沒有考上研究生。出人意料的是他的那本關於中國歷代錢幣的書卻被一家出版社看中，第一次印了1萬冊，當年就銷售一空。如今的小凡，早已經是古幣鑑定方面的專家了。

現實生活中，人們總是喜歡朝著自己既定的目標努力奮鬥，但卻不是每個人都能實現願望和理想。有些人為了自己的目標奮鬥一輩子都不能成

功，不能說他們一輩子無才無能，可能是因為他生命中真正精華的部分未被發覺。換個角度思考一下，也許就能成功。

某大學的年輕教授剛結婚不久，妻子就罹患類風溼性關節炎，長年臥床不起。生下兒子後，妻子的病情又加重了。面對常年臥床的妻子和剛剛出生的兒子，以及剛剛開始的事業，教授心急如焚。

一天，他正在忙著做家事，兒子咿咿啞啞、時斷時續的叫聲使他感到欣喜。他腦筋一轉，突然想到能否把自己的研究方向定在兒童語言的研究上呢？他把自己的想法告訴了妻子，妻子對於他的這個想法十分贊同。

從此，教授辭掉工作，專心在家裡研究兒子的語言。妻子這回也成了他最佳的合作夥伴，剛出生的兒子則成了最好的研究對象。兒子一發音，他們立刻記下第一手資料，同時每週一次用錄音機錄下文字難以描摹的聲音。就這樣堅持了六年，到兒子上學時，他和妻子開創了一項世界紀錄：掌握了人從出生到六歲半之間兒童語言發展的原始資料，而國外此項紀錄最長的只到三歲。後來，這本《0到6歲兒童的日常語言資訊》專著的出版，在國內外語言界引起了強烈迴響。

俗語說：「條條大路通羅馬。」此路不通，就該換條路試試。成功的路徑不止一個，不要循規蹈矩，更不要放棄成功的信心。「失之東隅，收之桑榆。」更多的時候，埋沒天才的不是別人，恰恰是自己。歷史上的許多人在事業上取得了巨大的成就，不一定是因為他比你聰明，而僅僅是因為他比你更懂得主動創新，靈活變通。

愛因斯坦曾經說：「把一個舊的問題從新的角度來看需要創意和想像力，這成就了科學上真正的進步。」當然，作為普通人，在追求財富和夢想的過程中，換一個角度想問題所獲得的成效，不亞於科學家們的新發

善用機遇，開創未來

現。所以，如果你在這方面行不通的時候，那麼就換個角度想問題吧，也許會帶給你意想不到的驚喜。

好習慣讓你受益一生

一個富人送給窮人一頭牛，窮人滿懷希望，開始奮鬥。但牛要吃草，人要吃飯，日子難過。窮人於是把牛賣了，買了幾隻羊，吃了一隻，剩下來的用來生小羊。但小羊遲遲沒有出生，日子又艱難了。窮人把羊賣了，換成了雞，想讓雞生蛋賺錢為生，但是日子並沒有改變，最後窮人把雞也殺了，窮人的理想徹底破滅了，這就是窮人的習慣。

我們想要獲得事業上的成功和生活中的樂趣，必須明白習慣的力量是多麼的強大。我們必須要養成良好的習慣，同時應時時警惕，去除那些危害我們生活的壞習慣。

一個人的習慣，往往是別人都知道，而自己卻是唯一不知道的人。

有一個時期，富豪蓋蒂抽香菸抽得很凶。有一天，他度假開車經過法國，那天正好下著大雨，地面特別泥濘，開了好幾個鐘頭的車子之後，他在一個小都市的旅館過夜。吃過晚飯後他回到自己的房裡，很快便入睡了。

蓋蒂清晨兩點鐘醒來，想抽一支菸，打開燈，他自然地伸手去找他睡前放在桌上的那包菸，發現是空的。他下了床，翻了衣服口袋，結果毫無所獲。他又翻了他的行李，希望在其中一個箱子裡能發現他無意中留下的一包菸，結果他又失望了。他知道旅館的酒吧和餐廳早就關門了。他唯一能得到香菸的辦法是穿上衣服，走到火車站，但它至少在六條街之外。

情況看起來並不樂觀，外面仍下著雨，他的汽車停在離旅館尚有一段

距離的車庫裡。而且，別人提醒過他，車庫是在午夜關門，第二天早上六點才開門。這時能夠叫到計程車的機會也接近於零。

顯然，如果他真的這麼迫切地要抽一支菸，他只有在雨中走到車站，但是要抽菸的欲望不斷地侵蝕他，並且越來越濃厚。於是他脫下睡衣，開始穿外衣。他衣服都穿好了，伸手去拿雨衣，這時他突然停住了，開始大笑，笑他自己。他突然體會到，他的行為多麼不合邏輯，甚至荒謬。

蓋蒂站在那裡思考，一個所謂的知識分子，一個所謂的商人，一個自認為有足夠的理智對別人下命令的人，竟要在三更半夜，離開舒適的旅館，冒著大雨走過好幾條街，僅僅是為了得到一支菸。

蓋蒂生平第一次想到這個問題，在抽菸上，他已經成了一個不可自拔的人了。他願意犧牲極大的舒適，去滿足這個習慣。這個習慣顯然沒有好處，他突然明確地注意到這一點，頭腦便很快清醒過來，片刻就做出了決定。

他下定決心，把那個放在桌上的菸盒揉成一團，丟進垃圾桶裡。然後他脫下衣服，再次穿上睡衣回到床上。帶著一種解脫，甚至是勝利的感覺，他關上燈，閉上眼，聽著打在門窗上的雨點聲。幾分鐘之後，他進入了深沉、滿足的睡眠中。自從那天晚上以後，他再也沒抽過一支菸，也沒有抽菸的欲望。

蓋蒂說，他並不是利用這件事來指責香菸或抽菸的人。常常回憶這件事，僅僅是為了表示，以他的情形來說，被一種壞習慣制約，已經到了不可救藥的程度，差一點成為它的俘虜！

由此，我們知道，常常做一件事就會成為習慣，而習慣的力量是很可怕的。我們每個人都受到習慣的束縛。習慣是由一再重複的思想和行為所

善用機遇，開創未來

形成的。有些自以為聰明的人總是不在意自己的壞習慣，結果弄得自己狼狽不堪。

好的習慣可以使你走向成功，而壞的習慣卻容易耽誤一生。一個人的習慣是很難改變的，但並不是不可改變的，只要摒棄壞習慣，培養好習慣，我們就能掌握住自己的命運。

蕭伯納是英國傑出的戲劇作家、世界著名的幽默大師、諾貝爾文學獎的得主。正是由於他養成了良好的生活習慣，他的一生才過得成功並快樂。蕭伯納享年94歲，他不僅才思敏銳，有「當代人中最清楚的頭腦」，還有著可與著名運動員相媲美的強健體格。

在蕭伯納的少年時代，他的父親就對他說：「孩子，要以我為前車之鑑，我做的事你都不要學！」原來，他的父親喜歡亂吃東西，總是吃很多的肉，喝很多的酒，並且整天抽菸，又不愛活動。他聽從了父親的教導，從小養成了良好的生活習慣，不抽菸、不喝酒。蕭伯納成名之後，財富如潮水般湧來，但他卻毫不奢侈。在服裝方面，蕭伯納講究的是整潔、舒適、方便，從不追求華麗，不趕時髦，而且總喜歡穿棉織物品。

蕭伯納一生都堅持鍛鍊。每天很早起床，天天堅持洗冷水澡、游泳、長跑、散步，他還喜歡騎腳踏車、打拳。在70多歲時，他曾與當時世界著名的運動家、美國人丹尼同住在波歐尼島上的一家旅館，每天兩人過著一樣的生活：起床後洗冷水澡，接著游泳，然後躺在海邊沙灘上進行日光浴。午後，他們還一塊去長途散步。

蕭伯納在談到良好的生活習慣時說：「衛生並不能治療疾病，但能防止疾病，如果一個人過著合理的生活，安排適當的食物，就不至於生病。如果能夠數十年孜孜不倦地堅持身心鍛鍊，保持樂觀的態度，就一定能保持身心的健康，並且獲得事業上的成功。」

要改掉壞習慣，培養好習慣並不難。首先要分清哪些是好習慣，哪些是壞習慣。這件事是最容易的，每個人心裡都很清楚。其次是你是否想改變。這是一個比較令人頭痛的問題，因為絕大多數人喜歡安於現狀，拒絕改變。甚至是明知自己的習慣是不好的，但如果真的讓他做出行動，他就會退縮。如果是這樣，那你就只能看著別人成功了。所以，對於已有的好習慣要繼續保持，對於壞習慣要堅決改掉，對於不具備的好習慣要悉心培養。

窮人更要有創新能力

法國著名美容品製造商伊夫·聖羅蘭（Yves Saint Laurent）就是一個善於創新的人。

起初，伊夫·聖羅蘭對花卉十分有興趣，經營著一家自己的花店。一個偶然的機會，他從一位醫生那裡得到了一個專治痔瘡的特效藥膏祕方，這使他產生了濃厚的興趣。他想：如果能把花的香味融入這種藥膏，使其芬芳撲鼻，應該會很受歡迎。

於是，憑著濃厚的興趣和對花卉的充分了解，伊夫·聖羅蘭經過晝夜奮戰研製成了一種香味獨特的植物香脂。他興奮地帶著自己的產品挨家挨戶地去推銷，獲得了意想不到的成果，幾百瓶試製品幾天的工夫就賣得一乾二淨。

由此，伊夫·聖羅蘭又想到了利用花卉和植物來製造化妝品。他認為，利用花卉原有的香味來製造化妝品，能給人一種清新的感覺，而且原材料來源廣泛，所能變換的香味也很多，市場前景一定很好。

善用機遇，開創未來

他開始遊說美容品製造商實施他的計畫，但在當時，人們對於利用植物來製造化妝品是持否定態度的。聖羅蘭並沒有因此而放棄，他堅信自己這個新穎的想法一定能成功。於是，他向銀行貸款，成立了自己的工廠。

1960 年，聖羅蘭的第一批花卉美容霜研製成功，開始小量投入生產，結果在市場上引起了巨大的轟動。在極短的時間內，70 萬瓶美容霜銷售一空，這對於聖羅蘭來說，無疑是巨大的鼓舞。

為了促進銷售，他還別出心裁地在廣告中附上郵購優惠單，相信這樣一定會引起更多人的注意。他在《這裡是巴黎》(*Ici-Paris*) 雜誌刊登了一則廣告，並附上郵購優惠單。《這裡是巴黎》發行量大，結果其中 40% 以上的郵購優惠單都寄了回來。伊夫·聖羅蘭又成功了，這種獨特的郵購方式使他的美容品源源不斷地賣了出去。

如果說聖羅蘭採用植物製造美容品是一種大膽的嘗試的話，那麼採取郵購的行銷方式則是他的一種創舉。

1969 年，聖羅蘭擴建了自己的工廠，並且在巴黎的鄂圖曼大街上設立了一家專賣店，開始大量地生產和銷售化妝品。如今他在全世界的分店已近千家，產品被世界各地的人們所使用。

從以上事例我們可以看到，伊夫·聖羅蘭利用花卉來製造美容霜，稱得上別出心裁，獨闢蹊徑，而且他還採用了一種當時聞所未聞的創新郵購方式，這又為他節省了許多寶貴的成本。這些打破常規的創新做法使伊夫·聖羅蘭的事業獲得了巨大的成功。

一個成功的人士是否具有「見別人之未見，行別人之未行」的創新精神，與其事業的成敗休戚相關。

「我的成功祕訣很簡單，那就是永遠做一個不向現實妥協的叛逆者。」

這是美國實業家羅賓‧維勒的話。

羅賓‧維勒的言行是一致的。

當全美短皮靴成為一種流行時尚的時候，每個從事皮靴業的廠商幾乎都趨之若鶩般搶著製造短皮靴以供應各個商店，他們認為跟著流行走要省力得多。羅賓當時經營著一家小規模皮鞋工廠，只有十幾個員工。

他深知自己的工廠規模小，要賺到大筆的錢並非易事。自己資本薄弱、規模又小，根本不足以和強大的同行相抗衡。

而如何在市場競爭中獲得主動權，爭取有利地位呢？

羅賓選擇了兩條路：一是在皮鞋的用料上著眼。就是盡量提高鞋料成本，使自己工廠的皮鞋在品質上勝人一籌。然而，這條路在白熱化的市場競爭中是很困難的，因為自己的產品本來就比別人少得多，成本自然就比別人高了，如果再提高成本，那麼獲利有減無增。顯然，這條道路是行不通的。

二是著手皮鞋款式改革，以新領先。羅賓認為這個方法不錯，只要自己能夠做出新花樣、新款式，不斷變換，不斷創新，取得先機，就可以打開一條出路，如果顧客喜愛自己創造設計的新款式，那麼利潤就會接踵而至。

經過一番深思熟慮，羅賓決定走第二條道路。

他立即召開了一個皮鞋款式改革會議，要求工廠的十幾個工人各盡其能地設計新款式鞋樣。

為了激發工人的創新積極性，羅賓提出了一個獎勵辦法：凡是所設計的新款鞋樣被工廠採用的設計者，可立即獲得 1,000 美元的獎金；所設計的鞋樣透過改良可以被採用，設計者可獲 500 美元獎金；即使設計的鞋樣

善用機遇，開創未來

不能被採用，只要其設計別出心裁，均可獲 100 美元獎金。

同時，他立刻成立了一個設計委員會，由五名資深的皮鞋工人任委員，每個委員每月額外領取 100 美元。

這樣一來，這家袖珍皮鞋工廠裡，馬上掀起了一陣皮鞋款式設計熱潮，不到一個月，設計委員會就收到 40 多種設計鞋樣，並採用了其中三種款式較別緻的鞋樣。羅賓立即召集全體員工開會，頒發了獎金給這三名設計者。

羅賓的皮鞋工廠就根據這三個新款式來試行生產了。

先是每種新款式各做皮鞋 1,000 雙，將其送往各大城市推銷。顧客見到這些款式新穎的皮鞋，立即掀起了一場購買熱潮。

兩星期後，羅賓的皮鞋工廠收到 2,700 多份數量龐大的訂單，這使得羅賓終日忙於出入各大百貨公司經理室的辦公室，跟他們簽訂合約。因為訂貨的公司多了，羅賓的皮鞋工廠逐漸擴大起來，三年之後，他已經擁有 18 間規模龐大的皮鞋工廠了。

不久，危機又出現了，當皮鞋工廠一多起來，做皮鞋的技工便顯得供不應求了。最令羅賓頭痛的情形是別的皮鞋工廠盡可能地把薪資提高，留住自己的工人，即便羅賓出高薪，也難以把其他工廠的工人挖過來。工人不足對羅賓來說是一道致命的難關。因為他接到了不少訂單，卻無法及時供貨，而這將意味著他得賠償鉅額的違約損失金。於是，羅賓憂心忡忡。

他又召集 18 家皮鞋工廠的工人開了一次會議。他始終相信，集思廣益，可以解決一切棘手的問題。

羅賓把工人不足的難題告訴大家，要求大家盡力地尋找解決途徑，並且重新宣布了以前那個動腦筋有獎的辦法。

會場一片沉默，與會者都陷入思考之中，絞盡腦汁想辦法。過了一會，有一個工人舉手請求發言，羅賓嘉許之後，他站起來怯生生地說：「羅賓先生，我認為請不到工人不重要，我們可用機器來製造皮鞋。」

羅賓還來不及表示意見，就有人嘲笑那個工人：「孩子，用什麼機器來製作鞋呀？你是不是可以做一種這樣的機器呢？」

那工人窘得滿面通紅，惴惴不安地坐了下去。

羅賓卻走到他身邊，請他站起來，然後挽著他的手走到主席臺上，朗聲說道：「諸位，這孩子沒有說錯，雖然我們還沒有做出一種製造皮鞋的機器，但他這個辦法卻很重要，大有用處，只要我們朝著這個概念想辦法，問題定會迎刃而解。」

「我們永遠不能安於現狀，思維不要局限於一定的框架中，這才是我們永遠能夠不斷創新的動力。現在，我宣布這個孩子可獲得 500 美元的獎金。」

經過四個多月的研究和實驗，羅賓的皮鞋工廠的大量工作就已被機器取而代之了。

羅賓·維勒的名字，在美國商業界，就如一盞耀眼的明燈，他的成功，與他時時保持銳意創新的精神是密不可分的。

創造性思維是人成功的捷徑，人與人之間的競爭往往體現於此。在競爭激烈的現代社會，只有那些獨具創新、有開拓精神的人才能夠脫穎而出，成為富人。

> 善用機遇，開創未來

▎培養對事物的分析能力

　　張三與李四同在一個山廠開山採石。張三把石塊砸成石子運到路邊，賣給蓋房子的人；李四直接把石塊運到碼頭，賣給都市的花鳥魚蟲商人。因為這裡的石頭總是奇形怪狀，他認為賣重量不如賣造型。

　　在這個過程中，張三對石頭的分析是石頭可以用來蓋房子；而李四的分析是石頭的形狀奇特，可以賣給花鳥魚蟲商人作為觀賞石來用。我們再來看看他們的結果：

　　三年後，李四成為村裡第一個蓋起瓦房的人。而張三則還在重複著先前的工作，把自己打好的石塊賣給蓋房子的人，財富沒有李四積聚的多。

　　後來，政府下令不許開山，只許種樹，於是這裡成了果園。由於地勢的原因，這裡種的鴨梨非常好吃。每到秋天，漫山遍野的鴨梨招來各地客商。他們把堆積如山的鴨梨一筐筐地運往大城市，然後再出口到國外。

　　可是就在村裡的人正為鴨梨帶來的財富而歡呼雀躍時，李四又做出了驚人的行動，賣掉了自己的果園，開始在山上種柳樹。

　　這時李四的分析是目前來這裡的客商根本就不用發愁挑不到好鴨梨，他們只愁買不到裝鴨梨的好筐，所以才做出如此大膽的行動。結果呢？

　　三年後，他成為第一個在都市買房子的人。

　　李四之所以能發財，就是因為他善於分析市場所需的緣故。要想投資市場，就要有分析市場的能力。如果沒有這種分析能力，就會在經商的大浪中隨波逐流。

　　瑪麗官（Mary Quant），「迷你裙」的最早設計者，對市場的正確分析為她贏得了「迷你裙之母」的地位，也為她帶來了滾滾的財富。

培養對事物的分析能力

1934年瑪麗官出生在英國威爾士的一個小鎮，她是一個教師的女兒。16歲的她到了倫敦，就讀於倫敦金飾學院繪畫系，畢業以後在女帽商艾瑞克的工作室裡開始她的設計生涯。她的設計對象，恰好是當時還未引起人們注意的少女時裝。

當時的女孩通常是穿著母輩的老式衣服。瑪麗曾對人說：「我時常希望年輕人穿上她們自己喜歡的衣服，它不是古板過時的，而應是真正20世紀的年輕女裝。但是，我知道這一工作尚未引起人們足夠的關注。」

1950年代，正當英國街頭的時髦青年，身穿奇特的黑色服裝，騎著摩托橫衝直撞時，一位來自威爾士的年輕女子瑪麗官的服裝設計使時髦青年的時髦衣著變得微不足道了。

1955年，年輕的瑪麗官和丈夫亞歷山大·普魯凱特·格林在倫敦著名的英王大道開設了第一家「巴薩」百貨公司。他們的服務對象就是青年，瑪麗官推出的第一件服裝，就是後來聞名遐邇的「迷你裙」。雖然當時他們倆的產業極小，更屬時裝界的無名之輩，但這種微弱的震動，恰恰預示著服裝界未來的強烈地震，這是具有劃時代意義的一步。1950年代的裙長徘徊在小腿肚上下，迪奧在1953年只不過將裙下襬剪短了若干英寸，在新聞界就爆發了巨大的喧囂聲。而當時鮮為人知的瑪麗官，卻以其激烈的觀點，開始了新時代的服裝革命。她當時的戰鬥口號是：「剪短你的裙子！」

1965年，迷你裙和宇宙時代的青年女裝風靡全球，瑪麗官進一步把裙下襬提高到膝蓋上四英寸，英國少女的裝扮已成為令人羨慕和仿效的對象。這種風格被譽為「倫敦造型」，到了1960年代中期，「倫敦造型」成為國際性的流行樣式。新時裝潮流不可遏制，青年人狂熱地喜歡迷你裙，中年女性也以驚羨的目光接受了這一變革，多種不同的迷你風格裝應運

善用機遇，開創未來

而生。

美國某食品公司在產品打入底特律市場以前，該公司先委託某大學的人類學教授哈德調查該市的食品市場。

一年之後，哈德教授指著一大堆垃圾，按照垃圾原產品的名稱、分類、數量、品質、包裝等，對該食品公司的老闆說：「垃圾袋絕不會說謊和作假，什麼樣的人丟什麼樣的垃圾。查看人們丟棄的垃圾，是一種最有效的行銷研究方法。」他透過研究底特律市的垃圾，獲得了有關當地食品消費情況的資訊，為食品公司做了這樣的分析：

一、勞動階層所喝的進口啤酒比收入高的階層多。

二、中等階層人士比其他人群消費的食物更多，因為夫妻都要上班，而且忙碌，以致沒有時間處理剩餘的食物。按照垃圾的分類重量計算，所消費的食物中，有20%是還可以吃的好食品。

三、透過對垃圾內容的分析，了解人們消費各種食品的情況，得知減肥清涼飲料和橘子汁屬於高收入人士的良好消費品。

該公司老闆把這份報告當作教科書，並且依據哈德的調查結果制定了本公司的食品銷售策略。最後的結果是哈德教授成為該食品公司的英雄，哈德教授的分析報告帶給了公司可觀的收入。

想賺錢，就得先打入市場；打入市場，就得先學會分析市場；要分析市場，就得先培養自己的分析能力。窮人也是一樣，要想改變自己窮人的命運就要學會分析判斷，只有能夠正確地分析判斷才能成為商海中的大贏家。

為機遇準備好資本

一些窮人認為，儲蓄是有錢人的事，與窮人無關。這種觀點是不正確的，因為對於每個人來說，重點不在於你賺了多少錢，而在於你如何處理你所賺來的錢，是不是會把一部分賺來的錢儲蓄起來。比如說，即使你每月收入只有 30,000 元，如果你懂得儲蓄的意義並付諸行動，也就是每月存進收入的一半，那麼年底時你還有 18 萬元；如果你不懂得儲蓄，即使你月收入 50,000 元，那麼年底你仍將身無分文。更為重要的是，你現在儲蓄的錢，在關鍵時刻能發揮巨大的作用。

對於一個想要成功的人來說，儲蓄的習慣是非常重要的。如果平日花錢沒有節制，那到了真正需要現金來把握投資機會時，就會束手無策，眼睜睜看著機會讓有存款的人拿走。洛克斐勒（John Davison Rockefeller）若不是有長期儲蓄的現金作後盾，就無法和競爭對手比價，從而買下煉油廠。如果沒有煉油廠，億萬富翁的洛克斐勒也就無從談起。

石油大王洛克斐勒 16 歲開始闖蕩社會，他最先是在一家商行當簿記員。他從母親那裡繼承了清教徒式的節約習慣。雖然收入不多，月薪只有 20,000 元，他仍然把大部分的錢存起來，為日後的投資作準備。兩年後，他開始做臘肉和豬油的生意，成為一個小有資本的商人。這時他仍然保持著儲蓄的習慣，他要為今後的大投資作準備。機會來了，在西元 1859 年石油業掀起熱潮時，他憑著長期積蓄的財力，在一家煉油廠拍賣時，不惜重金，最終獲得了這家煉油廠的產權。這就是他賴以起家，登上石油大王寶座的「標準」新煉油廠。經過二十年的經營，洛克斐勒控制了美國 90% 的煉油業，成為億萬富翁。他成功的基礎，就是 16 歲時開始養成的存款習慣。

善用機遇，開創未來

有了存款，在緊急時刻可以以此來抵擋一陣，小錢將會有大用。

美國大文豪霍桑（Nathaniel Hawthorne）在成名以前，是個海關的小職員，那時他的薪水很低，幾乎無法養家餬口。

有一天，他垂頭喪氣地回家對太太說自己被炒魷魚了。他太太蘇菲亞聽後不但沒有不高興，反而興致勃勃地叫了起來：「太好了，這樣你就可以專心寫作了。」

霍桑一臉苦笑地回答：「是啊，可是我光寫不工作，那我們靠什麼吃飯呀？」

這時，蘇菲亞打開抽屜，拿出了一疊為數不少的鈔票。

「這錢是從哪裡來的？」霍桑張大了嘴，吃驚地問。

「我一直相信你有創作的才華，」蘇菲亞解釋說，「我相信有一天你會寫出一部名著，所以我每個月都把家庭費用節省一點下來，現在這些錢足夠我們活一年了。」

正是因為有了太太在精神和經濟上的支持，霍桑果真完成了美國文學史上的鉅著──《紅字》（The Scarlet Letter: A Romance）。

存款的習慣還有一個好處，就是在你需要向別人借錢時，你的存款習慣會幫助你。許多生意人不會輕易把他們的錢交給他人處理，除非他看到此人有能力管理他的錢，並能妥善加以運用。摩根就說過，他寧願貸款100萬元給一個品德良好，且已養成儲蓄習慣的人，而不願貸款1,000元給一個沒有品德及只知花錢的人。洛克斐勒在發展石油事業的過程中，也因急需資金，需要借款。他的存款習慣證明他能夠維護其他人的資金，這樣，他不費力地借到了他所需要的資金。

麥當勞眾人皆知，但是我們又有誰知道藤田田？有人做過這樣的統

為機遇準備好資本

計：現在日本有 1.35 萬間麥當勞，一年的營業額突破 40 億美元的大關。擁有這兩個數據的是一個日本老人——藤田田。

藤田田是日本麥當勞株式會社的名譽社長。他 1965 年畢業於日本早稻田大學經濟學系，畢業後隨即在一家大電器公司打工。他在跨出大學校門的那一天就立下志願，要用 10 年的時間，存 10 萬美元，然後自己創業，出人頭地。在電器公司打工六年，但是在這六年裡，他一直按月存款，每月堅持存下薪資的 30%，不管遇到什麼事情，他都一樣堅持，從沒間斷過。每當經濟過度緊繃的時候，他都咬緊牙關，克制欲望，撐了過來。有時候，遇到意外的事故需要額外用錢，他也照存不誤，甚至不惜厚著臉皮四處借錢，以增加存款。因為他太想自己創業了，必須為自己創業準備好資金。

1971 年，他創業的機會來了。那時，他只是一個才出校門幾年、毫無家族資本支持的打工一族，根本就無法具備麥當勞總部所要求的 50 萬美元現金和一家中等規模以上銀行信用支持的嚴格條件。只有不到 5 萬美元存款的藤田田，看準了美國連鎖速食文化在日本的巨大發展潛力，決定要不惜一切代價在日本創立麥當勞事業，於是他到處借款以籌備巨資。事與願違，半年下來，藤田田只借到了 4 萬美元。面對巨大的資金落差，藤田田沒有灰心放棄，決意要把這筆鉅款借到手裡。

於是，在一個風和日麗的早上，藤田田西裝革履滿懷信心地跨進了住友銀行總裁辦公室的門檻。藤田田以極其誠懇的態度，向對方表明了自己的創業計畫和求助心願。銀行總裁很有禮貌地聽完了藤田田的講述，說：「你先回去，等候我的通知吧！」

藤田田聽到這句話後，心馬上就涼了半截。但他很快就鎮靜下來，懇切地對總裁說：「先生，您有興趣聽聽我這 5 萬美元的來歷嗎？」總裁饒有

善用機遇，開創未來

興趣地點點頭。

藤田田便把自己這六年來存款的事情講給總裁聽，他一口氣講了10多分鐘，總裁越聽神情越嚴肅，並向藤田田問明了他存款的那家銀行的地址，然後對他說：「好吧，年輕人，我下午就給你答覆。」

送走藤田田以後，總裁立即驅車來到那家銀行，親自了解了藤田田存錢的情況。當櫃檯小姐知道了總裁的來意後，說：「對，確實有這麼一回事，六年來，他真正做到了風雨無阻地來我們這裡存錢。他可是我接觸過的最有毅力、最有禮貌的一個年輕人。老實說，我對他可是佩服得五體投地了。」

聽完櫃檯小姐的介紹，總裁大為震驚，馬上打通了藤田田的電話，告訴他自己將毫無條件地支持他建立麥當勞事業。藤田田聽後，高興得簡直都要暈倒了。

總裁在電話的那頭感慨萬分地說：「我今年已經60歲了，論年齡，我是你的兩倍；論收入，也是你的幾十倍。可是直到今天，我的存款也沒有你多……年輕人，好好做吧！我敢保證你會有出息的！」

這就是藤田田一開始創業的故事。這個故事說明了一個道理：把零散的小錢存起來，時間一長，你就能買一座金礦。

如果你現在已經了解到儲蓄的重要性，就要立即行動起來，你將逐步走上成功之路。把你的固定收入按比例存到銀行，哪怕是每天只存一塊錢，重要的是堅持每一天。不久後，你就能體會到儲蓄的樂趣。據一個投資專家說，他的成功祕訣就是：沒錢時，不管多困難，也不要動用投資和積蓄，壓力會使你找到賺錢的新方法，幫你還清帳單。所以，窮人一定要學會儲蓄。

窮人更要超越自我

時代在發展，社會在進步，人生猶如逆水行舟，不進則退，如果不能自我突破，只會使自己變得更加貧窮。只有能根據形勢的發展變化，不斷超越自己的人才會不斷把事業做大。

麗娜，現在是一家大公司的總經理祕書。在她手下掌管著十多個子公司。她的第一次升遷就是與她每天超越自己一點點有很大關係。看看她是怎麼做的吧！

起初她在這家公司做打字的工作，一個週五臨下班的時候，同樓層的一位其他部門的經理走過來問她，哪裡能找到一位打字員，他必須馬上找到一位打字員，否則沒辦法完成當天的工作。

麗娜告訴他，公司所有的打字員都已經度週末去了。原本三分鐘後也要馬上離開的她，卻告訴這位經理：「如果您需要，我可以留下來。」

「好的，謝謝！」這個經理微笑著點點頭。

麗娜本是想下班之後去看演唱會的，但是她把工作放在了第一位。她把自己的愛好興趣放在一邊。這對於一向追求流行的她來說，是一種超越。

事後，經理問麗娜要多少加班費。麗娜卻開玩笑地說：「本來不要加班費的，但你耽誤了我看演唱會。那門票可值五千元呢，你就付我五千元吧。」

這是麗娜的一句玩笑話，她根本沒有放在心上。但三個禮拜後，她接到了一個信封，是那位經理請人送過來的。裡面除了五千元，還有一封邀請函，經理請麗娜做自己的祕書，經理在信中表示：「一個寧可放棄看演唱會而工作的人，應該得到更重要的工作。」

善用機遇，開創未來

　　麗娜就是超越了自己這麼一點點，利用自己的下班時間為那位經理多做了一點事情，最後不僅得到了五千元，還使自己得到一份更好的職務。麗娜正是憑藉著不斷超越自我的努力，最後做到了公司總經理祕書這個位置。

　　如果一個人能夠徹底擺脫思想意識的束縛，突破原本的自我，便很容易成功。某企業集團總裁的故事便是這方面的典型。

　　從前的他，家境不是很富裕。但「窮則思，思則變」，在朋友的啟發下，他決定成立一個現代化的養雞場。他的親友勸告他，成立一個中等規模的養雞場，每年有一筆可觀的、穩定的經濟收入，能過上小康生活就可以了，不必去冒那麼大的風險。但他卻決定放手一搏。於是，他從荷蘭萬尼森公司引進電腦自動化控制系統、溫溼度自動控制系統、密閉式的雞舍，由自動化設備控制雞的生殖時間。在養雞場，一切設施完全現代化。偌大的雞舍，地面上沒有一粒雞飼料，乾淨程度令人嘆為觀止。很快地，他擁有了一流的現代化蛋雞飼養場，飼養 100 萬隻蛋雞，年產雞蛋 1,800 萬公斤，大城市內居民所需 1/3 雞蛋是由他供給的。

　　此外在 1987 年，他和日籍臺商合資興辦了畜牧發展有限公司。公司下設三個分場，即蛋雞場、飼料場、種雞場。不僅吸引外資擴大了再生產，也解決了從外地購買飼料的問題。

　　接著，他和當地政府及香港一家公司合資成立了當時鮑魚養殖企業，占地兩萬平方公尺，總投資額達 2 億元，育苗水體達 3.6 萬立方公尺，每年可育鮑苗 5,000 萬枚。

　　與此同時，他和大學合作，又成立了含新技術的公司，把一些高級知識分子的科學研究成果轉化為生產力。此外，房地產有限公司、畜牧有限公司、建材有限公司等相關子企業也應運而生。

事業是越做越大，韓總裁的想法也是越來越多。他還創辦了占地三萬平方公尺，總投資額2億元的國際食品有限公司，以生產品質高、口味新的健康系列飲料為主。至此，集團下有12個關係企業，擁有員工1,000多人，產業逐步發展成為一個以畜牧業為主體兼營水產品養殖加工、食品加工、高新技術、商貿、建材、房地產等集農工商為一體的綜合性企業集團。

在人生中，我們不但要在財富、思想等方面不斷突破自我，也要在自己所從事的領域裡不斷挑戰命運，擺脫阻礙。

老子說：「自知者明，自勝者強。」人類正是在不斷地發現自己的弱點、缺點，從而不斷地戰勝自我、超越自我的過程中得以進步的。由此可知，只有超越自我，才能成為強者，才能改變命運，成為富人。

自信能為你創造財富

堅定的自信，便是財富的泉源。無論現在你的事業是一路坦途，還是充滿荊棘，都別忘記展現自己的微笑。每天早上都要告訴自己：「天生我才必有用，千金散盡還復來。」

小李是一個走到哪裡就把快樂帶到哪裡的人，跟他在一起的人也總是被他的幽默所感染。而他的自信也確實讓他度過了一個個難關，在事業上獲得了很大成就。

畢業後的小李憑藉自己的能力以及對廣告策劃的愛好，很快就找到了一份廣告策劃的工作。

由於小李的廣告策劃案獨特新穎，備受主管的重視。有一次，主管找小李到自己的辦公室，遞給他一份關於運動鞋的資料，然後對他說：「一

善用機遇，開創未來

家運動鞋公司找我們做廣告，他們希望我們能打破運動鞋廣告傳統的模式，做一個讓人耳目一新的廣告。我請小平也在做這個策劃。但在公司眾多的新人中，我發現你的想法非常獨特，你想不想試一試？」

小李聽到主管這麼說，不由地高興起來：「既然您這樣相信我，我覺得可以。但我不知道您有什麼樣的條件？」

主管說：「在兩個星期內完成，可以運用各種方式蒐集資料，進行創作，有什麼工作上的需求可以隨時提出來，當然你可以在部門裡選一個合作的夥伴。」

小李知道這次的任務並不那麼簡單，運動鞋的廣告太多了。想另闢蹊徑確實有點困難。另外和他一起競爭的是一位有著豐富經驗的老手，而且去年剛獲得業內比賽的大獎。但小李依然是信心滿滿，投入全部精神到工作當中。

時間就這樣一分一秒地過去了，眼看就要到截稿時間。小李的策劃還是一點頭緒都沒有，但他卻非常自信，笑容依然燦爛，而且不斷地為自己打氣說：「我一定能成功。」

小李在電腦上無意中敲打出兩個字「平穩」，靈感一下子就來了。「對呀！就從『平穩』入手。」小李興奮起來。於是在老人、兒童、身障人士和孕婦四類人群中，他選定了孕婦，心想：「一個身懷六甲的孕婦可以和運動員一比高低，還能有像這樣平穩的運動鞋嗎？」

靈感的到來，讓他更加有信心了。

等到小李與小平拿著各自的方案一決高低的時候，主管看到他們倆的策劃都非常好，一個是大氣魄、大場面，一個是新穎獨特。一時間主管都不知道到底該採取哪種方案，考量小平曾經拿過大獎，於是就採納了他的策劃。

自信能為你創造財富

可是一向自信的小李，不甘示弱，和主管商議說：「可否把我們的策劃拿給廠商看，讓廠商來選擇。」

其結果可想而知，勝出的當然是小李。正是由於小李的自信，讓原本沒有什麼機會的策劃終於得到重用。良好的自信就是成功的一半，當你具備勝任那份工作的實力，你一定要充滿自信，唯有這樣，成功才真正屬於你，財富也會屬於你。

在卡里蒙特‧斯科20歲的時候，決定在芝加哥設立自己的保險代理公司。斯科會見總代理公司的負責人，負責人很客氣地告訴他：「我會同意你設立代理公司，但是六個月後你就會關門大吉。」

一向自信的斯科卻說：「不可能，我會證明給您看！」斯科並沒有受到打擊，儘管當時斯科的資金只有100美元，每個月還要花25美元在商業大樓裡租一個小辦公室。

在斯科準備把自己的名字寫在大廳的公司名牌上時，負責人問道：「你的名字要怎麼寫？」

「卡里蒙特‧斯科！」斯科響亮地回答說。

負責人感嘆道：「沒有人像你這樣有自信，年輕人，你一定會成功的！」

斯科笑了笑。

的確，斯科很有自信。也正是這自信讓他說服了很多人，為他帶來了巨大的財富，成為擁有五億美元身價的商業鉅子。

當你總是在問自己：我能成為富人嗎？當你滿懷信心地對自己說：我一定能夠成為富人，這時，財富已離你不遠了。

乘勢而起、搶占先機,成功只屬於敢行動的人:

洞見機會、精準決策、果斷行動……翻轉人生關鍵點,成功不再是偶然

主　　　編:李元秀,陳志遠
發　行　人:黃振庭
出　版　者:山頂視角文化事業有限公司
發　行　者:山頂視角文化事業有限公司
E - m a i l:sonbookservice@gmail.com
粉　絲　頁:https://www.facebook.com/sonbookss/
網　　　址:https://sonbook.net/
地　　　址:台北市中正區重慶南路一段 61 號 8 樓
8F., No.61, Sec. 1, Chongqing S. Rd., Zhongzheng Dist., Taipei City 100, Taiwan

電　　　話:(02)2370-3310
傳　　　真:(02)2388-1990
印　　　刷:京峯數位服務有限公司
律師顧問:廣華律師事務所 張珮琦律師

-版權聲明-
本作品中文繁體字版由五月星光傳媒文化有限公司授權山頂視角文化事業有限公司出版發行。
未經書面許可,不得複製、發行。

定　　　價:420 元
發行日期:2025 年 04 月第一版
◎本書以 POD 印製

國家圖書館出版品預行編目資料

乘勢而起、搶占先機,成功只屬於敢行動的人:洞見機會、精準決策、果斷行動……翻轉人生關鍵點,成功不再是偶然 / 李元秀,陳志遠 主編 . -- 第一版 . -- 臺北市:山頂視角文化事業有限公司 , 2025.04
面;　公分
POD 版
ISBN 978-626-99568-4-5(平裝)
1.CST: 職場成功法
494.35　　　　　114003317

電子書購買

爽讀 APP　　　臉書